Ciencia, tecnología y empleo en el desarrollo rural de América Latina

PROGRAMA DE CIENCIA Y
TECNOLOGÍA
PARA EL DESARROLLO

VIVIANE B. DE MÁRQUEZ
compiladora

Ciencia, tecnología y empleo en el desarrollo rural de América Latina

EL COLEGIO DE MÉXICO/UNESCO

Primera edición, 1983
© UNESCO, 1983
UNESCO **ISBN** 92-3-302118-1
El Colegio de México **ISBN** 968-12-0220-1

Impreso y hecho en México / *Printed and made in Mexico*

Índice

Prólogo   7
Introducción   11

I. EL DESARROLLO RURAL EN AMÉRICA LATINA:
PROBLEMAS Y PERSPECTIVAS

1. *Dimensiones del problema del empleo en áreas rurales
   de América Latina*   21

2. *Análisis de políticas y programas propuestos para aliviar
   el desempleo y fomentar el desarrollo agropecuario*   31

II. ESTUDIOS DE CASOS NACIONALES

*Mercados de trabajo, tecnología y formas de producción
campesina en tres regiones rurales colombianas* (Colombia)
Alejandro Sanz de Santamaría y Jaime Forero   41

*Agricultura, tecnología y empleo agrícola: el caso venezo-
lano, 1940-1980* (Venezuela)
Getulio Tirado   73

*La tecnología y el empleo en un nuevo enfoque del desarrollo
agropecuario* (Argentina)
Floreal H. Forni y María Isabel Tort   89

6 ÍNDICE

*Modalidades para la inyección de capital en zonas rurales
de baja productividad* (Costa Rica)
Federico Vargas Peralta 133

*Problemática ocupacional del sector rural brasileño: impli-
caciones para el desarrollo de tecnologías* (Brasil)
María Julieta Costa Calazans 145

*La estrategia de desarrollo y la estructura agraria frente a
la economía campesina: hacia la formulación de una
nueva política tecnológico-ocupacional* (Ecuador)
Cristián Sepúlveda 169

*Situación y perspectiva de la tecnología adecuada para el
desarrollo agropecuario en México* (México)
Viviane B. de Márquez y Gustavo Viniegra
(con la colaboración de José Arias Chávez) 199

Ciencia, tecnología y empleo en el medio rural cubano
(Cuba)
Angela Tomeu Miranda, Cristóbal Felipe González
y Soledad Díaz Otero 261

III. RESUMEN ANALÍTICO Y CONCLUSIONES

1. *Hacia un diagnóstico del problema de desempleo rural
en América Latina y el Caribe* 287

2. *Hacia una planificación e instrumentación de la ciencia
y la tecnología para el desarrollo rural* 293

IV. ACCIONES FUTURAS

1. *Tecnología para la producción primaria* 300
2. *Tecnología para el autoconsumo* 301
3. *Desarrollo de la pequeña industria local* 301
4. *Integración de la tecnología con aspectos sociopolíticos
y ambientales* 302

Prólogo

En este libro presentamos una selección de las ponencias presentadas en la Reunión de Expertos sobre Ciencia, Tecnología y Empleo en Áreas Rurales que se celebró en Bogotá del 8 al 12 de diciembre de 1980. Esta reunión fue citada por la UNESCO con el objeto de elaborar el documento correspondiente al tema para la Sexta Reunión de la Conferencia Permanente de Organismos Nacionales de Política Científica y Tecnológica de América Latina y el Caribe (La Paz, Bolivia, octubre de 1981). Los países de América Latina y del Caribe han ido tomando conciencia de que el modelo de desarrollo copiado de los países industriales es inadecuado a sus propias realidades: conduce a la conocida dualización de las sociedades de la región entre un sector moderno con altos grados de concentración de riqueza y uno tradicional caracterizado por desempleo y subempleo y niveles de vida muy bajos.

Inicialmente, tal dualismo se interpretó como una etapa de transición hacia el desarrollo pleno, así que los gobiernos siguieron apoyando al sector moderno a costa del tradicional, abriendo cada vez más la brecha entre los dos. Sin embargo, la esperanza de que se trata de una etapa transitoria es cada vez más ilusoria. Esto produce una reorientación paulatina de los esfuerzos de investigación y de planificación hacia una visión más realista de la situación: no solamente el sector tradicional no está a punto de desaparecer sino que su existencia es un condicionante básico de la prosperidad del sector moderno. Se trata, por consiguiente, de entender no sólo las condiciones de vida y de producción en este sector, sino también la naturaleza de los eslabonamientos que lo vinculan al resto de la economía y de la sociedad. Este volumen representa un intento en esta dirección, o sea, un primer diagnóstico de las condiciones de la producción agrícola en el sector campesino de la región, y un primer intento de sugerir remedios posibles surgidos de una ciencia y tecnología adecuadas a las necesidades de nuestros países.

Los trabajos se presentan bajo la forma de estudios de caso para cada país. Se optó por esta perspectiva por dos razones. Primera, porque es la única forma de interpretar los parámetros económicos dentro de su contexto sociopolítico e institucional. Por lo tanto, la experiencia de un país que llevó a cabo una reforma agraria en 1945 no es la misma que la de un país que tomó el mismo camino 20 años más tarde. Igualmente diferente es la situación de un país en él que el proletariado agrícola es disperso y políticamente ignorante, de otro que incorporó al mismo en un partido oficial, u otro que vivió una revolución de tipo socialista.

Las soluciones generalizadoras y burocráticas no podrían tomar en cuenta tales especificidades nacionales y regionales. Igualmente limitadas serían soluciones que sólo atendieran a los parámetros económicos de la producción campesina.

Los trabajos incluidos en esta selección deben sensibilizar al lector a las diferencias entre países, sugiriendo diferentes modalidades de aplicación de la ciencia y la tecnología en el medio rural. Desde luego, una colección tan reducida de trabajos no puede pretender representar completamente la realidad que describe. Es sólo un principio que debe impulsar más trabajos de esta índole, y, en una etapa posterior, más trabajos de orden metodológico y normativo, como se menciona en el capítulo de conclusiones.

Como compiladora de los trabajos reunidos aquí, deseo dar las gracias a todos los que contribuyeron a la realización de este proyecto y a El Colegio de México por haberse unido con la UNESCO para su próxima publicación. También deseo agradecer al señor Alfredo Picasso de Oyague, de la División de Políticas Científicas y Tecnológicas de la UNESCO, por su apoyo incansable desde las primeras etapas de preparación del estudio del caso mexicano hasta la realización de este volumen.

En fin, mediante esta copublicación de la UNESCO y de El Colegio de México, esperamos suscitar un amplio debate del tema que la reunión de La Paz fijó como tema central de la Segunda Conferencia de Ministros Encargados de la Aplicación de la Ciencia y de la Tecnología al Desarrollo (CASTALAG II), que será convocada por la UNESCO en 1985.

Viviane B. de Márquez
El Colegio de México

Introducción

El debate sobre el desarrollo rural en los países de América Latina y del Caribe iniciado hace más de veinte años ha ido madurando durante este período, pasando de planteamientos unidimensionales y generalizadores a análisis más complejos y específicos de las condiciones nacionales, regionales y subregionales de la actividad agropecuaria. Por ejemplo, los grandes diagnósticos sobre la necesidad de transformaciones estructurales (reforma agraria, fiscal, etc.) y de tecnificación de la agricultura se han ido complementando cada vez más con consideraciones sobre los contextos sociales, políticos y culturales en los cuales llevar a cabo acciones concretas. Frente a los fracasos motivados por el sinnúmero de obstáculos, reticencias, escaseces e indecisiones, se han podido desechar las predicciones iniciales demasiado simplificadoras y optimistas, elaborando otras nuevas más realistas y más adecuadas a los problemas actuales del campo en América Latina y el Caribe.

Al mismo tiempo, sin embargo, la situación del campesinado latinoamericano parece haber empeorado: el desempleo y el subempleo predominan; la migración masiva a las ciudades continúa; los alimentos básicos faltan y el nivel de nutrición sigue bajando; los suelos se erosionan, y los métodos "modernos" de la agricultura se detienen ahí donde empiezan las zonas áridas y montañosas, los minifundios y los prestamistas. Donde persiste pobreza extrema, quedan fuera del alcance

11

del campesino los insumos de una tecnología de lujo restringida a una minoría de agricultores prósperos.

En cierto sentido, puede decirse que los viejos problemas han ido haciéndose más complejos y más difíciles de resolver por la presencia de otros nuevos, algunos de los cuales fueron inicialmente introducidos y concebidos como remedios. El más sobresaliente entre ellos es la llamada Revolución Verde, en la cual fueron depositadas tantas esperanzas, pero que resultó ser principal responsable de la separación cada vez mayor entre un sector minoritario moderno, que logró grandes aumentos de producción agrícola comercial, y uno marginal mayoritario, el cual ha visto sus posibilidades de progreso social y económico disminuir cada vez más durante los últimos años.

Como resultado de la marginación del sector agrícola tradicional, se estima que más de la mitad de la población activa latinoamericana se encuentra en una situación de desempleo o subempleo. Por otra parte, el campesinado latinoamericano se enfrenta con una situación de doble explotación: ofreciendo, por un lado, su fuerza de trabajo a un salario inferior al mínimo requerido para asegurarse un nivel de vida familiar que cubra las necesidades básicas y obteniendo, por otro lado, una remuneración insuficiente de su producto, debido a la baja productividad de su trabajo, los altos costos de los insumos y las condiciones desventajosas de venta de sus productos en el mercado.

La situación del campesinado tradicional latinoamericano, por consiguiente, está dada estructuralmente; cualquier esfuerzo aislado por mejorar los métodos de insumos del trabajo estarían contrarrestados por los factores estructurales e institucionales que establecen las condiciones de intercambio desigual entre este sector y el sector moderno de la economía. Se necesitan, por consiguiente, mecanismos que permitan a la vez *aumentar la productividad y el empleo, elevar la remuneración del trabajo e impedir que el excedente obtenido sea a su vez absorbido en su mayor parte por las fuerzas del mercado.*

La propuesta inicial por parte de la UNESCO de investigar el papel de la ciencia y de la tecnología en la creación de empleo en el campo, que motivó la reunión de expertos celebrada en Bogotá en diciembre de 1980, debe entenderse en este sentido amplio de remediar una situación que no se traduce única ni principalmente en una falta de empleo, ni tampoco se resuelve por la simple creación de empleo. Cualquier solución propuesta deberá, por consiguiente, atender las diferentes dimensiones del problema, desde idear insumos y métodos alternativos de producción hasta proponer estrategias y mecanismos alternativos de inserción en el mercado.

La mayoría de las ponencias de la reunión de Bogotá presentan fielmente esta perspectiva general, aunque se concentran en diversos aspectos prioritarios. El esfuerzo central de cada una de estas aportaciones se traduce en una preocupación doble: primero, la de presentar una problemática nacional y segundo, la de proponer nuevos enfoques para la creación de empleo en las áreas rurales a la luz de la crítica de los procedimientos convencionales.

En la primera parte del documento, después de una breve descripción del estado del empleo en la agricultura latinoamericana, se hace un recorrido de los métodos propuestos a lo largo de los años para fomentar el desarrollo rural en general y estimular la formación de empleo en particular. Se hace hincapié en las reuniones y conferencias internacionales que dieron la tónica de las discusiones en diferentes épocas desde el decenio de los 50, y se definen nuevas opciones.

En la segunda parte del documento se presentan las ponencias de la Reunión de Expertos sobre Ciencia, Tecnología y Empleo en Áreas Rurales, celebrada en Bogotá del 8 al 12 de diciembre de 1980. Estas aportaciones pueden resumirse de la manera siguiente:

1. *Alejandro Sanz de Santamaría y Jaime Forero* (Colombia), presentan el caso de tres regiones colombianas, en donde "las cuestiones de empleo y tecnología están íntimamente ligadas entre sí, e inextricablemente relacionadas con condiciones como los recursos naturales. . ., las relaciones de clase. . ., la naturaleza de los productos específicos más importantes de cada región y las formas de articulación que cada región mantiene con el resto de la economía". Por consiguiente, este análisis subraya la inutilidad de aislar los conceptos de empleo o de tecnología de su contexto real.

2. *Getulio Tirado* (Venezuela), sostiene el argumento de que la mecanización intensiva de la agricultura venezolana ha resultado en el desplazamiento de la mano de obra rural y su migración masiva a las ciudades, dejando sólo la tercera parte de la superficie arable cultivada, mientras que el resto se ve dedicado a la ganadería extensiva. Como resultado, Venezuela se ve obligada a importar el 50% de los alimentos consumidos. Por otra parte, la producción agrícola "moderna" se considera ineficiente por el alto costo de los insumos que necesita.

3. *Floreal H. Forni y María Isabel Tort* (Argentina), cuestionan la tesis según la cual la mecanización es sinónimo de desarrollo agropecuario. Los autores sostienen que es posible aumentar simultáneamente la productividad y el empleo para así retener la mano de obra en el sector rural. A pesar de que Argentina ocupa una situación diferente a la de la mayoría de los países de América Latina en cuanto a las necesidades de creación de empleo, este enfoque resulta valioso para algunas regiones de este país en las cuales se presentan problemas de subempleo agrícola.

4. *Federico Vargas Peralta* (Costa Rica), sostiene que es factible mejorar la productividad del trabajo en las explotaciones agrícolas tradicionales a través de la inversión de pequeñas cantidades de capital, en oposición a las grandes inversiones de infraestructura que se practicaron en el pasado. El autor indica que las tecnologías seleccionadas en este proceso deberían ser lo suficientemente avanzadas para asegurar un incremento sustancial de la productividad, o sea, una mejora en la situación frente al mercado.

5. *María Julieta Costa Calazans* (Brasil), presenta el caso de Brasil en el cual la tecnificación de la agricultura se traduce en una especialización regional entre agriculturas intensivas en capital y las tradicionales de bajo rendimiento. La autora critica el modelo de extensionismo agrícola tal como se ha utilizado en Brasil por no adecuarse a las necesidades reales de la actividad agropecuaria de tipo tradicional y transformarse en un vehículo de desinformación de conocimientos populares.

6. *Cristián Sepúlveda* (Ecuador), señala la importancia de la constitución de una organización campesina autónoma para la orientación de las políticas destinadas al campesinado. El autor preconiza la creación de un subsistema de generación y de difusión de tecnologías adecuadas con capacidad de implementación descentralizada y modalidades de funcionamiento adaptadas a la organización social campesina. El objetivo central de tal tecnología debe ser el mejorar la calidad de la vida, en oposición a objetivos puramente productivistas. Esto significa que debe aplicarse a problemas tales como la vivienda, el abastecimiento y la comercialización, el transporte, etc. Un objetivo principal sería también restablecer una relación equilibrada entre el hombre y la naturaleza.

7. *Viviane B. de Márquez y Gustavo Viniegra* (México,) hacen una revisión crítica de las políticas de modernización de la actividad agro-

pecuaria en México, con especial referencia al impacto de la Revolución Verde y de los grandes conjuntos agroindustriales transnacionales sobre la economía campesina. En una segunda parte, se proponen estrategias alternativas de inserción en el mercado y de uso de tecnología adecuadas a condiciones de abundancia de mano de obra no calificada y escasez de capital.

8. *Angela Tomeu Miranda, Cristóbal Felipe González y Soledad Díaz Otero* (Cuba), presentan la situación cubana que resulta ser muy diferente a la de los países de economía de mercado. La frecuente escasez de algunos insumos industriales, junto con la necesidad de optimizar los recursos del campo a todos los niveles, han llevado a la experimentación de una serie de tecnologías que hacen uso intensivo de la mano de obra local y de insumos alternativos elaborados por las propias comunidades rurales a partir de materias primas locales poco costosas y fácilmente obtenibles.

En una tercera parte de este documento, se presenta un resumen analítico de la reunión de Bogotá con sus conclusiones principales. Se hacen recomendaciones en la cuarta parte.

I
El desarrollo rural en América Latina: problemas y perspectivas

Es difícil captar a través del análisis económico convencional o de las estadísticas de los diferentes organismos internacionales la realidad de las sociedades rurales latinoamericanas. La razón de esta dificultad consiste en que, más que en cualquier otro sector, la actividad productiva está estrechamente vinculada con la organización social de la producción, o sea, que tanto la fuerza de trabajo como la tecnología, los recursos naturales, la organización de la producción, los ingresos y los niveles de vida forman un todo inseparable y mutuamente interactivo que dificulta cualquier medición o programa enfocados a un solo elemento, como tierra, empleo o productividad.[1]

Estas dificultades se reflejan plenamente en los intentos de evaluación del grado de empleo/desempleo en el medio rural de los países de América Latina. Ante la imposibilidad de definir empleo en términos contractuales como en los demás sectores, se han discutido varias alternativas basadas en nociones tales como productividad del trabajo, la proporción tierra/trabajador, las superficies de predios en relación con niveles correspondientes probables de empleo, etc... Con esto se llega al concepto de subempleo (visible o invisible), lo cual engloba a una gran variedad de situaciones de índole muy distinta, desde salarios inferiores hasta subocupación real.[2]

---

[1] Rodolfo Stavenhagen, "El campesinado y las estrategias de desarrollo rural", *Cuadernos del CES 19*. El Colegio de México, 1974.

[2] Sobre la discusión del concepto de desempleo rural, véase Manuel Gollás, "El desempleo en México y soluciones posibles" y "El desempleo agrícola en México" en Manuel Gollás, *La economía desigual*, México, CONACYT, 1982; Teresa Rendón, "El problema ocupacional en las áreas rurales y su conceptualización", *Demografía y Economía* XI (32): 113-134; 1977 Gunnar Myrdal "A critical appraisal of the concept

Sin embargo, a pesar de los mejores esfuerzos de adecuación conceptual y metodológica a las condiciones imperantes en el campo, el mejor indicador del desempleo rural en América Latina y el Caribe sigue siendo la migración masiva hacia las ciudades, misma que conforma los sectores urbanos marginados.

A la dificultad conceptual y metodológica que se plantea en cada país para definir y cuantificar el desempleo rural se suma la dificultad de encontrar datos comparativos entre países. Esto limita tanto la comparabilidad en el espacio como en el tiempo dada la obligación de limitarse a los periodos durante los cuales existen datos comparativos que puedan dar una idea de conjunto.

En la sección que sigue nos limitamos a presentar los datos comparativos disponibles que representan una aproximación muy imperfecta a la cuestión del empleo. En una segunda sección se presentan brevemente las medidas políticas que se han propuesto e implementado a lo largo de los años para hacer frente al bajo nivel de vida en el campo en general, y al desempleo o subempleo en particular.

---

and theory of undermployment", Apéndice 6 de G. Myrdal, *Asian Drama; An Enquiry into Poverty of Nations.* Penguin Books, 1968, pp. 2041-2044; Organización Internacional del Trabajo, *Medición del Subempleo; Conceptos y métodos.* Ginebra, 1966.

1. Dimensiones del problema del empleo en áreas rurales de América Latina

Existen pocos estudios comparativos de la situación rural en los países de América Latina y del Caribe. Tampoco existen estadísticas que permitan separar la agricultura de subsistencia de la comercial, por lo que se dificulta una estimación confiable de las tendencias dentro de estas dos categorías. Sin embargo, se puede lograr una impresión general a través de las cifras de concentración de la tierra y de producción agrícola, como se expone a continuación.

La proporción de la población económicamente activa en la agricultura, la silvicultura y la pesca (cuadro 1) ha ido disminuyendo en todos los países de América Latina, excepto en Uruguay, país en que ya se encontraba muy baja desde 1950. Sin embargo, esto no ha significado ningún alivio relativo en las presiones sobre la tierra. En realidad, la población rural ha seguido aumentando, tanto en términos absolutos como relativos en toda la región, pese a la migración masiva y a la difusión de programas de limitación de la natalidad.

Paralelamente la producción agrícola no ha logrado altas tasas de crecimiento. Si consideramos el período 1966 a 1971 (cuadro 2) se anota que la tasa de crecimiento medio que se encuentra alrededor del tres por ciento hasta durante los períodos 66-70 y 69-70 corresponde a grandes variaciones (S_x= 1.97 y 2.58 respectivamente) y baja bruscamente en el período 1970-71, mismo que corresponde al principio de la década de la crisis de los alimentos que culminará en 1974. En cuanto a la producción *per capita* (cuadro 2) también refleja poco dinamismo, siendo que las tasas medias son de 0.3, 0.5 y 4.0 para los tres períodos señalados. En conjunto, la tasa media anual de creci-

Cuadro 1

Población económicamente activa en la agricultura, la silvicultura
y la pesca (ASP) en América Latina.
(1950, 1960, 1970)

Países	1 9 5 0	1 9 6 0	1 9 7 0
Argentina	25.1	17.8	14.8
Bolivia	63.4	63.4	— —
Brasil	60.5	51.6	44.3
Chile	29.6	27.7	21.2
Colombia	53.8	41.2	38.6
Costa Rica	54.7	49.1	36.4
Cuba	41.5	41.5	30.0
Ecuador	53.1	55.6	— —
El Salvador	63.1	60.3	46.6
Guatemala	68.1	65.4	56.8
Haití	83.2	83.2	— —
Honduras	83.1	66.8	56.8
México	57.8	54.2	39.5
Nicaragua	67.7	59.7	46.4
Panamá	49.8	46.2	38.4
Paraguay	53.8	54.7	48.6
Perú	62.4	49.7	40.6
Venezuela	41.2	32.3	20.3
Uruguay	— —	17.9	18.1

Fuente: OIT Yearbook of Work Statistics, 1960, 1970 y 1975.

miento de la producción agrícola en el período 1966-1971 fue de
1.86, mientras que el crecimiento de la producción manufacturera durante el mismo período era de 7.2 y la de servicios 6.23.
Los índices de producción agrícola *per capita* (cuadro 4) muestran el mismo estancamiento relativo de la producción. Tomando el año de 1961 como base, se obtiene un índice promedio
per capita de 98 para 1968, de 100 para 1969, de 99 para 1970,
y de 97 para 1971.

Las bases estructurales de tal insuficiencia pueden apreciarse
con las cifras de distribución de las tierras la que sigue extrema-
mente inequitativa, como lo demuestran los cuadros 5, 6 y 7.
Según los datos de la OEA para 1960 (cuadro 5), de 14 a
73% de los predios en América Latina tenía una superficie infe-

Cuadro 2

Tasa de crecimiento de la producción agrícola, 1966-1971
(porcentajes)

Países	Produccion total 1966-70	1969-70	1970-71	Producción *per capita* 1966-70	1969-70	1970-71
Argentina	1.6	0.5	8.9	––	3.0	10.0
Bolivia	1.7	1.5	0.0	1.0	0.7	2.0
Brasil	3.8	1.7	4.0	0.9	0.7	1.0
Chile	––	3.8	5.4	2.2	1.1	3.2
Colombia	3.3	1.3	2.3	1.0	1.0	1.0
Costa Rica	8.6	8.4	7.9	4.6	4.8	4.0
República Dominicana	4.5	7.9	4.3	0.9	4.9	1.1
Ecuador	2.5	5.0	0.8	1.0	1.5	2.1
El Salvador	4.0	––	––	2.5	3.5	––
Guatemala	1.2	––	0.0	1.5	2.5	3.0
Honduras	2.4	0.6	3.0	1.0	3.0	0.9
México	1.9	2.0	1.6	1.0	––	2.1
Nicaragua	0.5	7.1	––	3.5	3.2	––
Panamá	5.6	2.0	3.8	2.4	4.5	0.0
Paraguay	2.7	1.4	0.0	0.5	2.0	2.9
Perú	1.7	4.0	3.3	1.5	1.0	1.0
Uruguay	2.5	1.9	0.9	1.2	1.1	1.0
Venezuela	4.9	4.0	2.7	1.4	0.8	0.8
Total productos	3.2	3.4	- 0.8	0.3	0.5	- 4.0
Total alimentos	4.0	5.7	- 0.8	0.7	2.9	- 3.9

Fuente: BID; estimaciones basadas en las estadísticas oficiales de los países.

Cuadro 3

Tasa de crecimiento del valor agregado por la agricultura de 1961 a 1971
(millones de dólares)

P a í s	1961-1967	1968-1971	1971
Argentina	2.7	- 0.2	- 2.4
Bolivia	2.5	1.0	3.8
Brasil	2.5	6.8	11.3
Chile	3.4	0.8	6.2
Colombia	3.2	4.3	2.5
Costa Rica	5.3	4.9	2.1
República Dominicana	- 0.2	6.0	5.7
Ecuador	3.5	3.2	2.0
El Salvador	4.4	3.6	0.4
Guatemala	3.6	6.2	6.2
Honduras	4.6	4.2	9.8
México	4.1	3.1	3.7
Nicaragua	8.2	3.0	4.9
Panamá	6.2	3.7	4.4
Paraguay	3.1	2.8	2.2
Perú	3.0	1.5	1.8
Uruguay	0.3	3.6	- 1.9
Venezuela	5.7	5.7	4.5
Latinoamérica	3.1	3.8	4.9

Fuente: BID, Estadísticas oficiales de los países.

Cuadro 4

Indice de producción agrícola total y per cápita, 1968-1971
(Base 1961-65 = 100)

Países	1968 total	1968 per cápita	1969 total	1969 per cápita	1970 total	1970 per cápita	1971 total	1971 per cápita
Argentina	108	100	117	106	113	101	105	93
Bolivia	125	110	125	107	127	106	136	111
Brasil	117	101	123	103	124	101	130	103
Chile	114	101	108	93	111	94	119	98
Colombia	117	100	122	101	131	105	136	105
Costa Rica	131	109	152	121	162	125	171	126
República Dominicana	99	82	109	88	116	90	122	92
Ecuador	111	94	111	91	118	94	118	90
El Salvador	102	87	106	88	116	93	129	100
Guatemala	122	106	127	107	128	105	130	104
Honduras	144	122	141	116	128	101	136	105
México	119	101	120	98	123	97	127	97
Nicaragua	130	113	133	113	127	103	144	115
Panamá	134	114	145	120	139	111	141	108
Paraguay	116	100	118	98	128	103	128	99
Perú	102	91	113	94	122	98	123	96
Uruguay	102	96	106	99	111	102	103	94
Venezuela	133	112	141	115	148	116	152	116
Total productos	113	98	118	100	121	99	122	97
Total alimentos	117	101	121	103	126	103	126	100

Fuente: FAO, El estado de los alimentos y de la agricultura, Roma, 1972.

Cuadro 5

Distribución porcentual de las tierras según el tamaño de las explotaciones

Países	1950 De 1 a menos de 5 ha.	1950 De 5 a menos de 10 ha.	1950 De 10 ha. o más	1960 De 1 a menos de 5 ha.	1960 De 5 a menos de 10 ha.	1960 De 10 ha. o más
Argentina	——	——	——	14.9	9.0	76.1
Bolivia	—.—	——	——	—	——	——
Brasil	20.2	12.5	67.2	28.1	14.5	57.4
Chile	——	——	——	27.7	15.9	46.4
Colombia	45.3	19.0	35.6	50.3	18.6	31.1
Costa Rica	35.7	16.6	47.6	31.9	15.7	51.6
Cuba	——	——	——	——	——	——
Ecuador	——	——	——	——	——	——
El Salvador	67.3	13.4	19.2	71.9	11.6	16.5
Guatemala	75.5	12.0	12.4	73.6	13.2	13.2
Honduras	——	——	——	—	——	——
México	57.1	10.1	32.6	51.2	9.9	38.9
Nicaragua	26.5	18.3	55.1	40.3	15.0	39.7
Panamá	52.9	20.0	27.0	93.4	20.0	37.2
Paraguay	——	——	—·—	93.5	24.7	31.8
Perú	——	——	——	73.8	13.9	12.3
Venezuela	50.6	19.0	30.3	19.7	15.0	70.3
Uruguay	12.9	12.9	79.1	56.3	19.4	39.3

Fuente: OEA.

Cuadro 6

Número y superficie relativa de las explotaciones agrícolas por grupo de tamaño
(alrededor de 1960)
(porcentaje de grupo de tamaño sobre el total del país)

Países	Subfamiliar (a)	Familiar (b)	Multifamiliar mediano (c)	Multifamiliar grande (d)	Total
Argentina					
Total de explotaciones	43.2	48.7	7.3	0.8	100.0
Area de explotación	3.4	44.7	15.0	36.9	100.0
Brasil					
Total de explotaciones	22.5	39.1	33.7	4.7	100.0
Area de explotación	0.5	6.0	34.0	59.5	100.0
Chile					
Total de explotaciones	36.9	40.0	16.2	6.9	100.0
Area de explotación	0.2	7.0	11.4	81.3	100.0
Colombia					
Total de explotaciones	64.0	30.2	4.5	1.3	100.0

Area de explotación	4.9	22.3	23.3	49.5	100.0
Ecuador Total de explotaciones	89.9	8.0	1.7	0.4	100.0
Area de explotación	16.6	19.0	19.3	45.1	100.0
Guatemala Total de explotaciones	88.4	9.5	2.0	0.1	100.0
Area de explotación	14.3	13.4	31.5	40.8	100.0
Perú Total de explotaciones	88.0	8.5	2.4	1.1	100.0
Area de explotación	7.4	4.5	5.7	82.4	100.0

a) *Subfamiliar*: son las explotaciones cuyas tierras son insuficientes para satisfacer las necesidades básicas de una familia de acuerdo a los niveles locales, así como para prever empleo remunerativo durante todo el año a la misma familia poseedora de una capacidad de trabajo de dos hombres-año con el nivel tecnológico prevaleciente en la región.

b) *Familiar*: explotaciones con suficiente superficie para satisfacer las necesidades básicas de una familia y que proveen empleo remunerativo de 2 a 3.9 hombres-año, en el supuesto de que la mayor parte del trabajo es realizado por miembros de la familia.

c) *Multifamiliar mediano*: explotaciones con suficiente tierra y que requieren el trabajo de 4 a 12 hombres-año.

d) *Multifamiliar grande*: explotaciones lo bastante grandes para suministrar a más de 12 personas.

Fuente: Centro Interamericano de Desarrollo Agropecuario (CIDA) tomado de Boullier, M. y S. Maturana "El empleo agrícola en América Latina", en *Lucha de clases en el campo*, comp. Ernest Feder, Lecturas del Trimestre Económico, México, Fondo de Cultura Económica, 1979.

rior a 5 ha., o sea, insuficiente para mantener una familia. También a principio de los años sesenta, los estudios llevados a cabo por el Centro de Investigaciones de Desarrollo Agropecuario (CIDA) en siete países de América Latina revelan que, aún en países relativamente prósperos como Argentina, los predios "subfamiliares" dominaban (cuadro 6), siendo la superficie *per capita* efectivamente cultivada muy baja (cuadro 7). Como resultado, más del 60 por ciento de las familias agrícolas de estos países se clasificaron como de "estatus inferior", o sea, como propietarios en comunidades, operadores de explotaciones subfamiliares y trabajadores sin tierra (cuadro 8). Esta última categoría laboral constituye una muy alta proporción del núme-

Cuadro 7

Total de tierras agrícolas y de tierras cultivadas por trabajador agrícola en diversas clases
de predios en 7 países
(hectáreas por trabajador)

	Subfamiliar	P R E D I O S Familiar	Multifamiliar mediano	Grande
Argentina				
Total tierra/trabajador	13.1	109.1	275.9	681.1
Tierra cultivada/trabajador	5.0	24.5	38.3	63.1
Brasil				
Total tierra/trabajador	0.8	4.2	15.1	51.6
Tierra cultivada/trabajador	0.7	2.5	5.5	11.3
Chile				
Total tierra/trabajador	0.9	10.7	22.3	88.0
Tierra cultivada/trabajador	0.5	1.7	3.8	6.8
Colombia				
Total tierra/trabajador	0.9	7.6	33.7	121.0
Tierra cultivada/trabajador	0.6	2.8	5.4	7.6
Ecuador				
Total tierra/trabajador	2.1	13.9	13.9	19.6
Tierra cultivada/trabajador	1.6	6.3	4.8	3.1
Guatemala				
Total tierra/trabajador	1.2	6.0	15.7	36.7
Tierra cultivada/trabajador	1.0	2.9	5.7	8.9
Perú				
Total tierra/trabajador	3.2	7.0	17.5	35.3
Tierra cultivada/trabajador	1.1	3.1	5.1	2.4

a) *Subfamiliar:* son las explotaciones cuyas tierras son insuficientes para satisfacer las necesidades básicas de una familia de acuerdo a los niveles locales, así como para proveer empleo remunerativo durante todo el año a la misma familia poseedora de una capacidad de trabajo de dos hombres-año con el nivel tecnológico prevaleciente en la región.
b) *Familiar:* explotaciones con suficiente superficie para satisfacer las necesidades básicas de una familia y que proveen empleo remunerativo de 2 a 3.9 hombres-año, en el supuesto de que la mayor parte del trabajo es realizado por miembros de la familia.
c) *Multifamiliar mediano:* explotaciones con suficiente tierra y que requieren el trabajo de 4 a 12 hombres-año.
Fuente: Centro Interamericano de Desarrollo Agropecuario (CIDA). Tomado de Boullier, M. y S. Maturana, "El empleo agrícola en América Latina", en *Luchas de clases en el campo*, comp. E. Feder, Lecturas del Trimestre Económico, México, Fondo de Cultura Económica, 1979.

Cuadro 8

Distribución porcentual de las familias agrícolas de acuerdo a su status socioeconómico en seis países de América Latina [1]
(alrededor de 1960)

	Argentina (1960)	Brasil (1950)	Chile (1940)	Colombia (1960)	Ecuador (1960)	Guatemala (1950)
Total status superior	5.2	14.6	9.5	5.0	2.4	1.6
Operadores de explotaciones grandes	0.4	1.8	3.0	1.1	0.3	0.1
Operadores de explotaciones medianas	4.8	12.8	6.5	3.9	2.1	1.5
Total status mediano	33.9	17.0	19.8	24.8	9.5	10.5
Administradores de explotaciones grandes y medianas	1.3	2.0	2.1	1.5	—	2.2
Propietarios de explotaciones familiares	16.4	12.0	14.8	17.9	8.0	6.6
Operadores no propietarios de explotaciones familiares	16.2	2.9	2.9	5.4	1.5	1.2
Total status inferior	60.9	68.4	70.7	70.2	88.1	88.4
Propietarios en comunidades	—	—	16.6	—	1.3	—
Operadores de explotaciones subfamiliares	25.9	8.6	6.5	47.0	52.3	63.6
Trabajadores sin tierra	35.0	59.8	47.6	23.2	34.5	24.8

[1] Estos datos sobreestiman la importancia numérica tanto de las clases altas como las medianas, mientras que sobreestiman la de clase inferior. Una cantidad considerable de los operadores de explotaciones medianas no serían jamás aceptados localmente como de 'clase alta' mientras que la mitad o más de los operadores de explotaciones familiares se diferencian levemente desde el punto de vista socio-lógico de los operadores de unidades subfamiliares, que sólo tienen algo menos de tierra.

Fuente: Centro Interamericano de Desarrollo Agropecuario (CIDA)

ro total de trabajadores, como lo demuestra el cuadro 9, representando de 25 a 50% de la fuerza de trabajo en 1971-1972 (cuadro 10). Convendría actualizar estas cifras con estudios complementarios. Sin embargo, es poco probable que tal ajuste permita llegar a estimaciones más optimistas. La crisis de los alimentos que ha caracterizado el decenio de los setenta y el fracaso de las políticas destinadas a la autosuficiencia alimentaria indican claramente que la situación del medio rural ha mejorado poco o nada, y que, además, la escasez de alimentos está amenazando el nivel de vida de las masas populares urbanas.

Cuadro 9

Medidas aproximadas de las necesidades de trabajo en predios
subfamiliares en siete países de América Latina[1]
(en miles)

	Número total de trabajadores	Número calculado de trabajadores	Diferencia (excedente)
Argentina	446.8	53.8	393.0
Brasil	1439.2	290.0	1149.2
Chile	75.2	7.3	67.9
Colombia	1546.6	178.4	1367.2
Ecuador	473.8	71.9	401.9
Guatemala	426.6	88.9	337.8
Perú	862.7	389.7	473.0
Total	5259.9	1079.9	4190.0

[1] El exceso de mano de obra en los predios pequeños puede calcularse en forma; aproximada usando la proporción tierra trabajador en los predios familiares, en comparación con la que prevalece en los predios más pequeños, en la presunción de que en las propiedades familiares, los trabajadores son ocupados durante un tiempo más cercano a la jornada completa durante todo el año, con las actuales técnicas de cultivo.
Fuente: Centro Interamericano de Desarrollo Agropecuario (CIDA), citado en "Informes del CIDA; la mano de obra en el latifundismo", en *Lucha de clases en el campo*, Comp. Ernest Feder, Lecturas del Trimestre Económico, México, Fondo de Cultura Económica, 1975.

Cuadro 10

Campesinos sin tierra en América Latina, 1971-1972

Países	Núm. de camp. sin tierra (miles)	Campesinos sin tierra como porcentaje de población activa en agricultura	Población activa en agricultura como porcentaje de población activa total
Costa Rica	122	53	45
República Dominicana	179	25	61
Honduras	138	27	67
México (1970)	2 499	49	39
Nicaragua	101	43	47
Argentina	694	51	15
Chile	378	66	28
Colombia	1 158	42	45
Ecuador	391	39	54
Perú	557	30	46
Uruguay	99	55	17
Brasil	3 237	26	44
Venezuela	287	33	26
T o t a l	9 912	35	39

Fuente: Banco Mundial, estimaciones basadas en estadísticas de la OIT, Yearbook of Labor Statistics, 1971 y 1972.

Esta situación no es más que una de las facetas del problema generalizado del bajo nivel de vida entre las poblaciones rurales de los países del Tercer Mundo. Su explicación se encuentra, en su mayor parte, en las estrategias de desarrollo que desde la posguerra han favorecido sistemáticamente el desarrollo industrial (y agroindustrial), basadas en la falsa premisa de la desaparición paulatina a mediano y largo plazos de la agricultura de subsistencia. En el apartado que sigue, se hace un breve bosquejo de estas medidas y de las condiciones estructurales que han contribuido a prolongar o provocar.[1]

[1] Para una discusión general de estas políticas y de las acciones internacionales relevantes, Véase Martin Kriesberg. *International organizations and Agricultural Development*, U.S., Department of Agriculture, Foreign Agricultural Economic Report No. 131; Hernán Santa Cruz, "Hambre, seguridad alimentaria, desarrollo rural y la cooperación internacional" Santiago de Chile, 1981 (mimeo).

2. Análisis de políticas y programas propuestos para aliviar el desempleo y fomentar el desarrollo agropecuario

Puede afirmarse que desde un principio, las ideas sobre el desarrollo rural en América Latina y el Caribe han girado alrededor de dos ejes: *transformaciones estructurales* de la sociedad y *tecnología*. A éstos se fueron añadiendo varios elementos complementarios como la capacitación, el financiamiento o la investigación. La dificultad en evaluar los esfuerzos desplegados consiste en el valor ideológico representado en cada iniciativa: prácticamente cada acción propuesta desde el principio de los años sesenta ha rendido igual homenaje a la redistribución de los recursos y del ingreso, a reformas estructurales y al mejoramiento de las condiciones técnicas de la producción agropecuaria. Es poco factible, por consiguiente evaluar los esfuerzos en función de las intenciones o de los principios invocados para justificar las medidas tomadas. Por consiguiente, toda evaluación tendrá que ser de carácter impresionista y cualquier afirmación de la primacía de las transformaciones estructurales sobre los cambios tecnológicos debe interpretarse como relativa.

A pesar de que ningún programa pueda considerarse como puramente "agrarista" o "productivista", es posible, sin embargo, indicar cuál de los dos elementos ha dominado las discusiones y las medidas propuestas en diferentes épocas. Está claro, por ejemplo, que fue el principio de la reforma agraria el primero en haber adquirido legitimidad e imponerse en la comunidad internacional como una solución deseable. En efecto, la llamada Revolución Verde en la tecnología agrícola fue posterior a los primeros intentos de reforma agraria y no penetró en América Latina (salvo en México) hasta los años sesenta.

Existen además otras razones que convergieron para hacer de la reforma agraria el instrumento político en boga hasta aproximadamente la mitad de los años sesenta. Las economías agroexportadoras que definieron hasta los años 30 la inserción de las economías de los países en América Latina en el mercado internacional correspondían a estructuras agrarias latifundistas de tipo semi-feudal. Lejos de transformarse bajo el impulso de la industrialización incipiente, éstas permanecieron prácticamente intactas (salvo excepciones) hasta los años sesenta, a pesar de que las oligarquías agrarias que les correspondían habían dejado de ocupar un lugar preponderante en las estructuras nacionales del poder.

Fueron otros acontecimientos los que llegaron a cambiar las expectativas y a abrir nuevas vías al cambio social en América Latina. Aunque muy diferentes una de la otra, la revolución mexicana y la cubana fueron las que señalaron a la reforma agraria como un instrumento fundamental de transformación de las relaciones sociales de producción en el campo, y dieron el primer impulso a las discusiones sobre la transformación de las condiciones de vida en el medio rural latinoamericano.

A partir de los años cincuenta, la reforma agraria llegó a ser, pues, un símbolo legítimo de progreso social, a tal grado que constituyó uno de los compromisos de base de los países que firmaron en 1961 la Carta de Punta del Este. De este acuerdo, Cuba había sido excluida, siendo el país que más iba a contribuir a una transformación en las relaciones sociales y económicas entre el campo y la ciudad. Otros tres países ya habían llevado a cabo una reforma agraria o estaban en el proceso de hacerlo —México, Bolivia y Venezuela. En cuanto a los demás países, habían hecho progresos insignificantes o nulos cuando se celebró en Roma, cinco años después, la Primera Conferencia Mundial sobre la Reforma Agraria.

A partir de la mitad del decenio de los sesenta, el significado de la reforma agraria fue cambiando paulatinamente. En primer lugar, las reformas que se estaban llevando a cabo eran extremadamente lentas y generalmente decepcionantes. En ningún país, salvo quizás en Venezuela, fue factible obtener que los grandes propietarios hacendatarios cedieran tierras sin oponer obstáculos casi insuperables.

En segundo lugar, muchas de las tierras repartidas eran las

menos rentables.[1] Tercero, se intentó repartir tierras a base de colonizar nuevas áreas, lo cual hubiera requerido más recursos de los que estaban asignados a tales programas y constituía, además, una serie de operaciones poco rentables.[2] En general, las tímidas e insuficientes medidas de reparto de las tierras no se vieron acompañadas de medidas de apoyo (capacitación, crédito, etc.) que hubieran permitido reorganizar adecuadamente la producción agropecuaria y transformar las relaciones sociales en el campo.

El resultado final fue la creación del minifundio y la recrudescencia de los mecanismos institucionales que habían mantenido a las masas campesinas en la miseria. En conclusión, la reforma agraria se llevó a cabo en malas condiciones en la mayoría de los países y se redujo a un simple reparto de tierras, pocas y malas en la mayoría de los casos, y sin medidas complementarias de apoyo.

Frente a las múltiples resistencias políticas, legales, burocráticas y financieras al reparto agrario, apareció la tecnología a mediados de los años sesenta como el *deus ex machina* llamado a resolver, o por lo menos atenuar, los vicios arraigados en los sistemas políticos. En efecto, desde los años 30 en Estados Unidos y desde 1943 en México se había iniciado la llamada Revolución Verde. Con base en nuevas investigaciones, la gama de herbicidas y plaguicidas, fertilizantes y semillas mejoradas que ofrecía esta nueva tecnología prometía revolucionar la producción agrícola en el mundo entero. Para poder aplicar estos nuevos métodos en condiciones óptimas, se emprendieron grandes obras de riego, financiadas por Estados Unidos (Alianza para el Progreso), el Banco Interamericano de Desarrollo, el Banco Mundial, etc., y por los propios países. Se concedieron también créditos externos para mejoramiento de la productividad agrícola.

Paralelamente, se multiplicaron las definiciones más "economicistas" y "tecnicistas" del desarrollo rural. Según el *World Economic Survey* de 1967,[3] los factores más sobresalientes en

---

[1] Véase el trabajo de Christian Sepúlveda en este libro.
[2] Véase S.L. Barraclough y A.L. Domike, "La estructura agraria en siete países de América Latina" en E. Feder (comp.), *La lucha de clases en el campo*. México, Fondo de Cultura Económica, 1975.
[3] Naciones Unidas: New York, 1967.

la discusión del desarrollo rural eran el tamaño del predio y las capacidades de las unidades productivas de responder a la demanda. Igualmente, en el *Provisional Indicative World Plan for Agricultural Development*,[4] los imperativos de producción y productividad superan a los de progreso social. Un libro de T.W. Schultz —*Transforming Traditional Agriculture*[5] se puso en boga y marcó el principio del extensionismo agrícola. Su autor representaba el extremo del enfoque economicista, al sostener que eran innecesarias las reformas políticas o institucionales para aumentar la producción agrícola. Los problemas de las propiedades minifundiarias podrían reducirse a términos puramente económicos. Según este libro, el secreto para transformar sociedades tradicionales en modernas era introducir "insumos noconvencionales" especialmente la educación.

Esta visión se basaba en la llamada teoría del capital humano que propone tratar a la educación como un factor de producción. El fundamento a la vez ideológico y teórico de tales planteamientos se encuentra en el discurso de la modernización que representó la visión dominante de la contrapartida sociológica del desarrollo económico a partir de los años sesenta.[6] Según esta "teoría", el obstáculo mayor al crecimiento económico y al bienestar generalizado en los países del Tercer Mundo es el "tradicionalismo", concepto que se operacionaliza como un conjunto de actitudes y capacidades en relación directa con el nivel educativo. A partir de esta premisa, se concibe al proceso social como una lucha entre las fuerzas de la modernización (tecnificación, industrialización, urbanización, etc.) y las del tradicionalismo (ignorancia, culturas particularistas, etc.). En resumen, se trata de una tesis cientista que tiene sus raíces intelectuales en el siglo XIX y desemboca en medidas tecnocráticas de capacitación en el campo, particularmente al extensionismo.

Los resultados de esta estrategia de desarrollo rural son conocidos, de la modernización de la agricultura surgió un sector de agricultura comercial, el cual tuvo acceso a los medios institucionales y financieros necesarios para aprovechar las costosas obras

---

[4] FAO, Roma, 1969.
[5] Yale University Press, 1964.
[6] Véase en particular S.M. Lipset y N. Smelser, *Social Structure and Mobility in economic development*. New York: The Free Press, 1960. En América Latina, el seguidor de esta teoría es G. Germani, con su obra principal *Sociología de la modernización*. Buenos Aires, Paidos, 1969.

de infraestructura y numerosas medidas de fomento agrícola para producir alimentos. Esta nueva agricultura empresarial permitió abastecer la población urbana de los sectores medios, por una parte, y exportar, por otra. Este nuevo sector desplazó la agricultura tradicional, la cual se mostró cada vez menos capaz de satisfacer la creciente demanda de alimentos básicos para los sectores populares, tanto urbanos como rurales. Por otra parte, la mecanización de la agricultura "moderna" aceleró el movimiento de migración hacia las ciudades al frenar a largo plazo la creación de empleo. Finalmente, la nueva tecnología consolidó las relaciones inequitativamente en el campo al aportar nuevos recursos a los existentes centros de poder. En otras palabras, la tecnología se convirtió en parte del problema del subdesarrollo rural.

Estas conclusiones poco alentadoras son ya suficientemente conocidas para no ahondar en ellas. La pregunta que interesa es si las diversas reacciones al fracaso –desde el punto de vista social y agrario– de la revolución tecnológica tuvieron alguna influencia en redefinir la problemática del desarrollo rural de los países de América Latina y del Caribe. Como se indicó al principio de este ensayo, las diferentes conferencias internacionales son poco sugerentes en este sentido, porque en ningún momento dejaron de defender retóricamente la necesidad de transformaciones políticas e institucionales. Sin embargo, un nuevo viraje se esboza a partir de 1970 cuando durante la onceava Conferencia Regional de la FAO se plantea *la naturaleza global del desarrollo rural* y la importancia de la reforma agraria como parte integral y condicionante del mismo. Nuevamente en 1974 (decimotercera Conferencia Regional de la FAO), se afirma que la reforma agraria debe ser un prerrequisito para el desarrollo rural.

En la Conferencia Mundial sobre la reforma agraria y el desarrollo rural de 1979 y las dos conferencias preparatorias a esta Conferencia (la Reunión Técnica CEPAL/FAO sobre el desarrollo rural en América Latina y la décimo quinta Conferencia Regional de la FAO, ambas celebradas en agosto de 1978) se plantea con más fuerza el *principio de globalidad del desarrollo rural,* o sea, la necesidad de entender y adaptar la articulación entre los aspectos económicos, tecnológicos, políticos, sociales y culturales de los sectores rurales. En los documentos de estas conferencias aparece también un elemento nuevo: la necesidad de *generar y adaptar tecnologías agrícolas en fun-*

ción de sus efectos económicos y sociales y fomentar las investigaciones tecnológicas compatibles con un interés social. La Conferencia Mundial de 1979, reafirmó estos principios. Además de reiterar la necesidad de reformas estructurales que permitan una redistribución del poder económico y político y fomenten la participación de la población, se preconiza la integración de las ciencias sociales a las económicas y a la tecnología en la investigación de los procesos de desarrollo rural. Desde luego, estos conceptos fueron incorporados en mayor o menor grado y bajo diversos enfoques en las decisiones de todos los grandes foros internacionales de discusión de los problemas de la alimentación, la salud, el empleo, y también, la ciencia, la educación y la cultura. Basta mencionar el Plan de Acción de Viena sobre Aplicación de la Ciencia y la Tecnología al Desarrollo (Viena, 1979), que recoge insumos de la totalidad de las entidades que conforman el Sistema de las Naciones Unidas, y resoluciones de las más recientes Conferencias Generales de la UNESCO.

Resumen y conclusiones

Los programas de desarrollo rural en América Latina y el Caribe han pasado por tres grandes etapas. En un primer tiempo, se subraya la importancia de las transformaciones estructurales profundas destinadas a redistribuir más equitativamente los recursos políticos y económicos. El reparto de tierras fue la medida típicamente adoptada dentro de este enfoque.

En una segunda etapa, frente a las inmensas dificultades para llegar a cabo reformas de tipo estructural, se recurre a remedios de tipo económico y tecnológico, con vistas a mejorar la productividad y a aumentar la producción agropecuaria, dejando en un plan secundario consideraciones de calidad de vida y progreso social en el medio rural.

Finalmente, en una tercera etapa, se enjuicia tanto a las reformas agrarias mal implementadas como a la modernización de la agricultura, por haber tenido éstas consecuencias sociales negativas. Al mismo tiempo, se propone un enfoque global sobre el desarrollo rural y se afirma la necesidad de integrar mejor sus diferentes componentes.

Ahora bien, la línea que hemos trazado en la evolución del

pensamiento sobre el desarrollo rural dista de ser tan clara como lo indicamos. Constituye una interpretación de los procesos de implementación más que una lectura de textos que definieron las metas de los diferentes programas propuestos. Al enjuiciar errores pasados y proponer enfoques nuevos, se plantea la necesidad, primero de *redefinir el papel de la ciencia y la tecnología en el desarrollo rural*, y segundo, de adquirir la capacidad de *prever las consecuencias sociales de las tecnologías* aplicadas en los programas de desarrollo rural. Por consiguiente, la tecnología no está llamada, como en el pasado, simplemente a incrementar la productividad del trabajo, o a sustituir un factor de la producción por otros, sino a transformarse en un instrumento estratégico para la reproducción y la transformación de las unidades campesinas. En otras palabras, se requieren nuevas tecnologías capaces de atenuar y corregir la situación de doble explotación aludida al principio de este ensayo: bajos salarios, por una parte, y baja remuneración del trabajo productivo, por otra. Los trabajos de la Reunión de Bogotá que presentamos a continuación intentan dar algunas respuestas a esta problemática a través de las diferentes experiencias nacionales representadas.

II
Estudios de casos nacionales

Mercados de trabajo, tecnología y formas de producción campesina en tres regiones rurales colombianas

Alejandro Sanz de Santamaría
y Jaime Forero

Introducción

En la mayoría de los países del "Tercer Mundo" se han mantenido ya por muy largo tiempo importantes componentes sociales que producen dentro de condiciones no-capitalistas. Esto ha sido particularmente notorio en el sector agrario con la subsistencia de las denominadas *Economías Campesinas*. En el caso colombiano, la importancia relativa de las regiones de economía campesina es actualmente muy grande: alrededor de un 19% de la demanda total de fuerza de trabajo está asociada con los cultivos tradicionales;[1] en 1976 el 28.6% del valor de esta producción correspondía a cultivos tradicionales;[2] en 1970, el 73% de las explotaciones agrícolas, era menor de 10 hectáreas y 8% menor de 20 hectáreas;[3] finalmente, el 35% de los alimentos proviene de regiones de economía campesina.[4]

Este trabajo es un análisis comparado del tipo de relaciones que se presentan entre empleo y tecnología, y entre éstas y otras dimensiones socioeconómicas, para tres regiones colombianas en las cuales predominan, o se mantienen, componentes muy im-

[1] Cálculos hechos recientemente, en documento inédito, por el Servicio Nacional de Aprendizaje (SENA), institución del gobierno colombiano.
[2] Kalmanovitz S., "Desarrollo de la Agricultura en Colombia", Editorial "La Carreta", Bogotá, 1978, Pág. 335.
[3] Kalmanovitz S., "La Agricultura en Colombia 1930-1972", Separata del DANE, Bogotá, 1974. Los estudios realizados por Moncayo y Rojas arrojan que el 46% de la superficie y el mismo porcentaje de la producción agrícola, correspondía a la agricultura tradicional en 1976.
[4] Moncayo V.M., Rojas F., "Producción Campesina y Capitalismo", CINEP, Bogotá, 1979.

41

portantes de economías campesinas: la Región del Norte del
Valle, la Región Alta de la Provincia de García Rovira en el Departamento de Santander, y la Región Tabacalera de esta misma
provincia.[5]
Para la realización de este análisis se adoptará un enfoque sustancialmente distinto al que normalmente se encuentra en la literatura convencional: tanto la cuestión del empleo como la de
la tecnología serán concebidas como *elementos constitutivos* de
las estructuras socioeconómicas regionales, y por consiguiente
su comprensión sólo podrá lograrse dentro de una perspectiva
amplia que incorpore al análisis las dimensiones fundamentales
de dichas estructuras. Ni el empleo será visto simplemente como
un "fenómeno de mercado" restringido al análisis (predominantemente cuantitativo) de la oferta y la demanda de trabajo, ni la
tecnología será concebida como una variable exógena a cada estructura socioeconómica regional. La tecnología en la producción parcelaria forma parte de las condiciones de producción, de
la dirección de los procesos históricos regionales y del destino
de los campesinos. Inclusive, en coyunturas o situaciones estructurales determinadas, ésta puede ser el elemento determinante
de procesos de cambio social. Por lo tanto, la tecnología no es
una variable más que pueda ser transformada aisladamente,
desde afuera, con el objeto de elevar la productividad sin alterar
la organización de la producción y las formas de distribución.
Para cada uno de los casos que se presentan a continuación,
se mostrará cómo las cuestiones del empleo y de la tecnología
están íntimamente ligadas entre sí, e inextrictamente relacionadas con condiciones tan importantes como los *recursos naturales* con que se cuenta en cada región, las *relaciones de clase* que
en ellas predominan, la naturaleza de los *productos específicos*

[5] Estas regiones fueron objeto de una investigación adelantada dentro de un
proyecto de la OIT y el Ministerio de Trabajo (Proyecto Migraciones Laborales
COL72/027) en la cual participaron los autores de esta ponencia. La investigación en
García Rovira se le encargó al Centro de Estudios para el Desarrollo Económico de la
Universidad de los Andes (CEDE) y sus resultados están en el informe titulado "Mer-
cados de Trabajo y Migraciones Laborales en dos Comarcas Colombianas, García Ro-
vira (Santander) y Moniquirá (Boyacá)". El estudio del Norte del Valle lo realizó el
Centro de Investigaciones y Documentación Socioeconómica de la Universidad del
Valle (CIDSE), el cual elaboró el informe, "Estructura Social y Mercados de Trabajo
en una Zona Cafetera del Norte del Valle". En la Revista *Desarrollo y Sociedad,* del
CEDE (No. 5) se presenta la metodología con que se adelantó la investigación.

más importantes de cada economía regional, y de las *formas de articulación* que cada región mantiene con el resto de la economía.

Como se verá, en cada una de las regiones estudiadas, estas dimensiones se relacionan entre sí en formas diferentes, con una importancia relativa distinta, y produciendo por consiguiente estructuras y movimientos diferentes en cada caso. Dentro de cada una de estas estructuras y movimientos, las cuestiones de mercados de trabajo y desarrollo tecnológico adquieren características diferentes y cumplen papeles distintos. Se verá cómo ni el problema del empleo ni el de la tecnología pueden ser entendidos a la luz de las mismas determinaciones, sino que por el contrario se requiere identificar las determinaciones específicas para cada caso y el papel particular que cada una desempeña dentro de cada conjunto regional.

1. Región del norte del Valle

En Colombia, el cultivo del café en algunas regiones se adelanta bajo un régimen de producción capitalista, y al mismo tiempo en otras zonas se combinan diversas formas de producción, como en el caso de la región del norte del Valle. Esta región está comprendida por los municipios de Argelia, El Cairo, Ansermanuevo y El Aguila, ubicados en el Departamento del Valle del Cauca, sobre la cordillera occidental. Es ésta una zona o comarca cafetera en donde se reproduce un importante "segmento de producción parcelaria", conformado por *pequeños productores y agregados* dentro de un proceso especialmente dinámico en los últimos diez años, de desarrollo de la producción empresarial.

La pequeña producción, asimilable a las fincas con una extensión menor a las 6 hectáreas, concentra el 39% del total de las explotaciones y el 15% de la superficie cultivada.[6] Los agregados, por otra parte, se ubican en el 47% de las fincas[7] en muchas de las cuales hay más de uno (i.e., más de una familia de agregados). El agregado es un nuevo tipo de aparcero que no tiene el control de todo el proceso, sino que se encarga de un cafetal (toda la finca o un lote de ella) en producción, asumiendo todos

---

[6] Datos estimados en base a estadísticas del CIDSE y Censo Agropecuario, 1970.
[7] CIDSE.

los costos de la fuerza de trabajo, bien sea pagando jornales o empleando su propia fuerza de trabajo y la de su familia. Recogida la cosecha, la reparte con el propietario y se da por terminado el contrato.

Aunque existe una relativa concentración de la pequeña producción en algunas veredas, lo cierto es que ella está diseminada a lo largo y ancho de la región conviviendo al lado de toda suerte de fincas. De esta manera la existencia de la producción doméstica (pequeños cafeteros y agregados) no obedece a una distribución geográfica tal que en las mejores tierras predomine la agricultura empresarial como sí ha sucedido en términos generales en el desarrollo de la agricultura del país.

La forma como se llevó a cabo la colonización de la región, la política económica cafetera del país y las características propias del cultivo del café son tres elementos, interdependientes, que han tenido una influencia decisiva en el proceso histórico de desarrollo de la producción cafetera de la región, y en particular en la reproducción de las formas de producción parcelaria a las que nos hemos venido refiriendo. La trascendencia del cultivo del café en Colombia, el cultivo nacional, es y ha sido el eje articulador de estos tres elementos y de casi todos los aspectos socioeconómicos de la región.

La colonización, en el norte del Valle, impulsó una economía más dinámica que en las zonas del país que heredaron las formas de organización de la hacienda y el peso de las viejas instituciones coloniales. Al mismo tiempo, la producción dirigida al comercio nacional e internacional agilizó en esta región el mercado de tierras, así como la movilidad ascendente de ciertos grupos sociales, logrando significativos niveles de acumulación en ciertas familias.

La estructura social a que dio lugar el proceso colonizador permitió la consolidación de sectores importantes de campesinos medios y de pequeños productores independientes al lado de campesinos ricos y terratenientes que explotaban algunos trabajadores asalariados. Dentro de estas relaciones de explotación, la aparcería fue muy importante hasta 1968, fecha en que los aparceros, que sembraban los cosechaderos de maíz, frijol, yuca y panela y sembraron gran parte del café tradicional, prácticamente desaparecieron por los conflictos sociales ocurridos dentro del marco de la "reforma agraria" de dicho año.

En los últimos 12 o 15 años, la acumulación de campesinos y terratenientes y el crédito de la Federación Nacional de Cafeteros han sido utilizados para adoptar rápidamente la tecnología del café caturra, especie que da un rendimiento considerablemente más grande que la tradicional, el café arábigo. Con este proceso de acumulación, ha ido surgiendo una nueva burguesía cafetera y se ha consolidado y ampliado el mercado de fuerza de trabajo. De los antiguos regímenes de aparcería ha surgido la agregatura, como modalidad transformada de aquéllos.

La política económica del país para el café ha sido manejada desde hace varios decenios por la Federación Nacional de Cafeteros, la cual compra a precios de sustentación la mayor parte de la producción, asegurándole al cafetero un nivel de ingresos relativamente estable y sobreguardándolo de las crisis originadas en los ciclos de precios del mercado mundial. La Federación le ha dado un impulso decisivo a la tecnificación, involucrando en ella, por medio del crédito, a la pequeña producción. De esta forma ha contribuido a la consolidación del campesino cafetero dentro del proceso de cambio tecnológico. Pero al lado de los pequeños y medianos productores modernizados existe un amplio sector de pequeños cafeteros tradicionales[8] que basan su reproducción en el trabajo doméstico. Estos campesinos empobrecidos subsisten con los pocos ingresos de la cosecha, complementados con el producto de la venta de su fuerza de trabajo en el mercado local.

La sustentación del precio del café ha permitido que el pequeño productor se especialice en el monocultivo, aplicando una racionalidad aparentemente diferente a la de otros campesinos que buscan en la diversificación la protección ante las contingencias del mercado. El campesino ha ido abandonando los cultivos de la caña para panela y maíz asociado al frijol, entre los principales productos regionales de autoconsumo del pasado, para reemplazarlos por el "dinerito seguro" de la cosecha cafetera.

En cuanto a la influencia de las características del cultivo del café, interesa destacar que el hecho de ser un cultivo permanente y de presentar una marcada estacionalidad ha condicionado tanto, la reproducción de los agregados como ciertas características del mercado de trabajo. La inestabilidad de los agregados

---

[8] Por lo menos el 22% de las fincas cafeteras menores de 6 has. son tradicionales.

en las fincas o lotes que tienen bajo su cuidado es el resultado de la necesidad del propietario de asegurarse que aquéllos no ejerzan ninguna pretensión sobre la posesión de la tierra. Esto se logra fijando el contrato de agregatura por el período correspondiente a un ciclo productivo de un cafetal en plena producción, o sea por un año.

La marcada estacionalidad en las necesidades de consumo de fuerza de trabajo en el café (i.e. la demanda) por fases de cultivo, concentra los mayores volúmenes de la demanda por trabajo en la recolección. Para el "tiempo frío" (entre cosecha y cosecha) la oferta proviene de los trabajadores asentados en la zona, en los núcleos urbanos (cascos municipales, corregimientos y barriadas veredales) y en el espacio rural propiamente dicho. Entre estos últimos se incorporan los agregados y los pequeños productores, satisfaciendo en parte las necesidades de las fincas medianas y grandes de tener una mano de obra disponible en las mismas fincas o alrededor de ellas. Las familias de los pequeños productores cafeteros recurren sistemáticamente para complementar sus ingresos a la venta de su fuerza de trabajo en las otras explotaciones cafeteras, constituyendo junto con los agregados y los trabajadores radicados en las fincas (vivientes) un sector de oferta de trabajo estable. Esta oferta es necesaria por el relativo aislamiento de la zona con respecto a la región cafetera de Caldas-Valle, que hace muy difícil atraer trabajadores en el "tiempo frío". En períodos de cosecha el gran volumen de fuerza de trabajo (asalariada) es provisto por los trabajadores migrantes "cosecheros" de café, aunque también participa en proporción importante la oferta de fuerza de trabajo local, que llega a conformar aproximadamente el 34% del total de los recolectores.

El proceso de tecnificación (adopción de la tecnología del caturra) que hace del café un negocio empresarial en las fincas de extensión considerable no ha abolido la agregatura en las fincas más tecnificadas.[9] Sin embargo ya en ellas el agregado ha dejado de ser paulatinamente un campesino o productor parcelario para convertirse en una especie de *socio-empresario* del dueño. Se mantiene en estas fincas a los agregados para descargar en

[9] Más de 10 hectáreas totalmente tecnificadas ya caen sin duda en esta situación. El 85% de las explotaciones están tecnificadas total o parcialmente, y aproximadamente la mitad del área cafetera está sembrada en la nueva especie (CIDSE).

ellos el peso de la administración de la fuerza de trabajo que con sus nuevas características de semiproletario rural-urbano le resulta inmanejable a los propietarios. Estos últimos como grupo social aunque no son estrictamente rentistas, se reservan el privilegio de no "luchar" directamente con los trabajadores y prefieren generalmente este sistema a la administración a sueldo adoptada por algunos pocos.

Los *agregados pobres* o parceleros son aún, numéricamente los más importantes dentro de este grupo social. Son ellos trabajadores sin tierra, que mediante un contrato entran a explotar una finca, o un lote de ella, sin contar con los medios suficientes para pagar de su propio bolsillo los costos que le corresponden como agregados. En "tiempo frío" ellos realizan las labores con el trabajo familiar complementado con trabajadores asalariados pagados con dinero que el patrón les entrega en préstamos. Para la cosecha el trabajador asalariado se les hace indispensable y su labor como agregados está dirigida principalmente a la supervisión del trabajo de los contratados aunque la incorporación del trabajo familiar se mantenga.

Los agregados pobres están en las fincas cuyo proceso de tecnificación está relativamente atrasado o en las que el caturra aún no ha entrado. Un análisis de costo-beneficio arrojaría para estas fincas una tasa de ganancia muy por debajo de la media en la zona cafetera; como son los agregados quienes asumen la mayor parte de los costos (el salario), son ellos quienes van a resultar perjudicados en la repartición de la cosecha. Lo cierto es que el propietario logra, aún en los peores casos, sacar algún beneficio proporcional al tamaño de la explotación, mientras que los agregados se mueven entre obtener lo esencial para escasamente sobrevivir y obtener un nivel de ingresos que les permita mejorar sus condiciones de vida. No son pocos los casos, sin embargo, en que los agregados tengan pérdidas. A pesar de ello, en general se prefiere la condición de agregado a la de asalariado.

En la región se ha consolidado un mercado de fuerza de trabajo asalariado en el cual el sector dinámico, por el lado de la demanda, está constituido por las fincas cafeteras que han introducido o están introduciendo la tecnología del caturra, incrementando notablemente los requerimientos de mano de obra.[10]

---

[10] El café tradicional, en producción, requiere alrededor de 100 jornales al año

La economía parcelaria del norte del Valle cafetero está ins-crita como un elemento constitutivo de la dinámica regional, cu-yo conducto central de articulación está en los mercados de tra-bajo. Entre la economía parcelaria y los mercados de trabajo se da una mutua determinación. El segmento de producción doméstica cafetera está insertado y completamente articulado al capitalismo regional y nacional: al tiempo que es básico desde el punto de vista de las necesidades de los propietarios y como in-termediario para sobrellevar los conflictos con los trabajadores asalariados, depende también sustancialmente de la dinámica del mercado laboral en la medida en que la compra de trabajo asala-riado afecta la relación costos-ingresos de la unidad doméstica.

Con lo que se acaba de exponer se tiene una perspectiva sobre los mercados regionales de trabajo y su relación con las condi-ciones estructurales de la economía regional. Habiendo visto cómo en la región la transformación tecnológica (introducción de la especie caturra) es un elemento constitutivo de la dinámica socioeconómica local, queda la pregunta: *¿cómo afecta el cambio tecnológico, la inserción de la producción parcelaria dentro de los mercados de trabajo?*

Ya se vio cómo la existencia de la producción parcelaria (o más bien, de la fuerza de trabajo de las familias de agregados) es fundamental para el funcionamiento de las fincas tradicionales. También se vio cómo en las fincas tecnificadas se mantienen agregados, los cuales adquieren un carácter distinto al tradicio-nal al convertirse en agregados-empresarios. Ahora bien, como la modernización de las fincas se hace gradual y paulatinamente (por lotes), los agregados pobres continúan siendo estratégica-mente muy importantes para el propietario. Su presencia en las partes aún no tecnificadas de la finca le garantizan a éste un ni-vel importante de ingresos (dependiendo naturalmente del tama-ño de la parte no tecnificada).[11]

Los núcleos familiares de los agregados pobres, como grupo

por hectárea, mientras que el caturra emplea alrededor de 300. Fedesarrollo, "Econo-mía Cafetera Colombiana". Editorial Andes, Bogotá, s.f.

[11] La distribución de las fincas según el grado de tecnificación ilustra muy bien el fenómeno de la modernización parcial de las fincas. Así, en 1979 solamente el 9o/o de ellas estaba totalmente tecnificada, porcentaje que baja a 6o/o dentro de las fin-cas mayores de 15 has. El 76o/o de todas las fincas estaban semitecnificadas; y en los grupos de fincas de 15 a 50 has. y de más de 50 has., el 83o/o y el 89o/o, respectiva-mente, estaban semitecnificadas (CIDSE).

social, se inscribe en el mercado regional de trabajo en tres formas principales: como fuerza de trabajo asalariado disponible asentada en las fincas; como administradores (y demandantes) de la fuerza de trabajo que contratan; y como proveedores del trabajo familiar que se consume en las labores que requieren las áreas de las cuales ellos son responsables. Estas tres dimensiones del papel de los agregados pobres tiene una enorme importancia en vista de la pronunciada elevación de los niveles salariales que ha ocasionado el mismo proceso de modernización, de la creciente dificultad para la consecución de los trabajadores asalariados necesarios, y de la resistencia cada vez mayor de los cosecheros trashumantes a trabajar en la recolección dentro de áreas ya tecnificadas. Todo lo anterior permite ver con claridad cómo la participación de los agregados pobres en la administración de áreas tradicionales equivale a asumir, a través del consumo de fuerza de trabajo familiar, una muy alta proporción de los costos que hace rentable la cosecha para el propietario.

Es evidente entonces que la modernización del área cafetera, a la vez que avanza apoyándose en la explotación de los agregados pobres vinculados a las áreas tradicionales, va creando las condiciones que eventualmente conducirán a la desaparición de este sector social que carece de espacio de existencia dentro de los regímenes tecnificados de la producción cafetera.

Si la introducción de la nueva tecnología, patrocinada como ya se vio por la Federación de Cafeteros, ha tenido un efecto directo de gran importancia al multiplicar los requerimientos de trabajadores, no menos importante ha sido la incidencia que ha tenido el cambio tecnológico sobre la estructura social que a su vez lo hace posible. La adopción de la tecnología ha puesto en juego ciertas tendencias estructurales en la organización de la producción cafetera. Se hizo referencia a la aparición de una nueva burguesía cafetera y al surgimiento de agregados-empresarios en las fincas más tecnificadas, o para ser más precisos, al surgimiento de este tipo de agregados como el "mecanismo social" para la administración de la producción de café en el área tecnificada de las fincas medianas y grandes. Estos agregados podrían constituirse en un grupo social netamente empresarial, como capitalista intermediario en la relación terrateniente-trabajador asalariado. Pero ésta es una tendencia no consolidada, frente a la cual se presentan como alternativas las modalidades de administración a sueldo y/o la dirección personal de la producción por parte del propietario.

La mayoría de los dueños de las fincas modernizadas o en proceso de modernización mantienen una injerencia directa en la administración de las áreas que están a cargo de agregados. Aquéllos mantienen un contacto directo con sus fincas que les permite tomar las decisiones sobre cómo y cuándo realizar las diferentes labores, y supervisar en forma muy inmediata todo el proceso. Por otro lado, dentro del actual proceso interno de cambio, las formas de administración que se consoliden en las fincas cafeteras están aún por definirse. Este es un problema que se debate continuamente entre los propietarios en busca de la solución más aceptable.

La agregatura es por ahora la alternativa más viable debido en parte a la necesidad de mantener, aún en las fincas más tecnificadas, uno o varios núcleos familiares que permitan la segmentación de la administración y del manejo de los trabajadores asalariados.[12] El agregado-empresario, que es contratado principalmente para intermediar en los nuevos conflictos que acarrea la fuerza de trabajo multiplicada con la tecnificación, se constituye a la vez en un impulsor del cambio tecnológico, aportando el dinero necesario para costear el proceso de producción, y en algunos casos, invirtiendo sus excedentes en la adquisición de tierras modernizables.

El cambio tecnológico no ha entrado en contradicción con la reproducción en el tiempo de la pequeña producción parcelaria. La bonanza cafetera de los años 1976-1978, con la rápida tecnificación, el acelerado proceso de acumulación y la expansión de los grandes productores de café que suscitó, hubiera podido en principio hacer entrar en crisis los sectores de economía campesina. Pero tal efecto no se produjo. Los pequeños productores se mantuvieron; algunos en condiciones mejoradas en comparación con su situación anterior a la bonanza, y otros resistiendo las dificultades inherentes a las fuertes fluctuaciones de los precios del café cuyos efectos se han visto agudizados por el alza sostenida en el costo de insumos. Mientras que el pequeño cafetero "modernizado" ha tenido acceso a ingresos que han mejo-

---

[12] Las fincas por lo general dividen el área en dos o más agregaturas, cuando su extensión es considerable. En ocasiones se combinan los agregados con una administración central.

rado su nivel de vida, el pequeño productor tradicional subsiste, con niveles bajísimos de vida, intensificando el consumo de la fuerza de trabajo familiar, minimizando la compra de trabajo asalariado y vendiendo su propia fuerza de trabajo en el mercado regional. En resumen, la introducción del café caturra ha representado un cambio tecnológico que ha transformado en muy pocos años la producción cafetera en aspectos tan claves como son los procesos mismos de producción, la productividad del trabajo y la naturaleza y organización del mercado laboral. Dentro de estas transformaciones la producción parcelaria ha sufrido un intenso proceso de adaptación, al tiempo que se ha hecho cada vez más relevante su inserción en el mercado de trabajo regional. Mientras que la pequeña producción continúa reproduciéndose como tal, los cambios sufridos por la agregatura con la modernización de las fincas cafeteras hacen pensar que con el tiempo pueda perder su carácter parcelario, que por ahora es imprescindible.

2. Región alta de García Rovira

La provincia de García Rovira ha sido, durante muchos años, la "despensa de alimentos" de los principales centros urbanos del departamento de Santander. Durante las últimas décadas, sin embargo, la importancia relativa de toda esta región como productora de alimentos ha venido disminuyendo. Esto ha sido particularmente cierto para algunas regiones altas, antes productoras de papa, maíz, trigo, arveja y garbanzo, en las cuales al acelerado deterioro de las condiciones agrológicas ha conllevado la disminución de los volúmenes producidos en muchos de los cultivos y la desaparición definitiva de otros.

La región específica que aquí se estudia forma parte de las zonas altas que más seriamente se han visto afectadas por el deterioro de la tierra. La arveja y el garbanzo, que habían sido dos de los productos regionales más importantes, destinados en su mayor parte a ser vendidos en los mercados locales, ya no se cosechan por las condiciones agrológicas actuales; y el trigo, también importante hasta hace diez años como producto para la venta, se ha convertido en un bien dedicado al autoconsumo casi exclusivamente, tanto por razón de las exiguas cantidades que se producen por hectárea como por los efectos de la liberación de las importaciones que se produjeron comenzando la década de los años setenta.

La estructura socioeconómica vigente en la microrregión estudiada está compuesta por tres sectores de clase claramente distinguibles: la de los *campesinos acomodados*, conformada por hogares para los cuales la apropiación de excedentes producidos por otros hogares constituye su condición social de existencia; la de los *campesinos medios*, cuyos hogares son en principio autorreproductores ya que no necesitan ni apropiarse de excedentes producidos por otros ni producir excedentes para otros como condición necesaria para su reproducción; y la de los *campesinos pobres*, constituida por hogares que requieren, como condición necesaria para su reproducción física, trabajar en tierras que son propiedad de otros.

De acuerdo con la encuesta realizada por el CEDE en octubre de 1979,[13] las principales formas de *acceso* a la tierra que trabajan los hogares que habitan en la región son la propiedad, la aparcería y el empeño. Las formas predominantes de *uso* de la tierra (clasificadas en cultivos, pastos y otros usos), cruzadas con las formas de acceso mencionadas, son las que aparecen en el cuadro 1, del cual se puede obtener una idea bastante precisa sobre las relaciones sociales (mediadas por la tierra) que predominan en la región.

Las relaciones de propiedad y de aparcería son ampliamente conocidas. El *empeño* es una relación menos conocida, que da derecho a quien toma la tierra a hacer uso de ella por el período necesario para obtener *una* cosecha a cambio de una suma de dinero que le da al cedente. Este sólo puede recuperar el control de la tierra a la terminación de la cosecha si le devuelve la *totalidad* de la suma recibida a quien la tomó; si no se hace esta devolución, el control sobre la tierra empeñada continúa en manos de quien la tomó.

La actividad productiva predominante actualmente gira alrededor de los cultivos de maíz y trigo, con producciones marginales de otros productos como frijol, cebada y tabaco.[14] El

---

[13] El CEDE es el Centro de Estudios de Desarrollo Económico de la Facultad de Economía de la Universidad de los Andes. Todos los datos a que se hace referencia en esta parte provienen de esta encuesta, a no ser que se diga explícitamente lo contrario.

[14] En lugares con microclimas muy especiales que permiten su cultivo.

Cuadro 1

Formas de acceso y de uso específico de la
tierra-microregión alta de García Rovira
(porcentaje sobre áreas)

| Formas de uso | Total | FORMAS DE ACCESO | | | | Total (has) |
		Propiedad	Aparcería	Empeño	Otras formas	
Total	100	100	100	100	100	340
Específico cultivo	42	23	88	35	60	142.9
Pasto	39	50	10	40	39	132.8
Otros	3	3	1	10	––	9.6
Cesión	16	24	1	15	1	54.7
Total	100	61	24	8	7	
Específico cultivo	100	33	50	7	10	
Pastos	100	78	6	8	8	
Otros	100	50	17	––	––	
Cesión	100	90	1	8	1	
Total (has)	340	207.4	81.6	27.2	23.8	

42% de la tierra total que se tenía en cultivos en octubre de
1979 estaba en maíz y el 30% en trigo. Ambos productos se destinan casi en su totalidad al autoconsumo. La productividad que
se obtiene en ambos productos es más o menos el 50% de la productividad media nacional, y las condiciones técnicas en que se
cultivan son las más rudimentarias. La preparación del terreno
se hace con bueyes y arados de palo, casi no se usan abonos, ni
fumigantes, ni herbicidas, las formas de siembra son las tradicionales (aunque en algunas partes el gobierno está intentando introducir nuevas formas), y el beneficio del trigo se hace mediante
trilladoras manuales que pertenecen a habitantes de la región.

En la región se mantienen unas condiciones de alta concentración en la propiedad de la tierra: el 8.6% de los hogares poseían, en octubre de 1979, el 53% de la tierra. Este grado de
concentración se da en coexistencia con dos condiciones opues-
tas entre sí: por un lado está la diada conformada por los campesinos acomodados y los pobres, cuyas relaciones (mediadas
fundamentalmente por la cesión-toma de tierras) implican que
la existencia de los unos, como clase social, sea condición necesaria para la de los otros; y por el otro, la clase de los campesinos medios, que tienen en la región una importancia social y

económica muy grande por constituir el 39% de los hogares y controlar el 40% de la tierra propia.

Esta estructura socioeconómica regional, tal como se caracteriza a través de los datos expuestos, descansa además sobre unas *formas de consumo de la fuerza de trabajo* disponible en los hogares productores en las cuales predomina el *trabajo familiar* y el *trabajo vuelto* (contraprestación de trabajo). Los datos recogidos en la encuesta sobre este particular —es decir, sobre la *oferta* de fuerza de trabajo regional— muestran que la forma de *trabajo asalariado*[15] tiene una importancia relativa muy baja. La estimación que se hizo con base en los datos de la encuesta sobre las proporciones del tiempo de trabajo consumido en las distintas formas en el período octubre, 1978-octubre, 1979 fue de 63% en trabajo familiar, 26% en trabajo vuelto, 9% en trabajo asalariado y 3% en trabajo independiente.

La determinación que ha ejercido los más importantes efectos condicionantes para la evolución de la estructura socioeconómica regional es, sin duda alguna, el proceso acelerado de deterioro que se ha dado en el principal recurso natural: la tierra. Esta determinación, a la vez que ha sido parcialmente el resultado de las relaciones sociales prevalecientes, ha influido en el desarrollo de dichas relaciones en las formas que se exponen a continuación. Este fenómeno puede entenderse con meridiana claridad, abordándolo en primera instancia a través del análisis de la clase del campesinado pobre.

Para los campesinos pobres que obtienen los medios de subsistencia principalmente de lo que ellos mismos producen en tierras tomadas en aparcería, la menor productividad de su trabajo (ocasionada por el deterioro de la tierra) los induce bien sea a aumentar la *extensión* de las tierras cultivadas, a aumentar la *intensidad* de los cultivos en las mismas extensiones,[16] o a una combinación de las dos alternativas.

La posibilidad de estos aumentos, sin embargo, está condicionada, a partir de cierto punto, a la disponibilidad de fuerza de

[15] Sin contar la fuerza de trabajo asalariada que los residentes de la región consumen en otras regiones.

[16] De acuerdo con las informaciones recogidas en el trabajo de campo, el incremento en la intensidad de los cultivos, con el correspondiente sacrificio en la rotación necesario para preservar condiciones agrológicas aceptables, parece haber sido una práctica bastante generalizada en esta región. Es en este sentido que se decía más arriba que las relaciones sociales habían contribuido a ocasionar el deterioro de la tierra.

trabajo adicional distinta a la que se tiene disponible en los hogares, es decir, a la disponibilidad de trabajadores asalariados.

Pero el deterioro en la productividad de la tierra ejerce necesariamente presiones hacia la baja en el nivel de los salarios en la región: el campesino pobre, que goza solamente de la mitad del producto de la tierra tomada en aparcería y que en la estructura socioeconómica regional es el principal demandante de fuerza de trabajo asalariada, tiene que pagar salarios más bajos para poder subsistir a medida que la productividad del trabajo desciende. Si a lo anterior se le agrega el hecho, ya mencionado, de que los principales productos que se destinan a la *venta* han ido desapareciendo, la escasez del dinero en la región se constituye entonces en una fuerza adicional que presiona los salarios hacia la baja. El hecho de que en octubre de 1979 los jornales en la región estuvieran entre $35 y $50 (más tres comidas al día), mientras en Colombia el salario mínimo rural era en el momento de $105 diarios (más las prestaciones legales), constituye un testimonio de la efectividad de las presiones mencionadas sobre el salario.

Todo lo anterior ha conducido a la consolidación de condiciones claramente adversas para la reproducción de un mercado de trabajo asalariado regional. Como *oferentes*, los miembros de los hogares de campesinos pobres se han visto limitados por la falta de tiempo disponible para ello (como consecuencia de las mayores exigencias en trabajo familiar y vuelto que conlleva el deterioro de la tierra) y por los bajos salarios que se ofrecen; como *demandantes*, estos hogares han tenido cada vez más dificultades para obtener los recursos monetarios para pagar los jornales.

Estas mismas condiciones a su vez se han constituido en fuerzas expulsoras que facilitan la consolidación de la práctica migratoria en su modalidad temporal y en forma definitiva. Los datos recogidos sobre migración temporal muestran que alrededor de un 15% de la fuerza de trabajo consumida por los residentes de la región durante un año (octubre, 1978-octubre, 1979) fue empleada en otras regiones, y los datos sobre migraciones definitivas señalan que el 23% de los miembros de hogares[17] entre 14 y 59 años de edad estaban radicados en forma definitiva en otras regiones.

17 En la encuesta CEDE se definió como hogar el siguiente conjunto de miem-

La anterior interpretación sobre la evolución que ha tenido el mercado de trabajo regional está respaldada empíricamente con informaciones recogidas en el trabajo de campo, que indican que hace ocho o diez años el trabajo asalariado era muchísimo más importante de lo que es hoy. Con la evolución descrita es fácil entender la decadencia de la antigua gran hacienda y las nuevas condiciones a que esta decadencia ha conducido en la estructura socioeconómica regional. Por un lado están la creciente escasez de fuerza de trabajo asalariada y las dificultades cada vez mayores para la consecución de aparceros para el cultivo de la tierra, que han conducido a que la propiedad de grandes extensiones deje de ser económicamente viable y/o atractiva; por el otro lado se tiene la casi imposibilidad para un hogar cualquiera de subsistir con base exclusivamente en tierras tomadas en aparcería, dada la baja productividad del trabajo y las condiciones de distribución propias de la aparcería. Mientras lo primero crea presiones para que las grandes propiedades vayan desapareciendo, lo segundo implica una creciente necesidad para los pequeños productores de contar con algo de tierra propia. Estos dos factores, que son claramente complementarios dentro de una perspectiva dinámica, permiten entender que en la región se haya evolucionado, en términos estructurales, hacia la consolidación de una clase de campesinos medios con una importancia cada vez mayor.

Este conjunto de circunstancias permite prever que si las condiciones generales se mantienen como están, la evolución de la estructura regional continuará viéndose afectada por el progresivo desplazamiento poblacional, que contribuirá a mantener la tendencia hacia la consolidación de un campesinado medio, dependiente de la migración temporal para el complemento de sus ingresos, que sólo podrá cultivar las extensiones que la disponibilidad de fuerza de trabajo familiar le permita.

Las condiciones descritas muestran con claridad cómo el progresivo deterioro económico interno de la región va acompañado de dos tendencias contradictorias en lo que se refiere a su vinculación con el resto de la economía. Por un lado se da un *progresivo aislamiento*, en la medida que los productos regiona-

---

bros: el jefe del hogar y su compañera actual, todos los hijos de esta pareja, y todas las demás personas que en el momento de la encuesta estuvieran habitualmente viviendo bajo el mismo techo de este hogar.

les salen cada vez menos al mercado, y que la gran mayoría de los insumos necesarios (semillas principalmente) se producen en la misma región. En el contexto del mercado de bienes entonces, la articulación con el resto de la economía se restringe cada vez más a los bienes de consumo del hogar que tienen que ser adquiridos en el mercado. Por el otro lado, se da una *articulación cada vez más estrecha* en el campo del mercado de fuerza de trabajo, constituyéndose progresivamente la región en una reserva de fuerza de trabajo consumida por el capital, tanto a través de la migración definitiva como a través de la temporal.[18] En síntesis: mientras por un lado en el proceso de acumulación capitalista no se contempla la región como una opción de inversión directa, por el otro, se beneficia de ella en la medida en que incorpora a su ciclo reproductivo, a través del mercado de fuerza de trabajo, los contingentes de trabajadores que allí se producen. Esta incorporación favorece extraordinariamente el proceso de acumulación, particularmente cuando se realiza a través de las migraciones temporales ya que con ellas se le provee al capital de una oferta de fuerza de trabajo que se ajusta de manera ideal a las características estacionales de la demanda. En el caso particular de esta región la articulación más importante se da con el mercado de trabajo rural venezolano, a donde acuden sistemáticamente los trabajadores durante los períodos de cosecha. En este caso, los beneficios devengados por el capital son aún mayores, ya que por el hecho de ser los migrantes temporales indocumentados, su capacidad de negociación sobre el salario se reduce a un mínimo.

Queda así ilustrado cómo para poder *entender* la estructura y la dinámica del mercado de trabajo en esta región es absolutamente necesario conocer todo un conjunto de particularidades que le son propias: la condición vigente (y algo de su evolución histórica) de los recursos naturales; la forma cómo esta condición ha afectado la estructura de las relaciones de clase que predominan en la región; y cómo lo anterior se relaciona, simultáneamente con el creciente *aislamiento* regional en determinadas dimensiones (los mercados de bienes) y con la *articulación* cada vez más estrecha en otras (el mercado de trabajo).

---

18 Se constituye así la región, mirada en un contexto macroeconómico, en un "sector" que produce fuerza de trabajo para el capital.

A la luz de lo anterior, *¿qué se puede decir del papel que ha tenido específicamente la tecnología en la región alta de García Rovira?* De las descripciones y los análisis expuestos queda claro que la región se ha mantenido por mucho tiempo al margen de cualquier tipo de cambio tecnológico. Excepción hecha de los esfuerzos recientes y tímidos que algunos organismos del Estado han venido haciendo a través del programa de Desarrollo Rural Integrado (DRI), no se conoció en la región ningún esfuerzo innovador en este campo. Los cultivos que se han mantenido, como ya se mencionó atrás, se trabajan en la forma más primitiva en todas las fases que comprenden sus respectivos procesos de trabajo.

La primera pregunta que debe hacerse es entonces: *¿cómo puede explicarse este estado de atraso en la dimensión tecnológica?* Y luego debe plantearse la otra: *¿qué relación guarda esta situación con las condiciones de los mercados de trabajo a que ya se ha hecho referencia?* La primera pregunta, mirada con perspectiva histórica, permite dilucidar el círculo vicioso que se ha dado en ésta y muchas otras regiones rurales latinoamericanas: a la vez que es cierto que la pobreza se constituye en factor explicativo del estancamiento tecnológico, también lo es que la ausencia de un desarrollo tecnológico oportuno y adecuado pudo dar origen a estas condiciones de pobreza. En la región alta de García Rovira, éste es el caso. El deterioro a que se ha llegado en las condiciones agrológicas, aspecto central de la pobreza reinante, se hubiera podido evitar con el control oportuno de ciertas prácticas de cultivo, especialmente en lo relativo a la rotación adecuada en el uso de la tierra y a la utilización de fertilizantes apropiados. ¿Por qué no se evitó?

Para responder a esta pregunta se necesita establecer la relación entre la cuestión tecnológica y aspectos aparentemente tan ajenos a ello como las relaciones de clase vigentes en la región y la ubicación de ésta dentro del conjunto de la economía nacional. Cuando existían las grandes haciendas la presión por obtener rentas tan altas como fuera posible por parte de los terratenientes (ya en muy buena parte ausentistas) y la necesidad por parte de los aparceros de obtener sus ingresos de subsistencia, fueron las principales fuerzas sociales que condujeron a la realización de cultivos intensivos de las mejores tierras, rompiendo poco a poco con la tradición de rotación de cultivos y descanso de tierras que se había mantenido con anterioridad. En la medida que estas mismas prácticas fueron produciendo un deterioro de las tierras, ambas fuerzas fueron adquiriendo mayor intensidad, provocando así una mayor intensidad en las prácticas culturales y con ello una mayor aceleración en el proceso de deterioro. El carácter mismo de una clase terrateniente ya fuertemente vinculada a la vida urbana, con aspiraciones de niveles de consumo cada vez mayores, pero sin la mentalidad empresarial de la clase capitalista, junto a las condiciones de relativo aislamiento de esta región particular con relación a los centros urbanos más importantes del país, fueron todos factores contribuyentes a que se reprodujeran estas prácticas productivas con las consecuencias de deterioro varias veces mencionadas.

Así pues, el estancamiento tecnológico de la región, como las condiciones del empleo, está directamente relacionado con sus condiciones naturales, las relaciones de clase que prevalecen en ella y las formas de articulación que mantiene con el resto de la economía. En cuanto a la segunda pregunta —la relación que guarda esta situación de la tecnología con las condiciones del empleo— no es mucho más lo que se puede decir. Se ha señalado ya como las condiciones de producción —recursos naturales y relaciones sociales de producción— determinan las condiciones del empleo, y cómo la dimensión tecnológica es un elemento constitutivo de las condiciones de producción. Por consiguiente, queda claro que las condiciones tecnológicas ya descritas están íntimamente vinculadas con las del empleo.

3. Región tabacalera de García Rovira

Dentro de la provincia de García Rovira se han tenido desde hace muchos años, algunas regiones dedicadas al cultivo del tabaco. Aunque dentro de ellas pueden identificarse subregiones que presentan, en muchos aspectos, importantes diferencias entre sí (por ejemplo entre las zonas planas ubicadas en la vega del río Chicamocha y las regiones de vertiente más altas y montañosas), en las dimensiones centrales que interesan aquí tales diferencias no son esenciales. Los datos presentados a continuación corresponden a una zona de vertiente, y provienen de la misma encuesta realizada por el CEDE en octubre de 1979.

El cultivo del tabaco en esta región, en las condiciones que actualmente se realiza, tiene una tradición de más de cincuenta años. Su introducción como cultivo principal en la región parece haber sido desde un principio impulsada por las empresas productoras industriales de cigarrillos, entre las cuales la principal ha sido siempre la Compañía Colombiana de Tabaco (COLTA-BACO). La intervención de esta rama del capital industrial para la promoción del cultivo del tabaco tuvo dos componentes principales: la garantía que las compañías otorgaron en cuanto a la compra del tabaco, y la provisión de la tecnología y financiación necesarias. Así pues, la producción del tabaco en las formas que actualmente se realiza en la región nació ya bajo una forma de subordinación al capital industrial tabacalero, lo cual, como se verá en lo que sigue, tiene una importancia central para entender la dinámica regional.

La estructura social dentro de la cual se produce el tabaco parece no haber cambiado en sus características esenciales durante los últimos decenios. La concentración de la propiedad de la tierra es muy acentuada, y la estructura social interna, haciendo abstracción por el momento del papel del capital industrial tabacalero, está claramente conformada por dos clases principales: la clase terrateniente[19] y la clase de campesinos pobres (entre los cuales hay un 72% de hogares sin tierra propia). En esta región no se tiene entonces un sector de campesinos medios, con tierra propia suficiente para reproducirse sin necesidad de ceder ni de tomar tierras.

Las principales formas de acceso a la tierra que trabajan los hogares que habitan en la región son la propiedad y la aparcería; aunque se dan también el empeño y otras formas, su importancia relativa es sumamente baja. Las formas predominantes de uso de la tierra (clasificadas en cultivos, pastos y otros usos), cruzadas con las formas de acceso mencionadas, son las que aparecen en el cuadro 2.

Los datos de este cuadro muestran claramente cuáles son las relaciones sociales mediadas por la tierra que predominan en la región. La estructura interna de clases está fundamentalmente determinada por las relaciones que se configuran alrededor de la tierra como principal medio de producción. En ella se distin-

[19] Dentro de la clase terratenientes puede distinguirse el grupo de los grandes propietarios y el de los propietarios ricos, cuyas extensiones de tierra propia se ubican en rangos diferentes: más de 40 hectáreas para los primeros y entre 10 y 20 hectáreas para los segundos.

Cuadro 2

Formas de acceso y de uso específico de la tierra microrregión tabacalera
de García Rovira
(Porcentajes)

FORMAS DE ACCESO

Formas de uso	Total	Propiedad	Aparcería	Empeño	Otros	Total (has)
Total	100	48.5	47	3.6	0.9	136.5
Específico cultivo	100	19.7	77.6	2.7	0	75.37
Pastos	100	61.9	29	2.8	6.3	15.75
Otros	100	96.1	3.9	0	0	26.88
Cesión	100	86.5	0	13.5	0	18.5
Total	100	100	100	100		
Específico cultivo	55.3	22.4	91	40	0	
Pastos	11.5	14.7	7	10	100	
Otros	19.7	38.7	2	0	0	
Cesión	13.5	24.2	0	50	0	
Total (has)	136.5	66.25	64.25	5	1	

guen con claridad dos estratos. El más rico —terratenientes—
comprende el 9.3% de los hogares encuestados, tiene el 80.8% de
la tierra propia abarcada en la encuesta, y en promedio cuentan
con una extensión de tierra propia del orden de 23 hectáreas
por hogar,[20] de las cuales cultivan directamente en promedio
2.8 hectáreas y ceden 5.8 hectáreas. El estrato más pobre —campesinos pobres— comprende el 90.7% de los hogares encuestados
y cuenta con el 19.2% de la tierra propia abarcada en la encuesta.
De los hogares que conforman este estrato el 79.3% carecen de
tierra propia, y entre quienes la tienen el promedio de extensión
es de 2 hectáreas. Todos los campesinos pobres tenían tierras
tomadas en aparcerías en el momento de la encuesta, con una
extensión promedio de 2.5 hectáreas; y sólo un 6.9% tenían tierras tomadas en empeño con una extensión promedio de 1.5
hectáreas.
El uso más importante a que se destina la tierra es el de culti-

[20] En los datos de la encuesta no quedó incluida ninguna de las grandes haciendas
que todavía se mantienen en la región tabacalera, que ascienden a más de 50 has., en
su extensión.

vos. La alta proporción que aparece en "otros" corresponde en buena parte a tierras inútiles. Dentro de la tierra destinada a cultivos (el 55.3% de la tierra cubierta en la encuesta), el 46% estaba sembrada en tabaco en el momento de la encuesta, el 38% en maíz, el 4% en tabaco y maíz (intercalados), y el resto en otros productos de poca importancia relativa. La predominancia del tabaco y el maíz es entonces incuestionable, siendo el primero para la venta[21] y el segundo para el autoconsumo. Las formas de cultivo se ajustan todas a las que las compañías tabacaleras han venido indicando durante muchos años; sólo se presentan diferencias en las fases de arreglo de la tierra (arada y formación de surcos) que se realizan en unos pocos casos con procedimientos mecanizados (tractor y arado). En la mayor parte de los casos, sin embargo, se mantienen las formas más atrasadas con arados de madera y tracción animal.

Del total de los terrenos sembrados en tabaco en el momento de la encuesta, el 84.2% eran terrenos tomados en aparcería y el 15.8% tierra propia. De los terrenos sembrados en maíz el 66.6% eran en aparcería y el 26.3% en propiedad.

La relación de aparcería es entonces la principal relación social que media entre las dos clases, y está íntimamente ligada con el cultivo del tabaco, que es el más importante de la región.

La principal determinación que ejerce su influencia en el desarrollo regional es, sin duda, que el cultivo del tabaco implica la subordinación de la dinámica económica local a los intereses del capital industrial tabacalero. Esta subordinación se hace efectiva a través de dos formas principales: el monopsonio que las compañías productoras de cigarrillos mantienen como únicos compradores del tabaco, y la capacidad que ellos tienen para forzar el cultivo del tabaco en las parcelas de los aparceros. A través de la primera forma las compañías tienen la posibilidad de fijar unilateralmente los precios de compra del tabaco en rama, su principal materia prima, que constituye uno de los componentes centrales de sus costos de producción; su interés es por consiguiente reducir este precio a un mínimo. Es una forma sencilla y abierta de subordinación que no requiere para su comprensión de análisis adicionales. La segunda forma de subordina-

---

[21] La totalidad de esta producción se le vende a las compañías tabacaleras COL-TABACO y PROTABACO.

ción, por el contrario, sí requiere de análisis más amplios que es necesario hacer para poder entender la dinámica regional, la estructura de sus mercados de trabajo y la forma como la dimensión tecnológica se inscribe en este conjunto.

La estructura de clases regional en su conjunto está constituida por un "trípode" fuertemente articulado: el capital industrial tabacalero representado en las compañías nacionales productoras de cigarrillos (con el claro predominio de COLTABACO), la clase terrateniente que detenta el monopolio de la propiedad de la tierra, y la clase de campesinos pobres constituida por los hogares productores de tabaco, que o bien carecen de tierra propia, o la que tienen es insuficiente para su mantenimiento y reproducción, y requieren por lo tanto tomar tierras (en aparcería) para garantizar su subsistencia. En esta estructura la condición necesaria para lograr que se cultive el tabaco es que este cultivo provea a los terratenientes de una renta suficientemente atractiva. Para ello se tienen dos alternativas: el mantenimiento de unos precios altos del tabaco, lo cual evidentemente entra en conflicto con el interés del capital de mantener los precios del tabaco en niveles tan bajos como sea factible, o limitar hasta donde sea posible los ingresos de los campesinos pobres (i. e. mantener los costos bajos). La opción de las compañías, en la medida en que esté en sus manos tomarla, es obviamente la segunda. Se trata entonces de identificar los mecanismos concretos a través de los cuales se realiza, y el papel que en ellos desempeñan los diferentes sectores sociales que configuran la estructura regional.

Hay un hecho empírico, vigente en la región, del cual es necesario partir: la cesión de tierras por parte de sus dueños va siempre condicionada a que en ellas se siembre tabaco, a pesar de la resistencia que a ello presentan los aparceros. La prueba de esta resistencia está en que el conflicto abierto principal entre las clases terratenientes y campesinas se presenta en la "negociación" sobre la cantidad de productos de *pancoger* (principalmente maíz) que a los aparceros se les autoriza sembrar con el tabaco;[22] mientras para el aparcero los productos de *pancoger* representan un ingreso de subsistencia independiente de las condiciones de mercado —en contraste con el tabaco, cuyos ingre-

---

22 En este sentido podría decirse que los productores de *pancoger*, como el maíz son productos *subordinados* al tabaco.

sos dependen de los precios tanto en los insumos como en la venta del producto— para los terratenientes significa un sacrificio de renta en la medida en que implica disminución de tabaco. Estos son datos demostrativos de que para los dueños de la tierra el cultivo del tabaco es un buen negocio, como se corrobora con los cálculos que se han hecho de ingresos por hectárea de tabaco sembrado. Ahora bien, este negocio depende de dos factores principales: de las condiciones económicas de distribución de los costos y la producción, asociadas con la aparcería, por un lado, y de ciertas relaciones que se mantienen entre los terratenientes y las compañías tabacaleras, por el otro. Son estos dos elementos los que garantizan las rentas altas a los terratenientes.

Las relaciones de aparcería tienen en la región una poderosa tradición, que está sólidamente inscrita en su estructura económica y cultural. Las condiciones de distribución asociadas con ellas son, por consiguiente, aceptadas por todos, casi como si fueran condiciones "naturales". La producción del tabaco se reparte por mitades entre aparceros y terratenientes, y los productos de *pancoger* se distribuyen a veces por mitades y a veces dos terceras partes para el aparcero. En cuanto a los costos, la mayor proporción es asumida por el aparcero: a éste le corresponde proveer siempre la totalidad de los jornales que se necesiten, la semilla y por lo general la mitad del costo de los abonos y fumigantes que se utilizan; el terrateniente provee los bueyes (o tractor, si lo tiene) para la preparación de la tierra, los caneyes para el secamiento y la mitad de los abonos y fumigantes.

El elemento principal de estas condiciones de distribución que permite entender por qué el cultivo del tabaco está tan amarrado a las relaciones de aparcería está en el hecho de que sea el aparcero el responsable de proveer todos los jornales. Dos aspectos deben destacarse al respecto:

1. el tabaco requiere para su cultivo una cantidad de jornales superior a la mayor parte de los cultivos agrícolas; y,

2. el proceso de trabajo inherente al cultivo del tabaco, tal como actualmente se cultiva en la zona, comprende oficios cuyas características permiten la participación sistemática y masiva de mujeres y niños.[23]

---

[23] Estos oficios son fundamentalmente el cuidado y mantenimiento de los semilleros y la "picada" del tabaco para su secamiento.

El primer punto implica simplemente que al asumir el costo de los jornales el aparcero está pagando ya una proporción muy alta de los costos de producción; el segundo punto significa que la producción del tabaco, por las propias particularidades del proceso de trabajo, permite unos niveles cuantitativos de consumo de fuerza de trabajo familiar bastante mayores que los de otros productos. Son estas dos condiciones, junto con las de distribución del producto ya mencionadas atrás, las que explican por qué para el cultivo del tabaco, se mantienen las relaciones de aparcería: ellas constituyen el mecanismo concreto que al reducir los ingresos de los hogares campesinos a niveles ínfimos, tanto en términos absolutos (ingreso real total) como en términos relativos (ingreso real por jornal), logra unas rentas altas para los dueños de la tierra con unos precios bajos para la compra del tabaco en rama.

La estructura de distribución de costos e ingresos entre aparceros y terratenientes puede entonces describirse como aparece en la figura 1. Si se supone una productividad de la tierra constante, el movimiento sobre el rayo $\overline{AB}$ en la dirección de A a B representa incrementos en los precios del tabaco. Si $\overline{OC}_t$ es el costo total que cubre el terrateniente (sin considerar la renta de la tierra como costo), y $\overline{OC}_a$ es el costo total que cubre el aparcero, se ve que ya a precios muy bajos del tabaco los ingresos del terrateniente cubren sus costos C_t, mientras que los costos del aparcero Ca, sólo se cubren con precios significativamente más altos. Mientras los precios estén dentro del segmento $\overline{E_t \, E_a}$, los terratenientes estarán devengando una renta y los aparceros no podrán ni siquiera cubrir los costos de producción. Las aproximaciones empíricas que se han hecho sobre esto para el caso del tabaco, suponiendo un jornal al nivel del salario mínimo, arroja que las condiciones están actualmente dentro del segmento $\overline{E_t \, E_a}$.

Se ve así con claridad por qué el mantenimiento de la aparcería en el tabaco permite una distribución de costos y producción que favorece a la clase terrateniente y al capital industrial tabacalero.

En cuanto a la forma como ciertas relaciones que se mantienen entre las compañías y los terratenientes contribuyen a mantener rentas altas para estos últimos vale la pena señalar dos mecanismos principales. El primero es el otorgamiento de créditos de dinero, sin intereses, a los terratenientes, para que éstos a su

Figura 1

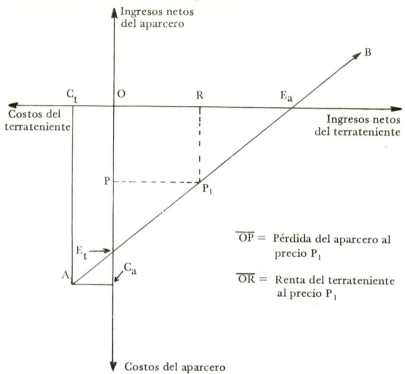

$\overline{OP} =$ Pérdida del aparcero al precio P_1

$\overline{OR} =$ Renta del terrateniente al precio P_1

vez financien a los aparceros durante los períodos de producción de tabaco; y el segundo es el otorgamiento de créditos en especie y descuentos considerables en los insumos que se requieren para la producción del tabaco (abonos, fumigantes, etc.), cuyo costo como ya se vio, es parcialmente asumido por los terratenientes dentro del contrato de aparcería.

La contraprestación que las compañías (particularmente COLTABACO) exigen a cambio de estos aportes es el compromiso de los terratenientes de venderles la totalidad de la cosecha.[24]

---

[24] Aquí vale la pena mencionar que en el proceso de determinación de los precios que se pagan por cada una de las cargas de tabaco producidas, las compañías tienen una capacidad de negociación importante con base en consideraciones relacionadas con la calidad y el peso del tabaco. Esta capacidad, obviamente, aumenta en la medida que se da el compromiso de venta mencionado.

Con la síntesis expuesta quedan dilucidadas las formas específicas de subordinación al capital industrial tabacalero dentro de las cuales se desarrollan la dinámica regional, y se demuestra cómo estas formas tienen su base en una sólida alianza entre el capital y la clase terrateniente.

La estructura interna de los mercados de trabajo en la región tal como aparece hoy ha sido moldeada por este conjunto de condiciones. Sus características claves son, como sería esperable a la luz de las descripciones y los análisis hechos más arriba, una clara predominancia del trabajo familiar y vuelto, con un volumen relativamente bajo de trabajo asalariado (aproximadamente el 20% de la fuerza de trabajo disponible)[25] cuya importancia en la región parece estar en franco descenso. Los datos de la encuesta muestran que el 29% de la fuerza de trabajo consumida en trabajo productivo fue distribuida de la manera siguiente: 20% en trabajo asalariado, 56% en trabajo familiar, 22% en trabajo vuelto y 2% en independiente. En lo que se refiere a migraciones, sobresale la importancia de la migración definitiva que asciende al 27.8% de la fuerza de trabajo entre 14 y 59 años.

La dinámica existente hacia la extinción del mercado interno de trabajo asalariado —que obviamente conlleva el incremento en la importancia relativa del trabajo familiar y vuelto— está claramente vinculada a las características de la estructura productiva que ha sido descrita. Dada la importancia relativa del tabaco en la región, y teniendo en cuenta la gran predominancia de la aparcería en el cultivo del tabaco, quienes constituyen el componente fundamental de la oferta y la demanda interna de fuerza de trabajo asalariada son los aparceros. Si se mira del lado de la oferta, las condiciones son adversas para el desarrollo de un mercado de trabajo asalariado. En la medida que el cultivo del tabaco les es impuesto a los hogares aparceros, las exigencias que esto conlleva para el consumo de la fuerza de trabajo disponible en las formas familiar y vuelta (sumadas a las de trabajo del hogar) imponen una limitación muy grande sobre el tiempo disponible para vender fuerza de trabajo. Desde el punto de vista de la demanda, es evidente que los escasos ingresos que los hogares aparceros devengan tienen que ejercer una fuerte presión hacia abajo sobre el nivel de salarios que ellos pueden

---

25 Excluyendo la fuerza de trabajo vendida en otras regiones por los migrantes temporales.

pagar como compradores de fuerza de trabajo (este nivel estaba en $50, más alimentación, en octubre de 1979). Todo esto explica la progresiva desaparición del trabajo asalariado en la región.

Así pues, las condiciones generales de reproducción de la clase de campesinos pobres se traducen, como en el caso de la región alta de García Rovira, en poderosas fuerzas expulsoras que ocasionan flujos migratorios grandes y permanentes. Esto lo explica claramente las fuertes exigencias de fuerza de trabajo para el cultivo de tabaco en los hogares aparceros.

Ahora bien: ¿cómo se ha inscrito dentro de la estructura y la dinámica socioeconómica descritas la dimensión tecnológica? El estado de desarrollo de la tecnología se debe sin duda a la intervención que las compañías tabacaleras han tenido desde un principio en el cultivo del tabaco, y en alguna medida también a los terratenientes. Estas compañías han ejercido su influencia en aspectos como las formas de siembra y el tipo de insumos que se utilizan, y los terratenientes más en aspectos como las formas de preparación del terreno (v. gr. si se hace con bueyes o tractor) y los medios para transportar el tabaco hasta el lugar de venta. Pero en su conjunto este desarrollo ha estado naturalmente condicionado por múltiples factores adicionales como son, por ejemplo, la disposición de los aparceros a aceptar los cambios en las formas de cultivo y las condiciones del terreno que con frecuencia no permiten la introducción de tractor.

No se cuenta aquí con el espacio necesario para entrar en forma detallada al análisis de la tecnología del tabaco. Sólo podemos señalar cómo el desarrollo tecnológico está claramente condicionado por las relaciones de clase existentes en la región, y cómo a la vez dicho desarrollo afecta estas relaciones. Este condicionamiento se manifiesta en dos sentidos evidentes, íntimamente ligados entre sí: por un lado se tiene que la opción de introducir los cambios está circunscrita exclusivamente a las dos clases mencionadas —capitalistas y terratenientes—, y por el otro, como consecuencia de lo anterior, la ocurrencia de estos cambios está condicionada a que estas clases obtengan un beneficio de ellos.

En cuanto a la forma como dichos cambios afectan las relaciones de clase es difícil formular planteamientos generales por cuanto ello depende de cada cambio específico; pero como es claro que casi todo cambio de este tipo conlleva cambios en la estructura de costos de producción, dichos cambios van a afectar necesariamente la distribución de costos entre capitalistas, terratenientes y aparceros. Lo anterior puede ilustrarse muy brevemente con el caso de los abonos y fumigantes que se usan hoy en forma generalizada. El uso de estos insumos no solamente aumenta el costo de la producción en términos monetarios, sino que implica también un mayor consumo de fuerza de trabajo. El incremento en los costos monetarios, como ya se ha visto, se distribuye entre los aparceros y los terratenientes, pero estos últimos se ven beneficiados por el crédito y los descuentos que les otorgan las compañías tabacaleras que son generalmente los proveedores de estos insumos. El incremento en las necesidades de fuerza de trabajo recae totalmente en los aparceros, quienes se ven obligados a alargar las jornadas de trabajo, a incrementar la participación de los miembros del hogar, y/o a contratar trabajadores asalariados. En esta forma se ilustra una forma en que los cambios tecnológicos pueden afectar las relaciones de clase existentes, afectando simultáneamente las condiciones de consumo de la fuerza de trabajo y por consiguiente los mercados de trabajo.

Así pues, la dimensión tecnológica no es independiente de las condiciones estructurales socioeconómicas regionales ni en lo relativo a su adopción o no adopción, ni en lo relativo a los efectos que su introducción tiene en la dinámica de desarrollo local, incluyendo las condiciones de empleo.

Conclusiones generales

La exposición de los tres casos tratados en este trabajo ha mostrado, por la vía ilustrativa, la gran importancia que tiene un aspecto específico del enfoque metodológico que aquí se propone para el estudio de las cuestiones de "empleo y tecnología", ya mencionado en la introducción: el de aproximarse a su estudio concibiendo tanto el empleo como la tecnología como *elementos constitutivos* de la totalidad socioeconómica regional, que como tales ejercen sus efectos sobre, y se ven afectados por, otros elementos de esta misma totalidad. Solamente a través del estudio de este conjunto de relaciones, de la interacción dinámica de los elementos esenciales de cada región, se puede entender la naturaleza de su desarrollo socioeconómico y el papel específico que los distintos elementos de la estructura —entre los cuales está el empleo y la tecnología— desempeñan en este desarrollo.

Dentro de este contexto se ha visto también a través de los tres casos expuestos cómo la existencia de relaciones de producción no capitalista exigen una conceptualización distinta de las cuestiones de empleo y tecnología de las que convencionalmente se utilizan para su estudio en sociedades capitalistas desarrolladas. Para el análisis de esta problemática en la producción parcelaria, es necesario utilizar conceptos y categorías que permitan ubicar las particularidades de estos dos aspectos dentro de las condiciones de reproducción y transformación de la organización de la producción regional en su conjunto. La utilización de modelos teóricos no debe pretender encuadrar a priori el papel del empleo y la tecnología dentro de los procesos sociales: es necesario, por el contrario, adecuar, e inclusive crear las herramientas de análisis que se adapten a las formas de producción y sus mecanismos particulares de articulación.

El enfoque metodológico adoptado ha permitido ilustrar de qué manera el análisis de la *estructura de clases* prevaleciente en cada región y su caracterización han permitido llegar a la identificación de las demás determinaciones principales que están afectando el desarrollo socioeconómico de cada región, ubicando en el proceso analítico el papel que en este desarrollo están desempeñando las dimensiones del empleo y la tecnología.

En la región del norte del Valle se ha visto con claridad como dos condiciones principales, 1) el mantenimiento de un sector considerable de campesinos parcelarios íntimamente articulado con los empresarios cafeteros y las haciendas tradicionales, y 2) el desarrollo de un acelerado proceso de cambio tecnológico que ha tenido características especiales por ser el café un "producto nacional", han propiciado el surgimiento del agregado-empresario como una de las opciones para la organización de la producción en las fincas tecnificadas. La presencia de este nuevo elemento, en la medida en que vaya adquiriendo una importancia relativa mayor, se inscribirá como una fuerza que empuja en la dirección de la profundización y expansión de relaciones sociales capitalistas en la región, con las consecuencias que ello conlleva en el futuro para los mercados regionales de trabajo y el mismo desarrollo tecnológico.

En la región alta de García Rovira se ha visto cómo el acelerado proceso de deterioro en la calidad de la tierra y el aislamiento en que se ha mantenido la región con respecto al resto de la economía, son ambos aspectos que están íntimamente ligados con la evolución de la estructura de clases hacia la configuración gradual de una clase de campesinos medios cada vez más importante en términos relativos, con la consiguiente decadencia de la clase terrateniente tradicional y de la clase de campesinos sin tierra propia. La configuración de esta estructura conlleva las formas de organización de los mercados regionales de trabajo que ya fueron descritas, cuyos principales rasgos son la enorme predominancia del consumo de fuerza de trabajo en las formas familiar y vuelta al interior de la región y el mantenimiento de flujos migratorios muy importantes hacia otras regiones (especialmente a Venezuela y las regiones fronterizas) tanto temporales como definitivos. Dentro de todo este contexto la ausencia de un desarrollo tecnológico apropiado se presenta simultáneamente como causa y efecto del deterioro agrológico y el aislamiento de la región, y se vincula así claramente a la evolución de la estructura de clases y el mercado de trabajo ya mencionados.

En la región Tabacalera se ha visto de manera muy concreta cómo la estructura socioeconómica regional está subordinada a los intereses del capital industrial tabacalero, que en alianza con los terratenientes locales ha logrado mantener el cultivo del tabaco como actividad principal en la región, con precios bajos para el capital y rentas altas para los terratenientes. Esta última condición, que es la base de dicha alianza, depende a su vez del mantenimiento de las relaciones de aparcería en el cultivo del tabaco, que son las que permiten lograr el grado de explotación de los productores directos necesarios para mantener rentas altas y precios bajos. El mantenimiento de esta estructura de clases conlleva, como se ha visto, la predominancia del trabajo familiar y vuelto dentro del mercado de trabajo regional, y está creando a su vez las fuertes presiones que resultan en la migración definitiva de los trabajadores directos hacia otras regiones del país y del exterior (Venezuela). La tecnología utilizada la determinan las clases dominantes unilateralmente y en función de sus propios intereses, condicionada solamente a las limitantes de las condiciones naturales y a las resistencias momentáneas que los cultivadores puedan oponer a las nuevas prácticas culturales que se intente introducir.

En síntesis, los cuatro elementos mencionados en la Introducción (recursos naturales, relaciones de clase, productos específicos, y mecanismos de articulación) tienen todos su injerencia en el desarrollo socioeconómico de las regiones estudiadas, pero en cada una la importancia relativa de dichos elementos es distinta y los efectos que ellos ejercen sobre la estructura socioeconómica regional varían sustancialmente. De ahí la necesidad de aproximarse al estudio de estos problemas sin modelos a prioristicos que impidan identificar con precisión tales diferencias.

Finalmente hay que subrayar la importancia que las conclusiones mencionadas tienen desde el punto de vista de la política económica que el Estado impulsa a través de sus distintos organismos. Lo que enseñan los análisis y las conclusiones de esta ponencia en este sentido es que la realización de acciones institucionales en las distintas regiones tienen que estar precedidas por estudios que permitan identificar las particularidades de cada caso si verdaderamente se pretende alcanzar unos objetivos específicos previamente concebidos. Los casos expuestos permiten ver con claridad cómo un mismo tipo de acción institucional, por ejemplo con la introducción de nuevas tecnologías, puede tener unos efectos sociales y económicos completamente diferentes en regiones en las que la organización social para la producción es distinta. Un cambio que en sí mismo puede ser comparable o equivalente en abstracto tiene consecuencias muy distintas en los procesos de producción y afecta de manera diferencial las condiciones de reproducción de las relaciones sociales existentes en las distintas regiones. Esto es particularmente cierto para los casos de regiones con economías campesinas como las que aquí se han estudiado.

Agricultura, tecnología y empleo agrícola: el caso venezolano, 1940-1980

Getulio Tirado

Introducción

El presente documento tiene por objeto analizar la evolución de la agricultura y la tecnología agrícola en Venezuela durante las cuatro últimas décadas, a objeto de precisar algunos impactos en el empleo y remuneración de su fuerza de trabajo. El trabajo consta de seis puntos: 1) se señala la coexistencia en Venezuela de cinco modelos agrícolas; 2) se presenta una síntesis de los elementos de la dinámica socio-económica con mayor impacto en la conformación de la agricultura; 3) se consignan las evidencias sobre el proceso de despoblamiento rural; 4) se analiza el proceso de gestación de la agricultura actual del país y de sus patrones tecnológicos; 5) se caracteriza el proceso de consolidación de la agricultura y sus patrones tecnológicos; y 6) se analizan los rasgos más significativos del empleo y remuneración en la agricultura.

1. Tipos de agricultura coexistentes en Venezuela

En Venezuela se pueden diferenciar cinco modelos agrícolas que han sido producto de la evolución sociohistórica del país y que hoy día coexisten en el espacio nacional. Ellos son: el de agricultura migratoria, el de plantación, el campesinado tradicional, el empresarial y el del campesinado sujeto a reforma agraria.

a. *El modelo de agricultura migratoria* fue desarrollado por los pobladores autóctonos de la región y se sustenta en una relación de equilibrio con los ecosistemas tropicales usando una tecnología basada en la rotación de las áreas de cultivo en un amplio espacio, en la roza y la quema, en la no labranza, en el cultivo de especies autóctonas y en fuerza de trabajo familiar. Este modelo agrícola se complementa con la caza y la pesca para rendir con poco esfuerzo humano las necesidades alimentarias de sus practicantes.[1] Este modelo todavía es usado por las comunidades indígenas y por una minoría de campesinos que habita zonas con amplia disponibilidad de tierras. La caza y la pesca han sido sustituidas por el trabajo asalariado eventual.

El modelo de plantación fue desarrollado por los colonizadores españoles y se orienta hacia la producción de bienes para los mercados internacionales. La agricultura basada en este modelo se ubica en Venezuela en la zona norte del país y en la cordillera andina. Durante su implantación, monopolizó las mejores tierras y dislocó la producción pre-colombina al incorporar a la población, en forma masiva y cohercitiva, como mano de obra para sus tareas culturales; posteriormente se sustentó en mano de obra esclava, a mitad del siglo XIX en el peonaje, y hoy día en mano de obra asalariada. Este modelo agrícola se centró en la producción de cacao, caña de azúcar y café. Todavía subsiste para la producción de café y cacao, aunque han variado las relaciones de producción que se dan en su seno.

b. *El modelo campesino tradicional* es una derivación del de agricultura migratoria y surge como consecuencia del de plantación. Según apunta Carvallo,[2] el carácter estacional de los cultivos de plantación como el café y el cacao, determinó que el régimen esclavista se hiciera inviable y antieconómico. Como consecuencia de esa inviabilidad se fue conformando la relación de peonaje mediante la cual el trabajador cultiva laderas u otras tierras marginales del propietario de la plantación para cosechar productos alimenticios que consume o vende en el mercado local, trabajando para el propietario cuando le fuese requerido. Es decir que la población campesina participó tanto en la agricultura de subsistencia como en

[1] Vessuri Hebe: Aprovechamiento del Espacio en los Agroecosistemas Tropicales. Cendes, U.C.V., 1978
[2] Carvallo Gaston: "La Agricultura Venezolana" (1830-1930) CENDES, 1979.

la de exportación. Este modelo, o versiones similares, subsisten en muchas zonas del país, aunque está en proceso de extinción.

c. *El modelo agrícola campesino* de reforma agraria, es una combinación del modelo campesino tradicional y del empresarial. Es la alternativa oficial en un intento por desarrollar, desde mediados de los años 40, una economía agrícola para el campesino, que substituya la tradicional, pueda competir con la empresarial y realice un aporte significativo a la producción nacional. La evidencia señala que el esfuerzo realizado por desarrollarlo ha sido poco eficaz, y que el campesino sigue perdiendo terreno en todos los órdenes frente a la agricultura empresarial y frente a otros sectores del país. Este modelo evolucionó desde un estadio en que se fundamentó en los rasgos organizativos y técnicos de la agricultura tradicional, hasta hoy día en que se orienta en función de los de la agricultura empresarial, conservando muchos de los rasgos de su modelo originario pero inserto en mecanismos de mercado fuera del control de los campesinos. En general, utiliza mano de obra familiar y una tecnología cada vez más parecida a la del modelo empresarial.

d. *El modelo empresarial,* es de reciente implantación en la agricultura venezolana y surge como consecuencia del agotamiento del modelo de plantación y de la poca respuesta de la agricultura campesina a la provisión de alimentos para satisfacer la demanda creciente generada por la circulación de la riqueza petrolera en la economía nacional. Este modelo se comienza a implantar en la década de los 40, y se consolida de las últimas dos décadas bajo el patrocinio del Estado. En efecto, todavía para 1958, sólo el 25% de la producción alimentaria era originaria de sistemas empresariales,[3] y ya para 1976 el 75% de la producción de alimentos era el resultado de explotaciones empresariales.[4]

Este modelo se basa en tecnología desarrollada en los países industrializados y comprende la mecanización, el uso de se-

[3] Calatrava Alonso, citado por Vessuri H. en Colonización Agrícola, Desarrollo Capitalista y Tecnología, CENDES, 1977.
[4] El Nacional, 12 y 13 de abril de 1976, citado por Vessuri.

millas clasificadas, fertilizantes y plaguicidas; se orienta hacia la producción de cereales, oleaginosas, caña de azúcar, hortalizas y frutales para la agroindustria y opera con mano de obra asalariada.

Las tendencias apuntan hacia el predominio del modelo empresarial y hacia la implantación de relaciones de producción capitalista en el agro. No obstante, es previsible la coexistencia del resto de los modelos aunque en forma marginal; en especial tienden a permanecer el de plantación por su especialización en productos como el café y el cacao, necesarios para la economía nacional, y el del campesinado sujeto a reforma agraria, por su contribución al aprovisionamiento de ciertos productos para la alimentación humana (raíces y tubérculos, leguminosas y cereales como el maíz). Es de notar que los tres modelos son apoyados y sostenidos por el Estado Venezolano, no sólo por la mencionada contribución al abastecimiento de algunos productos importantes, sino por su función social.

2. *Dinámica económica y transformación de la agricultura venezolana*

En las últimas cuatro décadas, tal como se dijo anteriormente, la agricultura venezolana ha sido objeto de cambios radicales, ya que evoluciona desde una agricultura tradicional herencia del pasado colonial a una agricultura que refleja, aunque insuficientemente, rasgos de modernidad propios del capitalismo desarrollado.

Los cambios observados en la agricultura no obedecieron a desarrollos internos a ella, es decir a innovaciones o a la suficiencia o insuficiencia de factores productivos. Más bien obedecieron a causas exógenas a ella y aún exogenas al país, que impusieron de manera vertiginosa transformaciones estructurales y tecnológicas, todavía en proceso de implantación y no totalmente comprendidas por quienes intervienen en la actividad agrícola o por los estudiosos del tema.

En general, puede afirmarse que la génesis de sus cambios como todos los que ocurren en Venezuela tiene su causa más remota en la necesidad de energía fósil de los países capitalistas industrializados, lo cual los conduce al descubrimiento y explotación del petróleo en el país. Como consecuencia se incrementa notablemente el ingreso de divisas, que son usadas para financiar la construcción de obras de infraestructura y de desarrollo industrial. Esto genera una creciente oferta de fuentes de trabajo urbano, que a su vez crea una demanda por bienes y servicios insuficientemente abastecidos por el aparato productivo interno. Ello induce el crecimiento de las importaciones masivas, la ampliación del sector servicio y una oferta de bienes importados que cambia el patrón de consumo del país. El proceso se repite y amplía constantemente hasta llegar a los niveles actuales.

La creciente oferta de empleo en las ciudades, con mejores niveles de remuneración que en las zonas rurales, induce el fenómeno del despoblamiento del medio rural. Tal fenómeno se produce en circunstancias en que crece la demanda por alimentos, cuya producción interna se hace cada vez más insuficiente, vista la carencia de agricultores y la baja productividad del proceso productivo agrícola. Ello induce la implantación de modelos y relaciones de producción substitutivas a las tradicionales, dentro de los rasgos estructurales del capitalismo. El Estado desarrolla un proceso de reforma agraria como una manera de estimular la producción agrícola campesina y como una vía para subsanar la tremenda disparidad económica y política existente entre este grupo y el resto de la población. La poca respuesta de la reforma agraria a la satisfacción de la demanda por productos alimenticios y el establecimiento de agroindustrias suplidas con materia prima importada, estimularon el surgimiento de la producción empresarial, la cual se ha desarrollado basada en el apoyo financiero del Estado.

Este modelo de producción se orienta hacia cultivos de alto valor comercial para el consumo intermedio y menos hacia cultivos de consumo directo. En este proceso ejercieron influencia la acción conjunta de transnacionales suplidoras de equipo y tecnología agrícola y de filiales de transnacionales agroindustriales establecidas en el país. Estas últimas imponen especificaciones, volúmenes y plazos para la recepción de la materia prima, que entre otras cosas implican usar el paquete tecnológico de las primeras. Este modelo tecnológico de capital intensivo, restringe oportunidades de empleo en las zonas rurales. A ello se asocia el hecho de que los mecanismos de comercialización desfavorecen al campesino productor, estimulando aún más la migración hacia las zonas urbanas, agudizando la carencia de brazos en el campo e induciendo el uso más generalizado de tecnología capital-intensiva y el abandono de cultivos no susceptibles a usar dicha tecnología.

3. El despoblamiento del medio rural en las últimas cuatro décadas[5]

Como producto de su dinámica económica, hoy día Venezuela es un país eminentemente urbano. De sus 17 millones de habitantes, el 76% está radicado en centros poblados mayores de 2,500 habitantes. En contraposición, hace sólo cuatro décadas era un país rural:[6] En cuarenta años la población aumentó 3 veces, mientras que la rural sólo creció 1.2 veces.

4. La agricultura y su impacto en el empleo y en el ingreso del factor trabajo (1940-1960)

En las últimas cuatro décadas de la evolución de la agricultura se observan dos períodos más o menos susceptibles de ser delimitados.

El primero se extiende desde los años 40 hasta principios de la década del sesenta y durante él ocurre el proceso de gestación de las características que tipifican la agricultura venezolana de hoy día. El segundo abarca las últimas dos décadas y corresponde al proceso de consolidación, todavía inacabado, de dichas características.

Entre los cambios más significativos ocurridos en el primer período, que gestan las características de la agricultura actual, están: la emergencia de relaciones de producción capitalista; las tendencias hacia una diferente estructura de la producción; la creciente utilización de tecnologías intensivas en capital basada en mecanización, en semillas e insumos importados.

Los hechos que se suministran a continuación corroboran la

---

[5] Las cifras provenienen de "35 años de la Economía Venezolana" BCV. 1978.

[6] En efecto, para 1941, la población venezolana era de 3.8 millones de habitantes, de los cuales 2.6 millones (69%) habitaba centros calificados como rurales. Para 1950 la población se elevaba a 5 millones, con el (52%) habitando centros rurales; en 1961 37% de sus 7.5 millones de pobladores era rural, para 1970 su población rural representaba sólo el 27% del total.

apreciación anterior. Así, se observa un cambio en la estructura de la producción, caracterizado por una tendencia hacia la menor participación de la producción agrícola vegetal y a favor de la agrícola animal: La producción agrícola vegetal pasa de representar cerca del 72% del valor de la producción en 1937, a representar el 61% en 1960, mientras que la animal se incrementa del 26% al 32%.[7]

Durante ese período se comienza a observar también un cambio en la estructura interna de la producción vegetal, evidenciado en el uso del factor tierra, que se intensifica hacia cereales, cultivos industriales y frutales. Estos tres tipos de cultivos que ocuparon en 1937 cerca del 44% de la superficie usada para agricultura vegetal, en 1960 ocupaban ya cerca del 62%. Este uso de la tierra no se refleja en su aporte a la producción, salvo en el caso de la producción de frutales y en el de la caña de azúcar, cuya producción aumenta al mismo tiempo que sus rendimientos por hectárea ocupada. Para el resto de los rubros, el rendimiento decrece o se mantiene casi estable.

En el transcurso de las décadas de los años 40 y 50 se observa también que el porcentaje de valor agregado generado por la producción agrícola vegetal disminuyó del 97.8% al 90% del valor de su producción y el de la agricultura animal del 96.7% al 76.5%. Esto refleja una mayor incorporación de insumos en el proceso productivo y una substitución relativa de mano de obra por dichos insumos. En efecto, entre 1937 y 1960 el valor de los insumos no factoriales se multiplica por 10 para todo el sector agrícola, por siete para la agricultura vegetal y por 15 para la agricultura animal.

En ese mismo período también, la dotación de tractores se incrementa de 117 unidades en 1937 a 13,145 en 1960, mientras que el consumo de alimentos concentrados para animales pasa de 241 TM a 169.395 TM.

Tal como se dijo anteriormente, estos insumos forman parte de paquetes tecnológicos importados. Así, para 1937, los insumos importados representan el 12.5% del total de los insumos usados por toda la agricultura (10.3% para la agricultura vegetal

---

[7] Las Estadísticas sobre producción, insumos y superficie consignados en este punto provienen del trabajo de Pinto Cohen G., Alezones R. y Rabinovich M., "Estimación del Producto Agrícola por Entidad para los años 1937, 1950 y 1960", CENDES, UCV, 1969.

y 15.5 % para la agricultura animal). Para 1960 estos insumos importados representaban el 29% del total (30.4% para la agricultura vegetal y 28.5% para la animal). En la generalidad de los casos, dichos insumos y tecnologías provinieron de países industrializados del hemisferio norte, inducidos por las compañías transnacionales, y estimulados y apoyados por el Estado en un intento de desarrollar una agricultura eficiente.

Como resultado de estas transformaciones, sucede un fenómeno aparentemente contradictorio: se incrementa la superficie bajo cultivo y se disminuyen o mantienen estables los rendimientos, mientras se incrementa el uso de elementos de la más moderna tecnología agrícola. Este fenómeno se debe a que la tecnología usada (variedades, equipos e insumos) no era adaptada a las características ecológicas del país y por ende no rindió los resultados esperados.

En concurrencia con los fenómenos señalados ocurren cambios en el empleo y su remuneración. La evidencia más general de lo que sucede en materia de empleo, lo constituye el proceso de despoblamiento rural. Tal como se dijo, la participación de la población rural en el total nacional disminuyó desde un 69% en 1941 hasta un 37% en 1961. En ese mismo lapso, la agricultura pasó de emplear más de la mitad de la fuerza de trabajo a sólo el 38% del total.[8]

Las estadísticas disponibles sobre la distribución factorial del ingreso indican la implantación de relaciones de producción capitalistas en el agro venezolano y su impacto sobre el ingreso del factor trabajo. Así se observa una tendencia hacia la mayor participación de la remuneración del capital: como consecuencia de un creciente nivel de capitalización del proceso productivo, y del funcionamiento de un mercado laboral agrícola cuyas reglas son desfavorables para quienes venden la fuerza de trabajo, e igualmente desfavorables a los productores agrícolas. Para 1950, el factor capital obtenía una participación equivalente al 22% del ingreso disponible en la agricultura, mientras que nueve años después (1959) había ascendido al 33%.

Al analizar la distribución del ingreso a nivel de subsectores se perfilan las mismas tendencias: en el subsector agrícola vegetal, el factor capital pasó de percibir del 11.6% del ingreso generado

[8] B.C.V.: 35 Años de la Economía Venezolana. Caracas, 1978.

en el subsector en 1950, al 16% en 1959; y en el sector agrícola
animal, la proporción para el capital ascendió, aunque a un ritmo
menor, del 39.4% al 41.5% . Tal como se aprecia, el factor trabajo sufrió una pérdida de un 11% en su participación en el ingreso agrícola.[9] Este fenómeno, junto con la sustitución de mano
de obra por tecnología capital-intensiva, constituyen, en este período, las razones más importantes del proceso migratorio de la
población campesina hacia las ciudades.

5. Evolución reciente de la agricultura (1960-1980)

En las últimas dos décadas se refuerzan las tendencias obser-
vadas anteriormente, lo cual revela el carácter estructural de las
mismas. En efecto, la agricultura participa cada vez menos en la
generación del Producto Nacional Bruto (PNB), pasando de 8.2%
del mismo en 1970 a 6% en 1978. Los cambios en su estructura
de producción siguen sucediéndose a favor de una mayor participación del subsector agrícola animal, el cual aporta, para 1975,
más de la mitad del PNB agrícola (54.3%), mientras que quin-
ce años antes (1960) aportaba el 32% [10] Dentro de la agricultura vegetal las transformaciones estructurales apuntan hacia un
franco predominio de los cereales.[11] La tendencia hacia el uso
de insumos originados fuera de la agricultura continúa acen-
tuándose,[12] así como la orientación de la producción agrícola

9 B.C.V., Informe Económico 1959. Anexo Estadístico. Caracas, 1959.
10 B.C.V., Informes Económicos 1970, 1975 y 1978. Anexos Estadísticos.
11 Los cuales ocuparon el 46.2% de área cultivada en 1978; mientras que, para
1937 sólo usaban el 27% de la tierra bajo cultivo (1978: BCV, Informe Económico
1978; 1937; Pinto y Alezones. ob. citada).
12 Las estadísticas señalan que para 1974 los insumos ascendían a la cuarta parte
del valor de la producción (25% de la vegetal, 26% de la animal y 25.6% del total);
la importancia del cambio sucedido se aprecia mejor al recordar que para 1960 los
insumos representaban el 12.5% del valor de la producción. En este período se incrementa notablemente el uso de fertilizantes, multiplicándose por 10 el volumen insu-
mido por la agricultura. (Estévez y otros, ob. citada).
Para algunos productos importantes, los insumos no factoriales llegan a representar
proporciones significativas en su costo; así, los fertilizantes, herbicidas, plaguicidas y
otros productos químicos, representaron para 1972, entre el 40 y 44% del costo de
producción de arroz, el 44% del costo del tomate, el 38% del de caraota, el 33% del
algodón, 27% del maíz y el 26% del ajonjolí. En la agricultura animal, el uso de insumos no factoriales también pasa a ser importante. En efecto, para 1972, el 78% del
costo de producción de los pollos de engorde lo constituyen los alimentos concentrados; el 21% del costo de la producción de leche es absorbido también por alimentos
concentrados, a lo cual es necesario añadir un 7% por concepto de productos medici-

fundamentalmente hacia bienes de consumo intermedio. En efecto, para 1975, el 70% del valor de la producción interna se dirigía hacia el consumo intermedio.[13] El incremento del uso de insumos y el destino de la producción reflejan la estrecha vinculación de la agricultura con la agroindustria. Esto significa un mercado caracterizado, entre otras cosas, por unos términos de intercambio desfavorables a la agricultura un correaje de traslación de excedentes hacia la industria. Debido al alto componente importado de los insumos y a la participación de capital extranjero en la agroindustria, una parte importante de este excedente fluye hacia países industrializados.

Igual que durante el período anterior (1940-1960), la creciente tendencia al uso de tecnología capital-intensiva no ha repercutido en mejorar proporcionalmente la eficiencia agrícola, salvo en algunos cultivos como la caña de azúcar, el arroz, etc. En términos generales, la agricultura venezolana continúa siendo una actividad ineficiente por excelencia. En efecto, una relación de la productividad de varios sectores respecto a la productividad promedio nacional señala que para 1978 la agricultura ocupaba un último lugar.[14]

Según se desprende de otros indicadores, los mayores aumentos de productividad de la agricultura se logran en relación a la fuerza de trabajo. En efecto, el ingreso generado por persona ocupada crece en un 40% entre 1969 y 1978, medido a precios constantes; mientras que el valor de la producción vegetal por hectárea crece en un 34%; el valor de la producción animal por cabeza se incrementa en un 22% y la producción por unidad de capital fijo se mantiene sin crecer.[15] La baja eficiencia de la agricultura es más evidente a partir de las cifras que aporta Montilla sobre la relación entre el valor de la producción y el monto del crédito agrícola otorgado por el Estado.[16]

---

nales y un 32% por concepto de intereses de capital. Véase Estévez y Alezones, "Producción y Consumo del Sector Agrícola (1960/72) B.C.V. 1972.

[13] B.C.V. Informe económico – 1975.

[14] Roza Zavala y otros, 1980 citado más adelante.

[15] BCV, Informes Económicos, 1969 y 1978.

[16] Según se aprecia, esta relación va disminuyendo de Bs. 3.24 de producción por unidad de crédito en 1974, a 1.41, 1.08, 1.06 y 1.28 para 1975, 76, 77 y 78. (En realidad la relación es mucho menor puesto que el crédito estatal no financia toda producción). Véase, Montilla, J.J., "Problemas de la Agricultura Venezolana SIC", Caracas, Junio, 1980.

Una explicación de los bajos rendimientos de la agricultura venezolana se visualiza al analizar la orientación de la producción y el uso de los recursos. Así, Venezuela cultiva sólo el 33.6% de la tierra arable, mientras que a nivel mundial se cultiva el 80% de las tierras arables existentes. Por otro lado, la ganadería que se realiza es extensiva y ocupa muchas tierras de buena calidad, desplazando o impidiendo la agricultura vegetal. El 51% del área agrícola vegetal y el 46% del crédito que otorga el Estado se orientan hacia cultivos de bajo rendimiento (maíz, caraotas, ajonjolí, café y cacao), que aportan el 25% del valor de la producción agrícola vegetal. En contraposición, a cultivos de alto rendimiento (arroz, raíces y tubérculos, frutales, palma africana, caña y plátano) se dedica sólo el 35% del crédito otorgado al subsector vegetal y de ellos se obtiene el 52.7% del valor de su producción.

Esta inefectividad de la agricultura, dentro de un contexto de ampliación constante de la demanda, ha implicado la necesidad de incrementar las importaciones; éstas se multiplicaron por seis entre 1960 y 1978 y pasaron de significar el 25.5% del consumo aparente en 1960, al 55.1% en 1978.[17]

La eneficiencia, el creciente uso de tecnología capital-intensiva y la traslación de excedentes hacia otros sectores explican los fenómenos de baja capacidad de empleo y remuneración de la fuerza de trabajo que se analizan más adelante.

6. Empleo y remuneración en la agricultura (1960-1980)

Conforme se señaló anteriormente, para 1980 Venezuela es un país eminentemente urbano, con sólo el 24% de su población habitando en centros calificados como rurales. El proceso ha significado que la agricultura ocupe, para 1979, sólo el 15.5% de la fuerza de trabajo del país. No obstante, se debe resaltar que su participación en la ocupación es proporcionalmente superior a su contribución al PTB y que constituye la cuarta fuente de trabajo del país. El empleo agrícola es fundamentalmente estacional, con períodos de desocupación entre los picos de demanda de fuerza de trabajo; esto implica que mucha de la fuerza

---

[17] 1960: Estévez y otros, ob. citada: 1978: BCV, Informe Económico, 1978.

de trabajo del campo está en condiciones de subempleo o empleo disfrazado. La fuerza de trabajo clasificada como asalariados y ayudantes o familiares, es la más afectada por este fenómeno; también afecta a muchos de los trabajadores por cuenta propia que combinan una agricultura ineficiente con la venta de su fuerza de trabajo al sector empresarial. De acuerdo a Juan Luis Hernández, no todo el empleo calificado como agrícola, se orienta hacia la creación del producto real, por cuanto mucho se dedica a servicios como el transporte o comercio en la modalidad de abastecedor de la comunidad de bienes producidos en las zonas urbanas, o vendedor, en las márgenes de las muy transitadas vías carreteras del país, de frutos cosechados o de artesanías elaboradas en localidades cercanas o adquiridos de camioneros.[18]

Entre 1960 y 1980 cambia notablemente el origen del empleo agrícola. En efecto, a principios de la década del sesenta la agricultura vegetal generaba la mayor proporción del empleo agrícola seguido por la animal; esta situación se invierte para mediados de la década del setenta, cuando la agricultura animal pasa a ser el primer generador de empleo.[19]

La evolución reciente de la distribución del empleo por categorías ocupacionales muestra también algunos fenómenos interesantes. Así, se observa que la proporción de la fuerza de trabajo clasificada en la categoría de asalariados decrece en términos absolutos entre 1975 y 1979. Fenómeno igual ocurre para los trabajadores por cuenta propia y para los clasificados como ayudantes y familiares. En cambio, se observa que la categoría patronos se incrementa. En términos relativos, decrecen las categorías asalariados, ayudantes y familiares y crecen las correspondientes a trabajadores por cuenta propia y patronos. El incremento del número de patronos y la disminución de los trabajadores por cuenta propia es consistente con la tendencia hacia la conformación de una agricultura basada en relaciones de

---

18 Hernández, J.L. Problemas Proletarización del campesinado CONICITCEN-DES, 1976.

19 En efecto, la distribución porcentual de los jornales trabajados en la agricultura en 1962, señalan que el 57% se usó para tareas de la agricultura vegetal, 24% para la agricultura animal y 19% para otras actividades (pesca, forestal, construcciones y mejoras). Para 1975, correspondió a la agricultura vegetal sólo el 37% de los jornales, mientras que el 49% fue usado por la animal y el 14% para otras actividades. (BCV, Informes 1962 y 1975).

producción capitalista, que induce la sustitución de pequeñas explotaciones por otras medianas y grandes.[20] En cambio, la reducción experimentada por la categoría asalariados refleja el impacto de la tecnología moderna en la generación de empleo en condiciones de poco dinamismo de la producción agrícola. La disminución de la fuerza de trabajo agrupada bajo la categoría de trabajadores por cuenta propia es un reflejo del poco impacto de los esfuerzos del Estado en la consolidación de una economía agrícola estable para los campesinos. Ello se evidencia mejor en la participación de la agricultura campesina sujeta a la reforma agraria en la producción agrícola. En efecto, su mayor participación es en la agricultura vegetal, puesto que la animal es casi exclusivamente empresarial; pero aún en ella, su aporte a la producción viene disminuyendo aceleradamente. Así, para 1974 aportó el 20% del valor de la producción, porcentaje que disminuyó al 12.8% para 1978. De manera similar se observa que en ese lapso decreció también el área cultivada por las organizaciones de la reforma agraria (367,000 has. en 1974 a 332,000 has. en 1978).[21] A esta disminución se añade el hecho de que se ha intentado incrementar la eficiencia de la producción campesina mediante la incorporación de tecnología moderna, la cual es insuficientemente dominada por este tipo de productores. Ello ha determinado, por lo menos, dos fenómenos: uno la disminución de la capacidad de empleo en la agricultura campesina, y otro que el productor campesino, ha adquirido la propiedad formal de la tierra y se ha convertido en un obrero subutilizado del Estado:[22] el Estado aporta los créditos, adquiere la cosecha, su burocracia decide el paquete tecnológico a usar y aún contrata y distribuye los bienes y servicios que comprenden ese paquete. En tales condiciones, el campesino es prácticamente un observador de un proceso en el cual aporta su mano de obra. Es decir que forzado por las circunstancias, va perdiendo su interés en el proceso productivo y su calidad de productor autónomo, y va adoptando la racionalidad de asalariado. Esta transformación lo conduce a abandonar su parcela y emigrar hacia zonas urbanas, a tender a colocarse como jornalero de la agricultura em-

[20] CORDIPLAN. Indicadores de Empleo, Caracas, 1980.
[21] BCV, Informe Económico, 1978.
[22] Hernández, J.L. obra citada.

presarial, o simplemente a seguir medrando de los créditos del Estado.

El proceso de disminución de la importancia del campesino como productor, de la agricultura como generadora de producto y empleo, y de la implantación de relaciones de producción capitalistas en el agro, continúa acompañada de una depresión en la remuneración de la fuerza de trabajo.

En efecto, si se analiza la evolución de la distribución factorial del ingreso, se observa que se mantiene la tendencia, manifiesta en la década del cincuenta hacia una menor participación del factor trabajo en la distribución del ingreso agrícola. Así para 1975 el factor trabajo percibía el 62.7% del ingreso generado en la agricultura, y para 1978 había descendido al 45.7%.[23]

Según apuntan Maza Zavala, Uzcátegui y Valecillos, las menores escalas de remuneración del trabajo, en Venezuela, se encuentran en la agricultura.[24] Los mismos autores señalan una mejora de las escalas de salarios, aunque medidas a precios corrientes. No obstante se observa que para 1979, el 62% de los trabajadores agrícolas percibía ingresos inferiores a Bs. 1.000 mensuales[25] y que el 15% percibía ingresos inferiores a Bs. 450 mensuales.[26] Ello sucede en condiciones en que el salario mínimo legal estipulado para los trabajadores agrícolas es de Bs. 750 mensuales, mientras que el ingreso mínimo de subsistencia ha sido estimado en Bs. 1,750 para 1979.[27]

Conclusiones

Durante toda la historia colonial y republicana de Venezuela y hasta mediados de la década de los años 40, la agricultura fue el centro de la actividad económico-social del país y la base de las relaciones de producción existentes.

[23] BCV, Informes 1959, 75 y 78. Esta tendencia esta confirmada en un análisis de estructura de costos de producción realizada para trece cultivos por Estévez y otros, *ob. cit.*

[24] Maza Zavala, D. F.; Uscategui, J.M. y Valecillos, Héctor. La estratificación del Mercado de Trabajo con un Sector Petrolero diferenciado. El caso Venezolano. VI Congreso Mundial de Economía, México, Caracas, julio, 1980.

[25] Ibid.

[26] BCV, Encuesta de Hogares, 1979.

[27] CORDIPLAN. Evaluación de la Política Económica, 1979-80. Caracas, junio, 1980.

La intensificación de la explotación petrolera durante la primera mitad de la citada década genera cambios estructurales que implican la gestación de relaciones de producción capitalistas en substitución de las precapitalistas existentes, un proceso en el cual la industria y el sector servicios se convierten en las actividades económicas principales, desplazando a la agricultura, en el curso de tres décadas, de su papel primigenio como empleadora fundamental de la fuerza de trabajo del país.

Dentro del sector agrícola se producen también cambios estructurales profundos y los gestados en los últimos dos decenios son los más radicales y vertiginosos. En ese corto período, la población campesina pierde importancia como abastecedor de productos agrícolas; la producción animal sobrepasa en importancia económica a la producción vegetal; se implantan relaciones de producción capitalistas; se desarrollan estrechos vínculos con la agroindustria y el comercio de bienes agrícolas que intensifican la traslación de excedentes económicos desde la agricultura hacia dichas actividades; y se gesta un modelo de producción agrícola de carácter empresarial sustentado en alta tecnología. Dicha tecnología es fundamentalmente importada de países industrializados del hemisferio norte, sin que medie un proceso de adaptación a las características tropicales del país, o sin que se apoye en investigaciones en torno a dichas características.

El desarticulado proceso de implantación de la nueva tecnología no se ha traducido en una mejora sustancial de la eficiencia agrícola; no obstante, los costos de producción asociados a su uso se han incrementado notablemente.

La implantación masiva de esta tecnología ha contribuido a desplazar mano de obra agrícola; lo cual, junto con el bajo nivel de remuneración de la fuerza de trabajo agrícola respecto al de otras actividades y el deterioro de los términos de intercambio de la agricultura con otros sectores de la economía (y en particular con la agroindustria y el comercio), han acelerado el proceso migración hacia zonas urbanas. Este proceso ha producido un déficit de fuerza de trabajo agrícola, lo cual induce una mayor incorporación de tecnología substitutiva de mano de obra.

Todo lo anterior, más otra serie de fenómenos que escapan a este documento, han generado el problema más agudo que confronta el país: la insuficiencia de la agricultura para abastecer la demanda interna, la cual implica que hoy día se importe más del 50% del consumo nacional.

En síntesis, la traslación de excedentes de la agricultura hacia otras actividades; el uso inadecuado de tecnología importada no adaptada al medio tropical; el irracional uso de la tierra y capital en cultivos ineficientes y la existencia de un mercado laboral agrícola desfavorable al factor trabajo son causas principales de la ineficiencia de la agricultura, de su baja respuesta a la demanda nacional por productos agrícolas, de su poca capacidad de empleo, y de la baja remuneración al trabajo que recibe.

La tecnología y el empleo en un nuevo enfoque del desarrollo agropecuario

Floreal H. Forni
y María Isabel Tort

Las políticas económicas aplicadas a partir de la segunda postguerra a los países en desarrollo estuvieron generalmente basadas en la hipótesis de que la concentración del progreso en ciertos sectores, especialmente industriales, se trasladaría luego casi automáticamente al conjunto de la sociedad. En esta visión evolucionista se dio por supuesto que la transferencia de mano de obra entre sectores se produciría en una ordenada secuencia —similar a la observada en la historia del desarrollo de las sociedades occidentales (del primario al secundario y luego al terciario). Otro supuesto fue que la migración rural urbana acompañaría a este proceso, siendo por lo tanto una contribución funcional al crecimiento.

Las evaluaciones de estos procesos, que se inician en la década de los 60 a partir de la detección de verdaderos "cuellos de botella" de naturaleza demográfica y social, pusieron en cuestión esta visión lineal. A partir de ellas surgieron los intentos por incorporar metas sociales (empleo, distribución del ingreso) a las meramente económicas. Estos planteos se esbozan primero en trabajos teóricos y luego gradualmente en las resoluciones de organismos internacionales y en programas nacionales o sectoriales. Entre estas preocupaciones, dos se perfilan como predominantes por su impacto económico y social: a) en el nivel de las causas, las características de la tecnología incorporada, y b) en el nivel de los efectos, la variación cuantitativa y cualitativa de la dimensión empleo (e ingreso). En el plano conceptual, el Programa Mundial de Empleo de la Organización Internacional del Trabajo se propone organizar una respuesta de conjunto, latente en muchas otras formulaciones, en torno a una nueva concepción del desarrollo.

Dado que en la mayoría de los países involucrados la agricul-

89

tura es aún la fuente de ocupación predominante, esta nueva concepción se ha preocupado especialmente por el replanteo de las estrategias de desarrollo agropecuario. Básicamente se ha cuestionado el poco énfasis puesto en el progreso de este sector por orientaciones excesivamente urbano-industriales; la concentración de inversiones en grandes explotaciones, marginando así a numerosos productores familiares de la posibilidad de aumentar sus niveles de productividad; y la preferencia por innovaciones tecnológicas sesgadas en la dirección capital intensivo, con lo que se acentuarían más allá de lo funcional para el conjunto los procesos de desocupación y migración a las ciudades.

El objetivo de este trabajo es resumir estas discusiones teóricas, y descripciones de situación, con la finalidad de aportar elementos para la consideración de los problemas incluidos en la relación tecnología y empleo en cuanto afectan al desarrollo agrícola; especialmente el de aquellas regiones de la república Argentina caracterizadas todavía por el uso intensivo de mano de obra.

Partiendo de una introducción teórica se consideran en un primer punto los aspectos teóricos de las dos variables centrales, tecnología y empleo en la agricultura. Se plantea al respecto una tipología de las innovaciones teniendo en cuenta los efectos sobre el empleo y algunos de los interrogantes que abre esta relación.

En un segundo capítulo se aportan los elementos para un diagnóstico de la evolución y estado del desarrollo agropecuario argentino a partir de datos empíricos con respecto a las variables privilegiadas en este estudio, teniendo en cuenta la diversidad regional en cuanto a estructura agraria, sistema de producción y disponibilidad de factores.

Finalmente, en las conclusiones se esbozan líneas de investigación que parten del supuesto de que si bien la república Argentina difiere en muchos rasgos de los llamados países del Tercer Mundo (especialmente en lo que hace a presión demográfica y productividad en todos los sectores), dada la gran diversidad regional del desarrollo agrícola y global, se pueden hacer desde esta perspectiva aportes y valederos a la formulación de políticas alternativas de desarrollo agropecuario.

1. Introducción

La historia del desarrollo agrícola de los países avanzados ha asumido distintas formas según las características de concentración o difusión de las tecnologías modernas. Estos diferentes senderos se enmarcan en el contexto de modelos globales de desarrollo, que afectan también a otros sectores de las economías. En el caso de los países subdesarrollados se plantean una serie de debates: industrialización capital intensiva vs. mano de obra intensiva; industrialización vs. modernización agrícola, y modernización agrícola con estrategia bimodal vs. unimodal.

En lo referente a estrategias de desarrollo agrícola, resulta especialmente esclarecedor el planteo que formulan Johnston, y Kilby,[1] quienes a través de una comparación de experiencias nacionales desarrollan el concepto multidimensional de "eficiencia total", y diseñan a partir de allí dos tipos ideales de estrategias de desarrollo agrícola: la unimodal y la bimodal.

El concepto de eficiencia total se presenta como contrapuesto a otros criterios de planificación que enfatizan metas de producción, o la exclusiva evaluación de proyectos específicos (en término de tasas de retorno o de costos-beneficios). La "eficiencia total", en una definición positiva, "debe ser vista como un esfuerzo para lograr un camino de expansión a bajo costo para el sector por medios diseñados para lograr los objetivos económicos de expandir la producción agrícola, y las metas más amplias de facilitar el desarrollo económico global y lograr un amplio incremento en las oportunidades de mejora del ingreso".[2]

La tipología de estrategias de desarrollo agrícola que proponen Johnston y Kilby distingue y estiliza dos concepciones a través de ejemplos de situaciones nacionales que aparecen nítidamente diferenciados. Los autores se refieren a estrategia bimodal cuando el proyecto de desarrollo se centra en un relativamente pequeño número de explotaciones de gran tamaño capaces de hacer uso de innovaciones muy costosas en capital y poco divisibles, de modo que deben aprovechar al máximo las economías de escala. El resultado de este tipo de estrategia sería

---

[1] Johnston, B. y Kilby, P.: "Agriculture strategies, rural-urban interaction and expansion of income opportunities", OECD-París, enero, 1973.
[2] Johnston, B. y Kilby, P.: *Ibid.* pág. 29.

una diferenciación muy grande entre explotaciones y aun entre regiones, ya que la productividad de los establecimientos más tecnificados está muy alejada del promedio total. Dado que entre las innovaciones adoptadas se destacan las ahorradoras de mano de obra, otro resultado es que estos establecimientos presentan una demanda de trabajo inferior al promedio. El desarrollo agrícola de México en las últimas décadas aparece como un típico ejemplo de estrategia bimodal.[3]

La *estrategia unimodal* de desarrollo agrícola se caracteriza por el énfasis en la difusión de innovaciones divisibles, que por ser neutrales con respecto a la escala, son pasibles de adopción por la mayoría de las explotaciones. Otra de sus características es la búsqueda de un proceso de desarrollo progresivo en el que se incorporen las pequeñas explotaciones, ya que su objetivo es justamente la mejora del bienestar social de la población rural en su conjunto. Esto lleva a que la eficiencia alcanzada por la empresa más avanzada no esté muy alejada de la presentada por el promedio de las explotaciones.

Aunque no puede establecerse una relación exacta entre tipo de innovación y estrategia, resulta claro que innovaciones divisibles, poco exigentes en capital, no necesariamente ahorradoras de mano de obra y que posibiliten la apropiación del beneficio por parte del productor, son las más compatibles con este tipo de estrategia. De este modo, es posible contrastar políticas que se aproximan a una u otra de estas estrategias, según el tipo de innovación que promueven. Así, es típico de la estrategia bimodal favorecer la mecanización mediante créditos de interés negativo, en tanto que la unimodal se basará más en la difusión de variedades, fertilizantes y nuevas prácticas de manejo ecológicamente adaptadas. Un ejemplo de este enfoque se encuentra en la historia del desarrollo agrícola japonés [4]

---

[3] *Ibid.*, pág. 175-78: En base al censo de 1960 se ha calculado que menos del 15% de todas las unidades agrícolas representan el 75% de todas las ventas de productos agrícolas. "Esto está basado en el cálculo de que 68 000 de las explotaciones privadas más grandes representan la mitad de las ventas totales y 321 000 explotaciones en ejido —que promedian más de 10 hectáreas— representan otro 25%". En el área productora de trigo la superficie media sembrada con este cultivo es del 15 hectáreas sin irrigación. Por otro lado, mientras 50 000 explotaciones se dedican al trigo, dos millones lo hacen al maíz.

[4] Según una investigación del Institute of Agriculture Machinery Tokio ("Japan Agriculture Machinery 1970-71"), el promedio de los predios agrícolas es de aproximadamente una hectárea, el 68,8% está por debajo de ese tamaño. Otra información

El tipo de estrategia adoptado al definir un determinado perfil tecnológico tiene consecuencias directas sobre la estructura del empleo. Esta aseveración, válida para el conjunto de la economía lo es también dentro del sector agropecuario. En ambos niveles, por lo tanto, la elección tecnológica[5] define un modelo en cuanto a la estructura del empleo y por ende a la dinámica poblacional. Por otro lado, la evolución de ambas variables tendrá repercusión en el proceso de desarrollo. De esta manera nos encontramos ante una realidad de cambio que podría ser definida como una relación causal interactiva: modelo de desarrollo —tecnología— empleo.

2. Tecnología y empleo: consideraciones generales

2.1. Tipos de tecnologías y sus efectos

Si se accede a un nuevo nivel de conocimientos, la incorporación generalizada de la nueva tecnología al proceso productivo dependerá, en primera instancia, de que los beneficios netos sean mayores que los obtenidos con la tecnología anterior. La relación "beneficios netos obtenidos —costos de aplicación de la nueva tecnología" será función, principalmente del costo de oportunidad de los factores de capital y trabajo.[6] La generalización de la adopción también dependerá de la elasticidad de la demanda del producto al que se aplica la nueva función de pro-

---

oficial señala que cerca del 70% del ingreso de los agricultores es de origen no agrícola (empleos secundarios y terciarios). Frente a esto, los planificadores (Kaknei Tanaka "Building a New Japan. A plan for remodeling the japanese archipielago") plantean llevar el tamaño de los predios a 25 hectáreas de mecanización intensiva aumentando aún más la proporción de empleo secundario y terciario en las mismas áreas rurales.

[5] Para un tratamiento económico del problema de elección tecnológica en economías en desarrollo ver el excelente análisis realizado por Francis Stewart *Technology and Underdevelopment,* Macmillan Press, 1977.

[6] Según la tesis de Otto Flores Sáenz ("An historical analysis of Peru's Agricultural export sector and the development of agricultural technology" Wisconsin, 1977) esta posición corresponde a la filosofía empirista que se ciñe sólo al comportamiento individual, suponiendo una tendencia al equilibrio y olvidando la perspectiva histórica y los efectos sociales. Sin embargo, pensadores como Daniel Feucher comparten mucho de este optimismo por la tecnología quizá más por la etapa del proceso en que realizaron sus estudios que por una filosofía estrechamente positivista.

ducción. Si la demanda es perfectamente elástica o tiende a ello, los beneficios derivados de dicha adopción serán apropiados principalmente por el sector productor; en el caso inverso, los beneficios serán compartidos y aun apropiados por el consumidor (que en el caso de producción para exportación está situado fuera del propio país).

Desde una perspectiva de la economía agraria se observa que "Los efectos macroeconómicos de la innovación tecnológica, cuando son analizados dentro del contexto global de una economía cerrada, son inevitablemente un aumento de la capacidad productiva total y la generación de excedentes económicos. Asimismo, dependiendo de los sesgos de dicha tecnología. . . provocará una modificación de la demanda inducida de los factores de la producción y, consecuentemente, una modificación de las cantidades utilizadas de ambos factores, de sus precios o de ambas cosas simultáneamente".[7]

Pero no todas las tecnologías tienen el mismo tipo de efectos, algunas afectan a unos factores más que otros, y también es diferente la posibilidad de apropiación de dicho excedente por parte de los distintos grupos sociales que intervienen en el proceso productivo agropecuario.

En la perspectiva que estamos analizando se considera que habría cinco grupos sociales que compiten por la captación del excedente: 1) Los productores de los insumos específicos necesarios para instrumentar la nueva técnica —en los casos en que la misma aparece incorporada a un nuevo insumo específico como las semillas híbridas, maquinaria— etc.; 2) El productor agropecuario (tomado como empresario capitalista); 3) El terrateniente; 4) El asalariado rural; 5) El consumidor.[8]

Teniendo en cuenta ambos aspectos, es posible diferenciar cuatro clases de tecnologías. En todos los casos se debe tener en cuenta que la adopción de las innovaciones concretas lleva implícito un planteo previo por parte del productor acerca de la

[7] Piñeiro, M., Martínez, J.C. y Armelín, C., "Política tecnológica para el sector agropecuario", Dpto. Economía EPGCA —INTA Castelar— Investigación N° 18 —Agosto 1975; en David, P., "The mecanization of reaping in the ante— bellum Midwest", en *Essays in Two Systems*, comp. de Rosowbsky, se hace un excelente análisis del proceso de interacción entre la adopción de la segadora, el precio de la mano de obra y la expansión de área cerealera.

[8] *Ibid.*

rentabilidad y de la congruencia que dicho cambio tendría respecto de la estructura productiva.[9]

1) *Innovaciones mecánicas:* Son consideradas como fundamentalmente ahorradoras de mano de obra, de modo que su aplicación incide en la productividad del factor trabajo, aunque no necesariamente implica incrementos significativos en el nivel de rendimientos por hectárea y, por lo tanto, en el producto. Por otro lado, si bien reduce la incidencia del factor trabajo, aumenta la del capital, y en forma más proporcional. Pero antes de avanzar en este punto será necesario introducir una nueva distinción entre las que son consideradas en conjunto como "tecnologías mecánicas":

a) implementos de arrastre (arados, rastra, etcétera);

b) elementos fijos productores de energía (motores de bombeo, electrificación);

c) elementos de tracción o autopropulsados (tractores, cosechadoras).

En tanto que todos implican una mejora en las condiciones de trabajo y de vida, los primeros suelen ir acompañados por un incremento en el uso de mano de obra, al permitir la realización de cultivos intensivos y/o extender la superficie agrícola, y los últimos son los que más estrechamente se ciñen a las consideraciones arriba apuntadas.

En lo que hace a la apropiación de los excedentes, principalmente por parte del primero de los grupos sociales mencionados anteriormente, esto dependerá en gran medida de la estructura legal-institucional y de la estructura de la industria ya que sólo un estricto monopolio de patentes impediría la copia de las innovaciones por todas las empresas productoras. Por otra par-

[9] Los conceptos de rentabilidad y congruencia aplicados al análisis de la tecnología han sido tomados de J.C. Martínez, D. Fienup y C. Chevallier, *Aspectos económicos y tecnológicos de la producción cerealera argentina: trigo, maíz y sorgo,* CI-MMYT-México, 1977, donde se postula que: "La rentabilidad de la tecnología a nivel del productor agropecuario va actuar como condición necesaria para su even.ual adopción"; el concepto de congruencia, entendido como "el grado de consistencia de la innovación con la estructura productiva tradicional vigente, más específicamente, implica que la adopción de la innovación no modifica significativamente la proporción tierra/otros factores"

te, la misma estructura de la industria, de tipo oligopólico especialmente en el caso del tractor, condiciona el proceso de difusión-adopción.

2) *Innovaciones biológicas:* están directamente relacionadas con un ahorro del factor tierra y llevan a un aumento de la producción al incrementar los rendimientos por hectárea, especialmente si se dan dentro de un paquete tecnológico. Son relativamente neutrales en cuanto al factor trabajo, pero implican cierto incremento de las inversiones de capital.[10] El caso más notorio es el de las semillas híbridas, que ilustra por otra parte la posibilidad de apropiación privada de los beneficios de su adopción.

3) *Innovaciones químicas:* también son fundamentalmente ahorradoras de tierra, ya que incrementan los rendimientos por hectárea, pero implican la sustitución de la misma por mayores inversiones de capital y no son neutrales en cuanto al factor trabajo. En algunos casos, como el de los fertilizantes, su aplicación requiere un incremento en la utilización del factor trabajo; y en otros, como el de los herbicidas, da como resultado un ahorro en la mano de obra requerida.

La posibilidad de mantener secretas las fórmulas químicas es menor que la de hacerlo con las características genéticas, pero, por ser ambas innovaciones incrementadoras del producto, dependerá de la elasticidad de la demanda del mismo la posibilidad de apropiación por parte de los sectores productores o consumidores.

4) *Innovaciones agronómicas:* son ahorradoras de tierra (fundamentalmente en el sentido de ser conservadoras de su capacidad productiva), pero no de mano de obra, implicando generalmente, si no más número de unidades de trabajo, si mayor especialización y capacidad técnica de las mismas. Difieren en cuanto a los requerimientos de capital para su aplicación, pero siempre redundan en un incremento de los rendimientos por hectárea. Por lo tanto también depende de la demanda la apropiación del excedente, pero en este caso en forma más nítida, ya que no son susceptibles de apropiación privada (por ello la mayor parte

---

[10] Se puede suponer que un incremento del producto demandará más trabajo de recolección y manipuleo, lo cual implicará una mayor demanda de mano de obra si no se mecaniza la tarea.

de la investigación sobre este aspecto de la tecnología es llevada a cabo por medio de instituciones públicas como el INTA).

Por último, corresponde hablar de los *"paquetes tecnológicos"*, que son las combinaciones de dos o más tecnologías, provenientes generalmente de distintos grupos de las innovaciones consideradas. En estos casos la aplicación de un conjunto de técnicas, por el efecto de interacción, significa, a la vez que complementariedad, el logro de un resultado diferente a la simple adición, ya que las variaciones en el uso de factores se combinarán. En el caso de los paquetes integrados por innovaciones biológicas-químicas-agronómicas, se logrará un aumento de los rendimientos con un ahorro de tierra y un mayor uso de trabajo y capital. Por otro lado, este tipo de paquetes, como en el caso de la "revolución verde" mexicana, puede tener efectos macroeconómicos importantes y no siempre predecibles.

2.2. Autonomía de la tecnología

Tomado de la ecología, este concepto de autonomía aplicado a la tecnología permite introducir aun otras diferenciaciones útiles a fin de captar los múltiples aspectos del fenómeno en cuestión.

Es posible reagrupar las innovaciones previamente clasificadas en términos de su grado de "autonomía ecológica",[11] que depende de la independencia con que las innovaciones específicas actúan en la interacción bioambiental. Se considera que las innovaciones biológicas y especialmente las mecánicas son ejemplos típicos de una alta autonomía ecológica, ya que sus cometidos no sufren modificaciones notables por parte del entorno ambiental. En el otro extremo se encuentra una innovación química como la de los fertilizantes, que requiere de asesoramiento especializado y específico para cada región y zona en la que será aplicado.

Replicando la utilización de este concepto para el ámbito socioeconómico, podemos diferenciar a las tecnologías según su incidencia en las estructuras socioeconómicas donde se desarrolla el proceso de producción.

---

[11] Concepto tomado del Ing. Agr. M. Zaffanella "Posibilidades de fertilizar trigo, maíz y pasturas en la Pampa Húmeda" Dpto. Suelos INTA Tirada Interna N° 60 Buenos Aires, 1977.

Distintos tipos de técnicas y/o combinaciones de las mismas implican una determinada utilización de los factores de producción. Debido a que el progreso tecnológico no es esencialmente único e infalible, y a que su difusión puede afectar profundamente tanto la estructura productiva como la social, al implicar ciertas y determinadas formas de distribución del ingreso, podemos concluir que cada "sendero tecnológico" estará asociado con estructuras económicas específicas. Tales formas de producción tendrán una diferente capacidad y estímulo para utilizar los factores de producción con que cuente el sistema, esto por lo tanto condicionará la capacidad de producción de la economía y el grado de distribución de los ingresos.

Se justifica por lo tanto todo intento de aproximación al tema que contemple sus aspectos tanto estructurales como históricos, ya que "la tecnología no es una fuerza autónoma que evoluciona según leyes propias, sus tipos, niveles y beneficiarios dependen de las relaciones sociales que el proceso de producción implica".[12] Para casos de países con gran dependencia tecnológica, como el nuestro, esto es importante porque ayudará a percibir que el conjunto de técnicas generadas por los países desarrollados, que suelen aparecer como alternativas óptimas, sino únicas, para alcanzar aquellos deseados niveles de producción y bienestar, no son sino un subconjunto dentro del universo de técnicas posibles, y que han sido seleccionadas y perfeccionadas teniendo en cuenta las condiciones de precios y de disponibilidad de factores de aquellas economías donde se generaron. La falta de autonomía socioeconómica de tales técnicas debe prevenirnos contra una adopción indiscriminada por su posible secuela de graves costos sociales. Uno de los ejemplos más claros es la carrera por el ahorro de una mano de obra rural que no encontrará luego una ocupación urbana alternativa.

2.3. Tecnología y empleo en la agricultura

En la agricultura, los requerimientos de mano de obra para completar un ciclo productivo dependen de varias circunstancias, además del nivel tecnológico. Se deben tener en cuenta: a) la composición de los cultivos;[13] b) la superficie cultivada;

---

[12] Flores Sáenz, O. *op. cit.* pág. 197.
[13] Según el trabajo de T. Rendón "Utilización de mano de obra en la agricultura

c) los rendimientos (especialmente cuando las cosechas son manuales; y d) por supuesto, la tecnología, según los tipos descritos. Por otro lado, es necesario recordar el carácter estacional de la producción agrícola que hace que a lo largo del año se presenten picos de ocupación y desocupación, lo cual suele generar procesos de migración interna y aun internacional. Pero es evidente que los cambios tecnológicos, y en modo muy especial todos aquellos que se refieren a innovaciones mecánicas de tracción y/o autotracción, son los que pueden afectar en forma más profunda y general el nivel y estructura del empleo.

La relación entre ambos fenómenos ha estado sujeta a múltiples polémicas, siendo quizá la causa fundamental de ello el que se trate de fenómenos socioeconómicos en continuo proceso de interacción. Podemos considerar especialmente dos cuestionamientos no resueltos:

1). ¿*La mecanización es causa o efecto del éxodo de mano de obra rural?*

Mientras algunos postulan que la introducción de maquinaria ahorradora de mano de obra en las tareas agropecuarias es la causante de la emigración, otros afirman que dicha emigración y la consecuente disminución de trabajadores rurales es la causa de la necesidad de introducir maquinaria que reemplace esa mano de obra faltante.

Estudios realizados en otros países y nuestra propia realidad indican que la disminución de la fuerza de trabajo rural y la mecanización tienen una influencia recíproca, ya que cada uno de estos factores tiene efectos de retroacción sobre el otro. Según una investigación realizada en el Sur de Italia: "la emigración de trabajadores agrícolas constituye un poderoso estímulo para la mecanización de ciertas actividades, incluso en las pequeñas explotaciones, pero cuando los agricultores alquilan servicios mecánicos la mano de obra se hace aún más redundante".[14] En otro estudio, esta vez sobre el sur de EE.UU., se describe el proceso de cambio tecnológico verificado en el delta del

---

mexicana, 1940-1973" en *Demografía y Economía* No. 30-1976, El Colegio de México, una hectárea de algodón requiere cinco veces más mano de obra que una de maíz y casi diez más que una de trigo.

[14] Barbero, J.: "Mecanización y empleo agrícola en el sur de Italia" en Mecanización y empleo en la agricultura -OIT- 1973.

Mississippi (región cuyo cultivo principal es el algodón) como una evolución a través de etapas. En este proceso la difusión de un determinado nivel da lugar al inicio del siguiente: 1) la mecanización afectó la preparación del suelo y las formas de tracción; 2) el deshierbe manual fue reemplazado por medios mecánicos y químicos; 3) se generalizó la cosecha mecánica.[15] Los primeros cambios fueron modificando los requerimientos estacionales de mano de obra de modo que el sistema de producción, basado inicialmente en pequeños medieros (que a partir de la abolición reemplazaron en las plantaciones a la mano de obra esclava), se tornó antieconómico. El propietario de las tierras volvió a manejarlas directamente con el auxilio de maquinaria y el de unos pocos trabajadores permanentes que residían en la finca, y transitorios reclutados en las aldeas cercanas (muchos de los cuales eran aquellos arrendatarios expulsados de sus predios). Hasta 1950 abundaba la mano de obra no especializada, pero a partir de ese año se redujo casi a la mitad, pasando por lo tanto a convertirse en el cuello de botella para el proceso de expansión que la adopción de los dos primeros tipos de tecnología había facilitado. Se produjo así la adopción generalizada de sistemas mecánicos de recolección especialmente en algodón, con lo cual declinó la demanda de trabajo en los picos de cosecha y la mano de obra se hizo en gran parte redundante. Se completó así el ciclo, iniciado con la difusión de los primeros niveles (1940-1950), de expulsión de mano de obra, primero del predio a las pequeñas aldeas y ciudades de la región y luego, con la generalización de las cosechas mecanizadas (1950-1960), de la misma región hacia las ciudades más grandes y aun fuera de la región. En Mississippi la mano de obra rural se redujo un 60% entre 1940 y 1960, gracias al fuerte incremento de su productividad, que en el caso del algodón se triplicó.

En Argentina también es posible describir procesos de interacción semejantes. Si en los inicios de la agricultura fue necesario incorporar las nuevas tierras utilizando todos los ingenios mecánicos accesibles, en la década del 30 se culpaba al maquinismo de ser una de las causas de la desocupación. Pero en la década del 50 la carencia de brazos era tan manifiesta que se debió

[15] Day, R.H.: "The economics of technological change and the demise of the sharecroper" en The American Economic Review, pp. 427-447 - Vol. 68 No. 3 - junio, 1968.

recurrir a la colaboración del ejército para recoger cosechas. Según trabajos de la época, la causa no estaba en la máquina, sino en el "brillo de la ciudad"[16] y, por supuesto, en el alto nivel de los salarios urbanos. Si consideramos el año 1937 (el de más alta expansión agrícola y relativamente bajo nivel de mecanización) como base = 100 en lo que hace a cantidad total de personal permanente dedicado a la agricultura, vemos que en 1969 bajó a 77 a nivel nacional y a 60 en la zona pampeana, la más mecanizada.

De lo presentado se desprende por sí mismo el otro gran aspecto polémico:

2) *¿La mecanización es siempre ahorradora de mano de obra?*

Como ya vimos al analizar los tipos de tecnologías según los factores que afectan, las mecánicas son generalmente consideradas como netamente ahorradoras de mano de obra, y de hecho en nuestro país esa fue su función más generalizada. Según la OECD "Toda la evidencia presentada indica que la mecanización en gran escala es ahorradora de trabajo, o por lo menos que los adoptantes de modos de cultivos tractorizados necesitan menos mano de obra por unidad de cultivo comparados con otros".[17]

La especificación de que se toma a la "tractorización" como indicador presenta el origen de la controversia. Dentro de las tecnologías mecánicas es posible distinguir distintos tipos, que, como hemos visto, afectarán diferencialmente el uso de los factores.

Entre las innovaciones mecánicas que originan un incremento en los requerimientos de mano de obra se destacan las referidas al riego o a la preparación de terrenos en cuanto que permiten aumentar el área cultivada, lo cual redunda necesariamente en

[16] Barañao, T.: "La mecanización agrícola en la Argentina" en *Cursos y Conferencias* de la revista del Colegio Libre de Estudios Superiores —N° 223 a 225—, octubre-diciembre, 1950.
[17] OECD "Technological change in agriculture and employment". París, 1971. En este trabajo se llegó a la conclusión que la introducción de la mecanización en gran escala da pie a una sustancial reducción en los requerimientos de mano de obra en un porcentaje que varía entre un 12 a un 27% de jornadas de trabajo menos por hectárea.

un aumento del empleo. También las que permiten la realización de más de una cosecha anual o la implantación de cultivos intensivos incrementan las necesidades de mano de obra, aunque en estos casos casi siempre se observa un cambio cualitativo en la fuerza de trabajo demandada.

Llegamos así a uno de los aspectos que ayuda a aclarar los términos de la discusión: *¿qué tipo de mano de obra es reemplazada?*

Si bien algunas investigaciones muestran que la mecanización ha incrementado proporcionalmente el empleo familiar respecto de los asalariados permanentes,[18] la mayoría demuestra que ha aumentado la proporción de asalariados permanentes respecto de los transitorios no calificados en la primera etapa de la mecanización para, en una segunda etapa, llegar a preponderar una combinación de poca o ninguna fuerza de trabajo permanente para tareas generales y mano de obra transitoria capacitada para tareas especiales (contratada directamente por el productor o a través del uso de contratistas de maquinaria agrícola). El primer caso seguramente tiene parte de su explicación en la vigencia de modelos productivos más cercanos al campesinado que a la agricultura capitalista, que correspondería a la última situación. El proceso de cambio en el tipo de fuerza de trabajo va paralelo al de una disminución de la cantidad total de la mano de obra rural y a un incremento de la mecanización. En el caso del sur de EE.UU., entre 1940 y 1960 (en cuyo transcurso la tracción se mecanizó totalmente, así como las tareas de recolección) la fuerza de trabajo capacitada pasó de representar sólo un 1% a más del 12%, pero en un contexto de disminución global de los requerimientos de trabajo rural del orden del 91% (debido al peso de la fuerza de trabajo no capacitada, que disminuyendo un 92% encubrió el fuerte incremento en la demanda de personal capacitado: + 180%). Esto se traduce en la frecuente y paradójica coexistencia de éxodo rural y demanda de mano de obra por parte de los productores. Por otro lado se debe tener en cuenta que lo relevante de esta situación está en el hecho de que la concentración de los requerimientos de trabajo en una mano de obra más capacitada y estable hace que se vean afec-

---

[18] Raj, N K.: "Mecanización de la agricultura en la India y en Sri Lanka (Ceilán)", en Mecanización y empleo en la agricultura -OIT, 1973.

tadas mayor cantidad de personas que las que el mero cálculo de requerimientos técnicos hace suponer. Este cambio en la composición, al implicar un incremento en la productividad y en el uso más eficiente del factor trabajo disminuye de hecho la cantidad utilizada del mismo.

Antes de concluir este punto es necesario tomar en cuenta otro aspecto del problema:

¿qué tipo de establecimientos se mecanizan?

Las investigaciones consultadas coinciden en aseverar que la mecanización de la producción en las pequeñas propiedades no ofrecen grandes ventajas, en tanto que demostró ser económicamente viable en los sectores de grandes explotaciones, especialmente en los dedicados a cultivos comerciales de exportación. De hecho se da una distribución selectiva de la mecanización que hace que la misma se concentre en ciertas zonas con determinadas características ecológicas (en lo que hace a relieve tanto como aptitud para cultivos comerciales) y socioeconómicas (ya que es especialmente determinante la estructura de tamaño).

En todos los estudios sobre los países o zonas en desarrollo (en América Latina, Africa, India y sur de Italia) se comprueba que la intensidad de la tractorización va paralela a la proporción de grandes explotaciones en la estructura agraria de la región analizada.

Cabe acotar aquí que el caso argentino presenta ciertas características peculiares dentro del conjunto de países en desarrollo, ya que muestra un alto nivel de mecanización del cual no están excluidas las explotaciones de menor tamaño, aunque sí las dedicadas a producir para el mercado interno a la autosubsistencia. La existencia de numerosos contratistas privados de maquinaria agrícola explica parcialmente este fenómeno, ya sea porque ofrecen sus servicios a las pequeñas explotaciones, que pueden así acceder a un nivel de mecanización más alto del que su tamaño le permite, o porque pequeños productores sobremecanizados completan su ingreso vendiendo el servicio de una maquinaria que sobrepasa las necesidades de su predio (en no pocos casos el ingreso percibido como contratista sobrepasa el percibido como productor).

Suelen atribuirse a los siguientes factores el mencionado hecho de que la mecanización y sus beneficios se restrinjan en la mayoría de los casos a la pequeña proporción de propietarios más poderosos: a) Su más fácil acceso a créditos y financiamientos; b) El modo de producción extensivo en grandes superficies para el cual han sido diseñadas las modernas maquinarias; c) La mayor posibilidad de contar con personal especialmente capacitado para usar los modernos y complejos equipos mecánicos.

Estas limitaciones pueden superarse a través de diversos medios: medidas de política global, implementación del uso colectivo de los grandes elementos mecánicos (como se ha hecho en el caso argentino) o creación de líneas de investigación de tecnologías adecuadas a otra dotación de factores que la característica de la gran explotación.

Este último medio es el propuesto por los que recomiendan una estrategia de mecanización progresiva mediante la aplicación de planificación más selectiva y la utilización de las denominadas "tecnologías intermedias". Dichas medidas deberán pues tener en cuenta el tipo de tecnología cuya expansión se favorece en términos de: 1) en qué cultivos se utiliza, 2) en qué etapa del cultivo, 3) a qué tipo de productor es accesible, 4) qué tipo y cantidad de mano de obra reemplaza.

El postulado básico de todas estas propuestas es que un adecuado nivel de empleo debe considerarse como un beneficio y no sólo como uno de los elementos del costo.

Conclusión

Los tipos de tecnología aplicables a la producción agropecuaria se diferencian por sus efectos en la misma y en otros elementos del sistema social en que está inserta. Especialmente carentes de autonomía socioeconómica resultan innovaciones como las mecánicas y las químicas. Dentro de los factores por ellas afectados resulta de particular interés su impacto sobre la demanda de mano de obra. Este impacto se traduce en cambios cuantitativos (disminución del número absoluto de trabajadores requeridos) y cualitativos (incremento del peso proporcional de la mano de obra capacitada en el total requerido). Esta relación no es unívoca, ya que la accesibilidad y costo de la mano de obra afectará a su vez el ritmo, y hasta la posibilidad, de la adopción de dichas innovaciones.

3. Elementos para un diagnóstico del desarrollo agrario argentino

3.1. Introducción

El sector agropecuario argentino presenta grandes diferencias tecnológicas tanto entre las diferentes regiones en que puede ser dividido como dentro de éstas. En primer lugar, es posible diferenciar dos grandes conjuntos: la región pampeana, por un lado, y el resto de las regiones no pampeanas,[19] por otro. La mayoría de los autores resalta la homogeneidad tecnológica que caracteriza a la primera, enfrentándola a una situación de heterogeneidad que hace aparecer al resto del país como la expresión manifiesta de una estrategia de desarrollo agrícola bimodal. En realidad, esta misma diferenciación testimonia la verdadera importancia que dicho tipo de estrategia alcanzó en el país, desde el momento que lo abarca y divide enteramente.

Según un estudio de la CEPAL realizado en 1976: "El distinto nivel de desarrollo de las regiones de la Argentina se evidencia en la preponderancia que tiene la región pampeana en la economía nacional; ella genera aproximadamente el 80% del PBI, el 90% del producto industrial, el 90% de las exportaciones nacionales y concentra más del 70% de la población en menos del 25% del territorio nacional".[20]

Entre los aspectos que diferencian la región pampeana del resto del país se cuentan tanto la estructura productiva como el ritmo de su evolución. Mientras la región pampeana goza de características ecológicas y de situación excepcionalmente favorables a nivel mundial, lo cual le permiten especializarse en cereales y ganadería bovina, el resto del país lo hace en cultivos industriales en los cuales no tiene ventajas comparativas respecto a otros países ubicados en zonas climática y ecológicamente más favorables para tales productos; mas marginalmente se dedica también a ganadería ovina o bovina de menor calidad.

[19] En términos generales se considera como región pampeana la provincia de Buenos Aires, el sur de Entre Ríos y de Santa Fe, el este de Córdoba y el nordeste de La Pampa; o la totalidad de la superficie de estas provincias. El resto del país a la vez puede considerarse dividido en subregiones: NOA, NEA, Cuyo y Patagonia.

[20] U.N. - CEPAL "Desarrollo Regional Argentino - La Agricultura", Buenos Aires, 1976 - pág. 81.

Por lo tanto, también es diferente el principal mercado de tales productos: la exportación para los primeros y el mercado interno para las regiones no pampeanas. Esta diferente distribución de ventajas comparativas propició el modelo dual desde los inicios de la actividad agroexportadora. En el período 1935-1963, según Fienup.[21] la producción agropecuaria total de la región pampeana, si bien siguió representando la mayor proporción dentro de la producción agropecuaria del país, en términos de incremento permaneció virtualmente estancada, en tanto el resto del país experimentó un crecimiento sostenido (especialmente por la producción de los cultivos industriales).

Se pueden distinguir subperíodos dentro de este amplio lapso en lo que hace a la evolución de la zona pampeana: de 1930 a 1944 un período de estancamiento; de 1945 a 1956, disminución de la producción agrícola, sólo parcialmente compensada por un aumento de la producción ganadera; de 1956 a 1960 un período de recuperación, y a partir de 1960, de crecimiento de la producción agrícola ganadera (con una tasa de crecimiento medio anual de 2.7% y 1.5% respectivamente).[22]

Las consecuencias de estas diferencias en el plano tecnológico se han manifestado en una difusión de tecnologías de tipo extensivo, ahorradoras de mano de obra, en la región pampeana. Esta tendencia se dio desde un comienzo gracias a la posibilidad de realizar distintos pero similares (en cuanto a labores necesarias) e intercambiables cultivos anuales. La flexibilidad de los productores ante los precios de esos productos alternativos tiene su correlato en la alta elasticidad de la demanda de los mismos en el mercado internacional, donde las ventajas comparativas que permite el modo de producción extensiva adoptado son manifiestas. Los cultivos industriales, por el contrario, tienen muy diferentes requerimientos en cuanto a tipo de labores —aunque todos se caracterizan por ser altamente intensivos en mano de obra y, en su mayoría, de tipo perenne—; además, es muy baja la elasticidad de la demanda en los mismos, ya que en

[21] Fienup, D.F. Brannon, R. y Fender, F.A., *El desarrollo agropecuario argentino y sus perspectivas* Buenos Aires - Edit. del Instituto - 1972.
[22] Piñeiro, M., "Una interpretacion sobre las causas del crecimiento relativo de la agricultura pampeana durante el período 1960/73". Depto. Economía INTA Castelar, 1975.

casi su totalidad se restringe el ámbito interno. Por último, en estas regiones es característica la coexistencia de las grandes explotaciones junto a los minifundios; esto impide que se haga efectiva la distribución de ingresos que se busca con las políticas de precios protegidos respecto al nivel internacional, ya que en la mayor parte de los casos no existen ventajas comparativas para esas producciones en nuestro territorio.

3.2. Producción y empleo en el agro argentino

a) Región pampeana

Históricamente la mano de obra ha sido un factor escaso en el proceso de desarrollo agropecuario argentino. Así, cuando se implanta la agricultura en la región pampeana, debió acudirse para el sembrado y laboreo a inmigrantes europeos, básicamente a través de un sistema de aparcería y arrendamiento. En cuanto a las tareas estacionales de recolección, también requirieron aportes migratorios, en este caso contingentes de trabajadores que en cada cosecha realizaban el viaje de ida y vuelta desde Europa. Estos movimientos temporales a larga distancia de los trabajadores de cosecha eran entonces comunes —por ejemplo, desde Italia a los países cerealeros del este europeo—, pero su realización y reiteración probaban la imposibilidad de cubrir con personal local una parte substancial de la demanda —salvo en años excepcionales de desocupación urbana— y el alto nivel comparativo de los salarios ofrecidos. Esta escasez y el alto costo del factor trabajo, sumadas a las características del territorio y a la naturaleza extensiva de la producción, hicieron que desde un principio se adaptaran tecnologías ahorradoras de mano de obra (disponibles a partir de la experiencia de otras agriculturas de características similares, como la del medio oeste estadounidense). Así fue como rápidamente se adoptó la trilladora de vapor mediante la oferta de estos servicios por contratistas especializados. [23]

Esta afirmación acerca de la escasez de mano de obra en el

[23] Bialet-Masse, J., "El estado de las clases obreras argentinas a comienzos del siglo" Universidad Nacional de Córdoba - 1968 - pág. 105.

proceso de implantación de la agricultura pampeana debe ser doblemente acotado. Primero, hay que tener en cuenta que a la inmigración europea con voluntad de instalarse en la agricultura —a diferencia del proceso del *homestead* norteamericano— le fue tempranamente cerrado el acceso a la condición de agricultores independientes por la no existencia de oferta o el alto precio de la tierra.[24] Es decir que desde un comienzo la concentración, y la posterior valoración del recurso suelo, creó un obstáculo institucional a la dedicación a la agricultura como "modo de vida". La mayor parte de esas tierras fue tempranamente dedicada a la ganadería como actividad rentable y poco intensiva en mano de obra. El alambrado y el molino de viento redujeron aún más estos requisitos. De ese modo, la única actividad agrícola que se estableció fue especializada y orientada al mercado. Se trataba de una agricultura en buena medida —especialmente en la provincia de Buenos Aires— subsidiaria de la ganadería a través de un ciclo de rotaciones. Pero pese a esta restricción, no existió limitación en el número de oferentes de trabajo, ya que los inmigrantes que veían impedido su acceso a la tierra como propietarios buscaban integrarse como arrendatarios. De hecho, al alcanzarse los límites geográficos del crecimiento, la presión de esa oferta hizo elevar los valores del arriendo,[25] dando origen a los movimientos de productores y luego a la acción reguladora del Estado.

La segunda especificación se refiere al "dualismo" de los mercados de trabajo entre el "interior" y la región pampeana. Si bien desde antiguo hay desplazamientos —migraciones internas— hacia esta última, el recurso de los "golondrinas" europeos y la diferencia salarial[26] entre ambas zonas revela la existencia de mercados diferenciados. A "posteriori", la mejora en las comunicaciones va a posibilitar el reemplazo de los contingentes europeos por migrantes internos.[27]

[24] Bejarano, M.: "Inmigración y estructuras tradicionales en Buenos Aires, 1850-1930" en *Los fragmentos del poder* de T. Di Tella y T. Halperin Donghi - Edit, j. Alvarez; y Scobie, J.R. *Revolución en las pampas. Historia social del trigo argentino, 1860-1910* Edit. Hachette, Buenos Aires, 1973.

[25] Taylor, C. *Rural life in Argentina*, Louisiana State University Press. Baton Rouge, 1948, págs. 190 a 204 y 405 a 406.

[26] Bialet-Masse, J. *op. cit.* págs. 93-94.

[27] *Ibid.*, pág. 112. "Junto con la llegada de las golondrinas que han escapado de

Esta recurrente escasez de mano de obra en la región va a explicar la fuerte y continua tendencia a la mecanización, o sea a introducir fundamentalmente tecnologías ahorradoras de mano de obra. La tendencia a la mecanización se detuvo, sin embargo, como consecuencia de la crisis de los años 30. La baja en el precio de los productos agrícolas y el simultáneo encarecimiento de las importaciones determinaron un estancamiento de la productividad por hombre.

Con respecto a la tracción, la introducción de nuevas máquinas se vio prácticamente detenida a partir de la crisis del 30; luego de un inicio de repunte en los años previos a la Segunda Guerra Mundial se produjo una nueva interrupción en la importación de tractores que se prolongó hasta la finalización del conflicto. En los primeros años de la posguerra un analista de la producción rural argentina[28] escribió que no era pensable la adopción de tractores por las pequeñas explotaciones, en las cuales el uso de caballos seguiría resultando más conveniente dado el bajo costo de su mantenimiento. Pronosticó, por lo tanto, un patrón de desarrollo bimodal para la región pampeana, con la coexistencia de explotaciones grandes con mecanización y pequeñas con mano de obra intensiva. De hecho, la tractorización recién se concretó una década después al instalarse fábricas en el país, de modo que a partir de mediados de la década del 60 más de la mitad de la energía de tracción utilizada en el agro es aportada por los tractores.[29]

El otro rubro que insumía gran cantidad de mano de obra, transitoria en este caso, es el de la cosecha. En lo que hace a la cosecha fina, su mecanización se llevó a cabo a través de un largo y sostenido proceso que se inicia con el siglo hasta llegar a la adopción generalizada de la cosecha mecánica a granel a mediados de la década del 60. En la cosecha gruesa, este proceso recién se inicia a principios de dicha década. En la actualidad es-

Italia con los primeros fríos de octubre, muy pocos de España y menos de Francia, desde hace algunos años caen también a la cosecha muchos santiagueños, cordobeses, correntinos, algunos catamarqueños y riojanos y uno que otro tucumano, y no son pocos los peones de Rosario, Santa Fe y Córdoba y aún artesanos, que abandonan la ciudad tras el mejor jornal que las cosechas ofrecen".

[28] Taylor, C. *op. cit.* pág. 148.
[29] Tort, M.I. y Mendizábal, N., "Evolución de la tecnología agropecuaria y su relación con el uso de mano de obra en el cultivo del cereal en la Argentina", *Tracción y mecanización* CEIL (en prensa).

tas tareas son totalmente mecanizadas en el ámbito pampeano. Esta homogeneidad tecnológica fue posible gracias a la existencia de créditos subsidiados durante un largo período y a la difusión de sistema de contratistas.[30] Todo este proceso de mecanización coincidió con el de la expansión de la industria y un importante éxodo de población rural hacia las ciudades. Desde el punto de vista laboral, la generalización de legislación social al comienzo de la década del 40 parece haber sido un estímulo para su sustitución por maquinaria. La consecuencia de estos cambios sobre la estructura de la mano de obra ha sido importante, ha bajado considerablemente la demanda de personal poco calificado y ha emergido una nueva categoría profesional, compuesta por los trabajadores capaces de manejar este parque de maquinaria.[31]

b) Resto del país

En el resto del país, fuera de la región pampeana, el impacto de los cambios económicos y de comunicaciones, que implicaron la integración nacional y la incorporación al mercado mundial sobre fines del siglo XIX, alteró profundamente los sistemas de producción, formas de vida y estructura ocupacional. En ese contexto van a coexistir áreas aisladas concentradas en la subsistencia, otras caracterizadas por el excedente poblacional disponible y grandes vacíos demográficos.

La implantación de los cultivos industriales y frutihortícolas —de localización obligada por razones ecológicas y/o de regadío— tropieza desde su comienzo con estos desequilibrios poblacionales. Debido a la naturaleza de estos cultivos, la demanda osciló siempre de acuerdo al ritmo de su estacionalidad. Las soluciones que se van encontrando por cultivo y zona en cada caso varían en función de la estructura agraria pre-existente y la oferta de mano de obra disponible. Pero se puede generalizar el hecho de que la mayor parte de estos cultivos han sido histórica-

---

[30] Tort, M.I.: "Los contratistas: una modalidad de organización económica del trabajo agrícola en la Pampa Húmeda. Su efecto sobre el empleo rural"; y Baumeister, E.: "Estructura ocupacional de la región cerealera-maicera pampeana (Aspectos sociales del cambio tecnológico)" -Informes finales de Becas Iniciación CONICET.
[31] Korinfeld, S.: "La mano de obra transitoria en el cultivo de cereales en la región pampeana". Informe de Beca Iniciación CONICET.

mente mano de obra intensivos. Este predominio se basa no sólo en las características técnicas de los cultivos sino en la existencia de una abundante y relativamente accesible mano de obra barata. En este contexto se estructuraron los mercados regionales de trabajo agropecuario, concentrando por un lado población en las áreas de potencialidad productiva y relacionando, por otro, a estas últimas con los bolsones de baja productividad o subsistencia a través de migraciones temporarias de trabajadores.[32] (De allí se originan también corrientes migratorias hacia el área pampeana.) Estos procesos fueron largos e implicaron fuertes transformaciones sociales. No pudiendo ahora historiarlos detalladamente, vamos a reseñar, a título ilustrativo, algunos de los casos más significativos.

Azúcar

El cultivo de azúcar se ubicó desde fines del siglo XIX en la franja subtropical de las provincias del NOA (Tucumán, Salta y Jujuy). Teniendo las zonas productoras la misma base ecológica, difirieron las estructuras demográficas entre Tucumán y las áreas involucradas de las provincias del norte. Tucumán, originariamente más denso en población, fue el punto de destino de una importante migración interna, además de la corriente de trabajadores estacionales desde las provincias vecinas. Esta densidad va a posibilitar, a partir de los problemas de la década del 20, el surgimiento de pequeñas explotaciones minifundistas monoproductoras, paralelas a las de naturaleza capitalista, y el divorcio entre la producción de caña y su procesamiento en los ingenios. En Salta y Jujuy, en cambio, las fábricas de azúcar instaladas en zonas poco pobladas mantienen el patrón de plantación, recurriendo para el trabajo transitorio a sucesivas reservas poblacionales (indígenas, pobladores de la puna y migrantes bolivianos).[33]

32 Bialet-Masse, J. *op. cit.* pág. 112: "Espontáneamente se ha formado una cantidad de golondrinas criollas, y las hay que migran a Tucumán en junio para la zafra de caña, vuelven a sus pagos en agosto y septiembre, se van en diciembre a las zonas cerealistas y vuelven en marzo o abril".

33 Bisio, R. y Forni, F.H., "Economía de enclave y satelización del mercado de trabajo rural: el caso de los trabajadores con empleo precario en un ingenio azucarero del noroeste argentino", Dpto. Economía INTA - Castelar Serie Investigación No. 19, octubre, 1975.

Si bien las conocidas razones de economías de escala hubieran justificado desde el principio una mecanización más rápida en las provincias del norte, el fácil acceso a la mano de obra hizo que en ambas subregiones se implantara un modelo productivo netamente intensivo en mano de obra. La mecanización se hizo presente bien avanzada la década del 60, y no en la proporción que la diferencia de estructura agraria hacía esperar. Se mecanizaron en una primera instancia las tareas que requerían mano de obra durante la mayor parte del año, y recién en la década del 70 se comenzó a introducir la cosecha mecánica, con la cual se reemplazan transitorios, dependiendo el ritmo de adopción del costo fluctuante de esta mano de obra.

Algodón

Si bien se produce algodón en varias provincias, su importancia es fundamental para la economía del Chaco y Formosa (que no son las ecológicamente más aptas del país). El cultivo se inicia a principios del siglo XX, utilizando mano de obra indígena en plantaciones.

Para la expansión definitiva de la producción este sistema resultó poco satisfactorio, y a partir de la década del 20 se produjo el asentamiento de pequeños colonos (en su mayoría de origen europeo). En las tareas de cosecha se contó con la población criolla de estas provincias y de las vecinas Corrientes y Santiago del Estero; más adelante se sumó la mano de obra paraguaya, cuyo destino era fundamentalmente Formosa. La estructura productiva, basada en pequeñas explotaciones familiares, justificaba la lentitud con que se introdujo la tecnología ahorradora de mano de obra en las tareas de cultivo. En cuanto a las de cosecha, la facilidad con que se obtenía mano de obra barata y las dificultades técnicas de su mecanización hicieron que una tecnología muy difundida en otros países estuviera aún en sus inicios en esta región. Los sucesivos intentos de mecanización en este sentido han sido siempre causados por las ocasionales escaseces de mano de obra.

Tabaco

Actualmente se cultiva tabaco en dos zonas netamente diferenciadas, tanto por el tipo de producto como por la estructura agraria asociada. En el NEA apareció el cultivo del tabaco negro en pequeñas explotaciones, en la provincia de Misiones, dentro de una organización diversificada, como un medio de obtener ingresos monetarios, y en Corrientes, como monocultivo asociado a un sistema de aparcería. En el NOA, la expansión de este cultivo es más reciente y corresponde a la difusión del tabaco rubio para sustituir importaciones y lograr incluso exportación. En esta zona la organización ha sido más capitalista, con una fuerte tendencia a la integración vertical, siendo muy extendido el sistema de "socio" para las tareas de implantación (un tipo especial de aparcería) y el uso de asalariados transitorios para la cosecha. Correspondiéndose con estas diferencias, se observa una mayor difusión de nuevas tecnologías (tracción, agroquímicos, secaderos) en Salta y Jujuy. De todos modos, las tareas de cosecha se realizan manualmente en ambas zonas, lo cual implica importantes movimientos estacionales de mano de obra.

Hierba

Esta producción tuvo su origen en la explotación de especies silvestres. Posteriormente se pasó, en la provincia de Misiones y en el norte de Corrientes, a su cultivo sistemático. Predominan las explotaciones familiares, y por ser un cultivo perenne va asociado a formas de tenencia más estables que el tabaco, si bien ha sufrido fuertes ciclos de avance-retroceso en la producción e implantación. No está tecnificada, siendo la cosecha manual la tarea que demanda más mano de obra. Esta está constituida en su mayor parte por trabajadores paraguayos.

Vid

La vid está establecida principalmente en las provincias de Cuyo (San Juan y Mendoza), aunque tiene importancia a lo largo de la zona cordillerana. Es un típico cultivo de regadío y por lo tanto con alto uso de mano de obra. Mendoza y San Juan se caracterizan por explotaciones familiares que venden su producción a grandes bodegas, que también poseen extensos viñedos, utilizando en este caso mano de obra asalariada. Para las tareas de cultivo en muchos casos se emplea el trabajo de familiares a través de una particular figura que se denomina "contratista de

viña", acerca de la cual no se ha dirimida la polémica acerca de
si debe considerárselo como una forma especial de aparcero o
como simple asalariado.

En su cultivo se han introducido tecnologías ahorradoras de
mano de obra en lo que hace a tracción (pequeños tractores y
cultivadoras) y agroquímicos, pero la cosecha continúa siendo
manual, y, por lo tanto, existe una importante fuente de demanda estacional que se satisface sólo en parte con la oferta local
(se atrae trabajo de otras provincias y hasta de Bolivia).

Frutihortícolas

Se distinguen varias áreas frutícolas a lo largo del país, según el clima requerido por las distintas especies. Las más relevantes son: 1) la zona de manzana y pera del Valle del Río Negro y Cuyo (orientada a la exportación, con una relativamente
alta tecnificación desarrollada en explotaciones familiares en
áreas de regadío; la cosecha es manual y atrae mano de obra chi-
lena); 2) la zona citrícola del litoral y NOA (donde coexisten
explotaciones familiares junto a grandes plantaciones, el destino
es fundamentalmente el mercado interno; se ha avanzado mucho en la tecnificación, aunque la cosecha sigue siendo manual);
3) para el mercado inmediato de Buenos Aires se ha conformado un área frutícola en los partidos ubicados al norte de la capital federal, donde se produce durazno y ciruela en explotaciones familiares con bajo nivel tecnológico.

Los cultivos hortícolas tienen una difusión aún más dispersa,
determinada por las facilidades ecológicas, la disponibilidad de
regadío y/o la cercanía a los mercados de consumo, que en su
gran parte es interno. Estos cultivos son muy intensivos en mano de obra, la tecnología sólo ha llegado a algunas zonas y para
determinadas tareas, buscándose más el incremento de la producción que el ahorro de trabajo. Entre estos cultivos se destaca el caso de la papa, tanto por el valor de la producción como
por la cantidad de trabajo que involucra; la zona productora
más importante está ubicada al sudeste de la provincia de Buenos Aires, donde se ha alcanzado el nivel más alto de tecnificación en este tipo de cultivo, ya que la cosecha semimecánica
está en franca expansión.

Con poca relevancia económica a nivel nacional, pero de gran importancia para la región en que se desarrollan, cabe mencionar a distintos cultivos frutihortícolas de pequeñas zonas de regadío en el NOA. Se trata, en general, de pequeñas explotaciones poco tecnificadas que se basan en el uso de la mano de obra familiar.

3.3. Población y empleo en el agro argentino

El crecimiento de la población argentina es lento (entre 1960 y 1970 la tasa de crecimiento fue de 14.3%), contrastando con la situación del resto de Latinoamérica. Hay grandes desigualdades regionales a este respecto, como lo demuestra la distribución de un indicador como la tasa bruta de reproducción en distintas regiones (cuadro 1).

Cuadro 1

Tasas brutas de reproducción total y por regiones.*
Fechas censales 1947 y 1960

Fecha censal	Total	Buenos Aires	Centro litoral	Cuyo	Noroeste	Patagonia
1947	1.6	1.0	1.8	2.1	2.9	2.3
1960	1.5	1.1	1.7	1.9	2.6	2.3

Fuentes: INDEC. "La población de Argentina", compilado por Lattes, Z. y Lattes, A., *Serie Investigaciones Demográficas* N° 1.
* Composición de las áreas: Buenos Aires: Capital Federal y provincia de Buenos Aires; Centro-Litoral: provincias de Córdoba, Corrientes, Entre Ríos, La Pampa, Misiones y Santa Fe; Cuyo: Mendoza, San Juan y San Luis; Noroeste: Catamarca, Chaco, Formosa, Jujuy, La Rioja, Salta, Santiago del Estero y Tucumán; Patagonia: Chubut, Neuquén, Río Negro, Santa Cruz y Tierra del Fuego.

Otro elemento fuertemente diferenciador en la división rural-urbano; al tenerla en cuenta, se acentúan las desigualdades inter- —y aun intra— regionales. La ausencia de una demanda estable de mano de obra rural hace que este potencial demográfico excedente se redistribuya espacialmente, dando lugar a un incremento mucho más fuerte de las zonas urbanas en cada región y especialmente de la zona central. Así, la capital federal y el gran Buenos Aires en 1970 tenían un 37.8% de residentes no nativos del lugar, en tanto que provincias como Corrientes, Catamarca, La Pampa, San Luis, Santiago del Estero y La Rioja han expulsado más del 40% de su población nativa hasta la fecha.[34] Esto señala la existencia de definidas corrientes migratorias.

Si bien el origen de estos movimientos está causado en gran medida por una falta de ocupación en las zonas rurales, los excedentes —sumados a los contingentes de países vecinos— han sido paulatinamente absorbidos en las áreas de recepción. Se puede concluir, por lo tanto, que no existe un agudo problema de empleo a nivel nacional, sino desajustes regionales, cuya solución implica un alto costo social (por lo menos inicial) para la población afectada y para las economías y sociedades regionales.

En este contexto se inscribe la cuestión del empleo agropecuario, sus efectos de expulsión-retención en la población rural y las consecuencias subsiguientes en los patrones de desarrollo regional.

Comparando los censos agropecuarios que coincidieron con los últimos censos de población (1947, 1960 y 1969/1970), se observa que la participación relativa del empleo rural en el total de la fuerza de trabajo ha ido disminuyendo pese al incremento de sus cifras absolutas.[35] Este incremento, si bien ha sido lento,

---

[34] Lattes, Z. y Lattes, A.: "La población argentina" Serie Investigaciones Demográficas N° 1 —INDEC pág. 102 - cuadro 4.3.

[32] Si se toma el Censo Nacional de Población se observaría un descenso aun en las cifras absolutas, lo cual se explica por la mayor especificidad de este censo respecto al agropecuario, ya que en aquel se pregunta por la ocupación principal, con lo cual no se contabilizaría a parte de los trabajadores rurales aquellos que consideran como principal sus otras tareas no agropecuarias, tal como se puede observar en el siguiente cuadro:

Evolución de la población activa rural y de la población ocupada en la agricultura 1947-1960-1969-1970

	1947	1960	1969/1970
Población activa total	6.600.000	8.198.000	9.308.000
Población activa en actividades agropecuarias*	1.622.000	1.352.000	1.331.000
Población ocupada permanentemente en agrícultura**	1.023.000	1.274.000	1.553.000

Fuente: * Censos Nacionales de Población.
        ** Censos Nacionales Agropecuarios.

encierra también diferencias regionales y en el tipo de empleo dignas de ser tenidas en cuenta. Para ello trabajaremos con las cifras de los Censos Nacionales Agropecuarios de 1937 (año de máxima expansión agrícola registrado) y 1969. En este largo período se observa que si bien nunca se recuperaron las altas cifras de personal dedicado en forma permanente al agro registradas en 1937 (2.008.000 personas), su número mostró un lento incremento a partir de la cifra correspondiente a 1947 (ver datos nota 32) gracias a la incorporación de los cultivos intensivos extrapampeanos. La región pampeana concentraba en 1937 el 62% de la mano de obra permanente, en 1969 sólo lo hacía con el 49%. Las cifras de 1969, comparadas con el valor de 1937 como base, expresan una reducción de 100 a 79.9 para el total del país, promediada entre una acentuada reducción de 100 a 59.5 para la región pampeana y un incremento de 100 a 117 para el resto (ver cuadro 1).

En este análisis no se ha incluido el dato de mano de obra transitoria por no considerarlo confiable. De haber sido posible su inclusión en una cifra global de trabajadores rurales, el incremento y, por lo tanto, el peso de las zonas extrapampeanas sería aún mayor, ya que en éstas la demanda estacional de mano de obra es muy fuerte, como ya vimos al analizar los cultivos correspondientes. Según el Censo Agropecuario de 1969, el 82.2% de estos trabajadores se localizaba en las zonas extrapampeanas. En la próxima sección, al considerarse la productividad, se tomarán estos datos a nivel provincial.

3.4. Productividad del trabajo y la tierra en las regiones argentinas

La evolución diferencial del empleo entre la región pampeana y el resto del país refleja un patrón divergente de desarrollo en el período considerado: extensivo en cuanto al uso de la tierra y trabajo el primero, e intensivo respecto de ambos el segundo (cuadro 2).

Incrementar la producción lleva aparejado un cambio en el uso de factores, ya sea en términos absolutos o relativos. De este modo se logrará un incremento por mera expansión de la frontera agrícola (aumenta la tierra bajo cultivo pero no varían los coeficientes técnicos), o por aumento de la productividad de

Cuadro 2

Evolución del trabajo rural y situación actual; superficie de las explotaciones agropecuarias
por regiones y provincias, 1969

Regiones y provincias	Personal ocupado (1937 = 100) Total	Ajenos Fijos	Trabajo rural Transitorios	Permanentes	Superficie ocupada*
Pampeana	59.5	86.2	66 469	762 515	74 875 808
Buenos Aires	65.8	86.6	28 105	313 661	29 557 286
Córdoba	53.5	84.5	11 069	165 723	14 207 231
Entre Ríos	65.6	77.1	7 511	101 199	7 258 889
La Pampa	52.3	77.1	2 055	26 352	11 584 906
Santa Fe	58.4	102.3	17 729	155 580	12 267 496
NOA	109.6	88.1	80 967	269 006	30 864 487
Catamarca	98.9	68.8	2 911	27 227	3 518 236
Jujuy	101.8	51.3	19 106	32 192	3 055 304
La Rioja	135.9	69.3	3 207	24 581	4 792 139
Salta	94.5	93.2	14 232	37 173	9 781 164
Sgo. del Estero	123.6	82.8	8 186	90 236	7 932 482
Tucumán	43.1	21.9	33 325	57 597	1 785 163
NEA	125.2	92.0	45 429	305 708	21 127 052
Corrientes	104.8	70.1	8 396	91 546	7 379 000
Chaco	120.0	92.2	16 555	90 066	6 084 440
Formosa	226.2	125.0	6 805	39 022	5 681 993
Misiones	115.1	113.7	13 673	85 074	1 981 619
Cuyo	122.5	189.7	32 081	150 744	20 157 540
Mendoza	164.0	265.0	20 016	91 679	10 151 743
San Juan	143.0	156.0	10 621	37 136	3 573 769
San Luis	53.0	57.0	1 444	21 929	6 432 028
Patagonia	116.7	122.4	15 505	73 734	64 100 883
Chubut	108.0	86.0	1 363	17 295	19 586 231
Neuquén	102.0	104.0	1 959	16 821	5 467 958
Río Negro	130.0	176.0	10 271	31 706	15 327 498
Santa Cruz	122.0	119.0	1 470	6 797	22 524 249
Tierra del Fgo.	163.0	217.0	442	1 115	1 194 952
Total del País	77.0	86.0	240 451	1 561 707	211 125 770

Fuentes: CNA, 1969 y tabulaciones especiales provisorias elaboradas por el CEIL.
* Hectáreas.

la tierra y/o del trabajo. Las dos últimas implican cambios en los coeficientes técnicos y suelen ir acompañadas por mayores requerimientos de capital.

Si consideramos Q/L como buen indicador de la productividad de la mano de obra rural, donde Q= valor bruto de la producción agropecuaria[36] (sin considerar leche y lana), y L = la

[36] Valor Bruto de la Producción Agropecuaria equivale a la Producción Física ponderada por los precios de ese año. El dato que manejamos nos obliga a relativizar el alcance del término "productividad" que empleamos. En su definición tradicional hace referencia a la relación en términos físicos de insumos y producto, lo cual permite utilizarlo como indicador para medir efectos de avances tecnológicos. En nuestro caso, la introducción del precio impide aislar el factor técnico y por lo tanto creemos que resulta válido sólo en términos de relación y para establecer comparaciones regionales en un momento dado del tiempo en que se supone que rigen los mismos precios relativos.

cantidad de personas declaradas por el productor como trabajando en forma permanente (tanto asalariados como familiares y el mismo productor), podemos tomar también en cuenta sus componentes: Q/T (valor de producción agropecuaria por unidad de tierra) también asimilable a la noción de "productividad"; pero siguiendo con la salvedad introducida anteriormente acerca de que no estamos ante un indicador de productividad física directamente asociado a cambios tecnológicos. T/L (cantidad de trabajadores permanentes por superficie), donde T= la superficie ocupada por las explotaciones, expresada en hectáreas. La relación entre los tres cocientes mencionados es la siguiente:

$$Q/L = Q/T \cdot T/L$$

Observando el comportamiento de estos indicadores a través de los datos del Censo Nacional Agropecuario de 1969 para las provincias (y teniendo en cuenta que un análisis a nivel departamental permitiría introducir interesantes diferencias), pero conservando la regionalización propuesta y tomando el valor nacional como equivalente a 100, podemos decir lo siguiente (ver cuadro 3):

1) la "productividad" de la mano de obra es sensiblemente más alta en la región pampeana que en el resto del país;
2) la "productividad" de la tierra tiene un comportamiento similar, con pocas excepciones: la provincia de La Pampa presenta baja "productividad", debido a extensas zonas áridas del oeste (que según algunas regionalizaciones quedan fuera de la región pampeana); Tucumán (en el NOA) y Misiones (en el NEA) presentan una "productividad" mucho más alta que la de sus respectivas regiones (gracias a sus productos altamente intensivos en mano de obra, lo cual se refleja en la muy baja puntuación del indicador de densidad);
3) la densidad de trabajadores rurales por superficie no presenta una distribución homogénea. En la región pampeana, coincidiendo con su baja "productividad", la provincia de La Pampa se aleja del promedio regional, que es en general superior a la media nacional. En las otras regiones se destaca el

Cuadro 3

Valor de producción agropecuaria por personal permanente y superficie ocupada,
densidad de empleo rural permanente por superficie ocupada en explotaciones
agropecuarias; proporción de la agricultura en el valor de la producción
agropecuaria total según regiones y provincias, 1969

Regiones y provincias	Valor de producción agropec. por pers. perman. Q/L	Valor de producción agropec. por sup. ocupada Q/T	Superficie por personal permanente. T/L	Proporción de la agricultura en el valor total de la producc. agropec. *
PAMPEANA	9 784.3	99.6	98.1	
Buenos Aires	12 776.6	135.6	94.2	61.1
Córdoba	6 504.2	75.9	85.7	58.0
Entre Ríos	6 422.0	89.5	71.7	57.9
La Pampa	12 807.9	29.1	439.6	45.6
Santa Fe	8 919.6	113.1	78.9	62.2
NOA	4 328.2	37.6	114.7	
Catamarca	521.2	4.0	129.2	74.8
Jujuy	3 264.6	35.8	94.9	95.1
La Rioja	624.9	3.2	195.0	51.9
Salta	4 913.3	18.8	263.1	86.4
Sgo. del Estero	1 622.7	18.5	87.9	86.2
Tucumán	4 740.6	152.9	31.0	96.2
NEA	2 567.0	37.1	69.1	
Corrientes	3 403.9	45.4	80.6	61.7
Chaco	2 636.0	33.5	67.6	83.5
Formosa	1 909.1	13.1	145.6	67.8
Misiones	1 895.1	81.4	23.3	95.1
CUYO	4 404.9	32.9	133.7	
Mendoza	4 896.2	44.2	110.7	97.9
San Juan	3 513.1	36.5	96.2	99.2
San Luis	3 861.4	13.1	293.1	60.5
PATAGONIA	2 409.3	2.8	869.3	
Chubut	671.5	0.6	1 132.5	57.4
Neuquén	1 482.9	4.6	325.1	81.5
Río Negro	4 241.6	8.8	483.4	95.6
Sta. Cruz	893.9	0.3	3 274.1	31.7
Tierra del Fgo.	473.2	0.2	1 071.7	0.1
Total del país	6 276.1	46.5	135.0	66.2

Fuente: Tabulados especiales provisorios del CNA, 1969, elaborados en el CEIL.
* No incluye leche y lana.

caso de la Patagonia por su bajísima densidad, y en cierto modo el del NEA, por ser ésta relativamente alta.

Considerando que no se tomó en cuenta el valor de la lana
producida, se explican en parte los bajos guarismos que muestra
la Patagonia. De haberse contado con estos datos, el porcentaje

de la producción debido a la agricultura sería más bajo aún. La proporción del valor del producto agropecuario debido a la agricultura aparece por lo tanto como relativamente más bajo sólo en la región pampeana. En tanto, la región pampeana presenta los más altos índices de "productividad", es también la que muestra una mayor disminución del personal permanente entre los censos de 1937 y 1969 (casi un 40% de disminución). Las otras regiones presentan un incremento (que, como vimos en el cuadro 1, llega al 25% en NEA y al 22% en Cuyo). Considerando sólo al personal asalariado fijo, vemos que entonces esta disminución es menor en región pampeana, pero que también aparece ahora en el NOA y el NEA, siendo Cuyo la zona que muestra un incremento más notable (89%). Pese a esta disminución en la mano de obra rural ocupada, la zona pampeana aún concentra el 48% del personal permanente total y el 27% de los transitorios declarados. La región que concentra la mayor parte de tales transitorios es el NOA (33.7%), correspondiendo a Tucumán el 41%, con lo cual aparece como la provincia con mayor empleo de transitorios del país (13.9%) seguida por Buenos Aires (11.7%), Mendoza (8.3%) y Jujuy (7.9%).

Si relacionamos por otro lado la proporción de personal permanente y de superficie en explotaciones, vemos que sólo en el caso de la región Patagonia es mayor la proporción de superficie que la de personal, siendo esta diferencia sumamente notable otra expresión de su muy baja densidad.

En conclusión, la existencia de fuertes desigualdades entre la región pampeana y el resto del país se observa a través de los distintos indicadores relacionados con los problemas de empleo que hemos analizado. Aparece la región pampeana como la de más alta productividad y temprana expulsión de mano de obra rural, lo cual da lugar a una baja densidad de personal por superficie ocupada a través de un modo de producción extensivo. El resto del país, dedicado a diversos cultivos industriales y frutihortícolas, muestra una situación de características diferentes: el nivel tecnológico promedio es bajo, aunque presenta una gran heterogeneidad interna, la densidad es alta (salvo en las zonas ganaderas de la Patagonia y subáreas áridas que configuran la mayor parte de la superficie) y la productividad es baja para la mano de obra, especialmente la familiar, y también en cuanto a la producción por superficie (salvo el caso de Tucumán,[37] que aparece con mayor productividad que Buenos Aires). La situación reflejada en los indicadores analizados es el efecto de un proceso de desarrollo agrario bimodal. La aplicación de este tipo de estrategia respondió a una realidad que presentaba diferencias sustanciales en cuanto a la potencialidad ecológica, estructura poblacional y estructura agraria. A su vez, el estilo de desarrollo agropecuario condicionó el patrón de desarrollo regional (capacidad de acumulación y reinversión a nivel local, retención de élites y recursos humanos en general); especialmente tuvo efectos sobre la dimensión demográfica, en particular en lo que hace a patrones de fecundidad y corrientes migratorias. Aunque la existencia de estas diferencias genera desequilibrios a nivel local, no se puede hablar de un grave problema de escasez de empleo a nivel nacional.

4. Conclusiones

I. Hasta hace dos décadas el desarrollo agropecuario y el avance de la mecanización eran considerados como sinónimos.[38] Por otro lado, la literatura sobre desarrollo económico privilegiaba al sector industrial y veía a la población ocupada en la agricultura como poco más que un reservorio de mano de obra para implementar dicha expansión industrial.[39]

Ambos supuestos han sido puestos en tela de juicio por la experiencia de muchos países en desarrollo, y están siendo cada vez más cuestionadas desde un punto de vista teórico.[40] El Programa Mundial de Empleo de la OIT comparte esta posición crítica debido a que los proyectos de desarrollo guiados por una lógica puramente económica como aquélla no han tenido en cuenta entre sus objetivos el de lograr una plena ocupación de la mano de obra, ni el de la satisfacción de las necesida-

---

[37] Bajando el análisis a nivel departamental con seguridad encontraremos igualmente áreas de muy alta producción por superficie, cuyo impacto se pierde a nivel del promedio provincial (por ejemplo Orán en Salta, Ledesma y San Pedro en Jujuy y las áreas de viña de San Juan y Mendoza).

[38] Faucher, D., *op. cit.*

[39] Lewis, A., *op. cit.*

[40] Sen. A *op. cit.*: Singer, H. *op. cit.*: Marsden, K. *op. cit.*

des esenciales de la población [41] En esta nueva óptica de desarrollo que se empieza a diseñar, el rol del sector agrícola pasa a ser central, ya que se ha debido reconocer que aún durante mucho tiempo seguirá siendo el principal proveedor de empleo en este tipo de países. [42] El gran tema de las estrategias de desarrollo asume un perfil especial en el caso del sector agrícola, dada la peculiar naturaleza de esta producción, la dificultad de monopolizar buena parte de las innovaciones, la posibilidad de hacer divisible el uso de bienes de alto costo de capital, como la maquinaria agrícola, la no existencia en muchos casos de economías de escala, y la presencia de categorías de mano de obra diferenciadas no sólo según nivel de capacitación, sino también según sus relaciones con los medios de producción (fundamentalmente la tierra).

La idea de que es posible lograr incrementar simultáneamente la productividad del factor trabajo, teniendo en cuenta sus diferencias, y del factor tierra se presenta como central en esta nueva concepción del desarrollo. Esta perspectiva plantea que es posible compatibilizar ambos aumentos de productividad con una retención de empleo en el sector, Johnston y Kilby [43] han formulado con precisión este modelo de estrategia de desarrollo agrícola, al que llaman unimodal, por oposición al del desarrollo concentrado meramente en las unidades económicas mayores, al que denominan bimodal. A partir de diferentes estudios de casos de desarrollo agrícola se señala a Japón como el ejemplo más notorio de dicha estrategia, y a las agudas discontinuidades del desarrollo agrario mexicano como el prototipo de su opuesto.

Las estrategias agrícolas son definidas en función de un conjunto de variables: tipo de explotación que se privilegia, y consecuentemente esquema de distribución de los ingresos; tipo de tecnología predominante y homogeneidad tecnológica alcanzada. En base a estos aspectos, la tipología construida denomina: a) *estrategia unimodal*: la que trata de incorporar en forma progresiva el conjunto de pequeñas explotaciones al proceso de desarrollo por medio de tecnologías divisibles que no impliquen

[41] "Investigaciones económicas para el Programa Mundial de Empleo", (colección de artículos de J. Tinberger, D. Warrimer, I. Marsden, W.P. Strassman AS. Bhalla, y W.A. Lewis), *Revista Internacional del Trabajo*, Vol. 81, No. 5, Mayo, 1970.
[42] Myrdal, G. *op. cit.*
[43] Johnston, B. y Kiby, P. *op. cit.*

excesiva inversión de capital y sean neutrales en cuanto a la escala. Se aspira a lograr que no haya mucha distancia entre la eficiencia alcanzada por las mejores explotaciones y el promedio; b) *estrategia bimodal;* aquella que trata de introducir la más moderna tecnología, costosa en capital, no divisible y por lo tanto con necesidad de obtener las máximas economías de escala en grandes explotaciones, que alcanzan así un nivel de eficiencia muy superior al promedio y con una ocupación de mano de obra muy reducida en relación a la superficie que ocupan y al producto que generan.

II. La nueva concepción del desarrollo y sus supuestos tecnológicos[44] han sido pensados para sociedades difinidas por altas tasas de crecimiento demográfico y baja productividad promedio. Estas características, que definen a la mayor parte de los países en vía de desarrollo, no corresponden estrictamente a la situación argentina, aunque la misma presenta grandes desigualdades regionales. Para algunas de estas realidades regionales, que sí comparten —aunque sea parcialmente— aquellas características señaladas, puede resultar valioso este enfoque. Presentando esquemáticamente los dispares patrones de desarrollo de las regiones argentinas, podemos señalar la neta divergencia de la zona metropolitana y la región pampeana que la rodea respecto del resto del país, con excepción de algunas "islas económicas". Para el conjunto, el crecimiento poblacional es lento y puede hablarse de escasez antes que de exceso de fuerza de trabajo. Pero esta situación se escinde en zonas atractoras y otras fuertemente expulsoras de población, siendo las diferentes tasas demográficas y las oportunidades de empleo los factores interpretativos centrales de estas situaciones. El equilibrio que parece alcanzarse a través del proceso migratorio oculta el sistemático empobrecimiento de muchas zonas y la perpetuación de una aguda desigualdad interregional, cuyos indicadores económicos principales son la proporción del producto bruto generado por el sector industrial, la capacidad de retener excedentes a través de la inversión y los coeficientes de productividad en todos los sectores.

---

[44] Singer, H. *op. cit.* pág. 1: "Lo que primeramente determina la tecnología adecuada para un país es evidentemente su dotación de factores, esto es, la proporción relativa en que dispone de mano de obra, capital, tierra, capacitación y recursos naturales".

Si bien el tema que hemos esbozado excede largamente la discusión sobre tecnología y empleo agropecuario, que es el centro de este trabajo, desde dicha perspectiva creemos que resulta pertinente introducir la temática propuesta en la nueva concepción del desarrollo, en la consideración de las estrategias de desarrollo agropecuario desde un punto de vista regional. La adecuación del sendero tecnológico a la dotación de factores[45] se convierte así en un tema de investigación relevante.

En esta línea pensamos que procesos como el de mecanización de cosechas son en un mediano plazo inevitables —y aun podemos decir que deseables desde un punto de vista humano. En cambio los medios más efectivos de ocupar productivamente a la población rural serían la expansión de cultivos intensivos en áreas de regadío, y en general, el abandono de las prácticas extensivas.

III. La historia del desarrollo agrario en la Argentina marca una clara separación entre la región pampeana y las otras regiones. Mientras la primera, que representa más del 70% del producto agropecuario y casi el 50% de la PEA rural,[46] se caracteriza por una alta productividad —tanto por hombre como por superficie— alcanzada por medio de un patrón extensivo de producción;[47] el resto del territorio, dentro de una gran heterogeneidad, presenta tasas de productividad bastante inferiores a la media y un modo intensivo —especialmente en trabajo— de explotación agrícola. En su conjunto, el desarrollo agropecuario ha seguido en la Argentina un esquema bimodal en cuanto a la relación interregional e incluso en el interior de varias de las regiones extrapampeanas.

La agricultura de la región pampeana está fuerte y homogéneamente mecanizada, en cambio, la de las regiones interiores está muy atrasada en este aspecto. Esta diferencia, que se debe parcialmente a razones técnicas,[48] pero fundamentalmente a

[45] Flores Sáenz, O. op. cit.
[46] Bisio, R. y Forni F.H.: "Empleo rural en la República Argentina: 1937-1969" CEIL - Documento de Trabajo N° 1 - junio, 1977 y UN - CEPAL op. cit. Tomo II Cuadro 1 - Véanse cuadros I y II del punto 3.4.
[47] La productividad de la zona pampeana es alta en términos relativos a la media nacional, pero sus valores absolutos justifican la calificación de extensividad. Ver cuadro II del punto 3.4.
[48] La maquinaria adecuada y eficiente no se ha desarrollado en algunos casos, pero en otros existe desde hace tiempo y es utilizada en otros países.

razones de estructura agraria y disponibilidad —local o a través de migraciones estacionales— de mano de obra barata, explica en parte la diferente capacidad de retención de la mano de obra rural de ambas zonas reflejada a través de los Censos. En tanto la región pampeana entre 1937 y 1969 disminuyó un 41% en cuanto al personal permanente ocupado en el sector, las otras regiones tuvieron aumentos que, si bien son muy inferiores a los respectivos incrementos vegetativos, alcanzan el orden del 6.6% en el NOA: del 25.2% en el NEA: del 22.5% en Cuyo, y del 16.1% en la Patogonia. Pero debe tenerse en cuenta, además, que mientras la región pampeana —orientada desde un principio a productos de exportación alcanzó los límites físicos de su desarrollo alrededor de 1914—, las otras regiones han venido incrementando desde entonces sus superficies con la adición de nuevos cultivos frutihortícolas e industriales. La frontera agrícola ha estado en este caso estrechamente ligada —con pocas excepciones— a la expansión del mercado interno. En este punto coincidimos básicamente con Canitrot y Sebess,[49] quienes estudiando el comportamiento del empleo global para el período 1950-70 sostienen respecto al sector agropecuario "que es un sector donde el volumen del empleo en cada momento se determina de acuerdo con el monto de producción, su composición y el nivel tecnológico del proceso productivo, y es independiente, a diferencia de lo que ocurre en otros países de América Latina, de la mayor o menor capacidad de absorción de empleo en los sectores urbanos".

IV. Para la consideración de posibles estrategias de desarrollo agropecuario, debemos partir del hecho de que las regiones presentan desiguales dotaciones de factores y estructuras agrarias de diversa conformación.[50] Esto explica, a la par que las heterogeneidades inter —y a veces intrarregionales—, los diferentes senderos tecnológicos adoptados, pero al mismo tiempo representa potencialidades de impacto diferencial de una misma tecnología en las diferentes regiones.

El tener en cuenta la dotación de factores de cada región al diseñar la estrategia de desarrollo agrícola obliga a considerar dimensiones como:

[49] Canitrot, A. y Sebess, P., "Algunas características del comportamiento del empleo en la Argentina, 1950-1970" *Desarrollo Económico - Revista de Ciencias Sociales*- abril-junio, 1974 - pág. 74.
[50] CONODE -CFI *Tenencia de la tierra*, 1964.

— tipo de colonización y asentamiento;
— combinación de cultivos de modo que aseguren demandas estables de empleo y uso adecuado del suelo;
— desarrollo de tecnologías intermedias, o adecuadas a dicha combinación,[51]
— capacitación del personal necesario para implementar la aplicación de dichas tecnologías.

Este tipo de aproximación a la estrategia de desarrollo agrícola, que no asimila modernización y aumento de productividad a la simple adopción de las más avanzadas tecnologías mecánicas, permite incluir el empleo como un beneficio más que como un costo social. De este modo, los objetivos sociales del desarrollo regional equilibrado podrían compatibilizarse con aumento progresivo de la productividad de los factores.

La relevancia de la aplicación de este enfoque a la política tecnológica, y a los programas de desarrollo regionales, justifica la inversión de esfuerzos de investigación en este nuevo sendero. Sería necesario desarrollar líneas de investigación sobre temas como: a) las tecnologías intermedias o combinaciones de diferente grado de tecnificación, de manera que resulte una modalidad de producción que permita un aumento del producto y de la productividad, sin implicar una violenta disminución de la demanda de empleo y un deterioro del recurso natural; b) esquemas de desarrollo regional y/o proyectos concretos, como nuevas áreas de regadío y asentamiento en las que se optimice la variable empleo especialmente en las categorías de trabajo familiar. En estos esquemas debería darse prioridad también a la estabilidad en el trabajo a través de la estructuración de ciclos ocupacionales anuales, y la capacitación adecuada a los trabajadores, a fin de reducir los niveles de subocupación.

[51] "Aspectos de la política de ciencia y tecnología en el Tercer Mundo", Comercio Exterior, México, N° 12, diciembre, 1978; Schumacher, F.F. op. cit.; Ahmed Iftikhar y Laarman Jan Garret, "Tecnología para satisfacer necesidades esenciales: trabajos forestales en Filipinas", Revista Internacional del Trabajo, Vol. 97, N° 3, julio-septiembre, 1978.

Bibliografía

Abercrombie, K.C.; "Mecanización agrícola y empleo en América Latina", en *Mecanización y Empleo en la Agricultura*, OIT, 1973.

Baranao, T.; "La mecanización agrícola en la Argentina", en Cursos y Conferencias de la *Revista del Colegio Libre de Estudios Superiores* N° 223 a 225, octubre-diciembre, 1950, Bs. As.

Barbero, J.; "Mecanización y empleo agrícola en el sur de Italia", en *Mecanización y Empleo en la Agricultura*, OIT, 1973.

Baumeister, E.; "Estructura ocupacional de la región cerealera-maicera pampeana" (aspectos sociales del cambio tecnológico), Informe final de Beca de Iniciación CONICET (mecanografiado), 1976/1970.

Bejarano, M.; "Inmigración y estructuras tradicionales en Bs. As., 1850-1930", en *Los fragmentos del poder* de T. Di Tella y T. Halperin Donghi, Edit. J. Alvarez.

Bialet-Masse, J.; "El estado de las clases obreras argentinas a comienzos del siglo", Universidad Nacional de Córdoba, 1968.

Bisio, R. y Forni, F. H.; "Economía de enclave y satelización del mercado de trabajo rural: el caso de los trabajadores con empleo precario en un Ingenio azucarero del noroeste argentino", Dpto. Economía, INTA Castelar, Serie Investigación N° 19, octubre, 1975.

Bisio, R. y Forni, F.H.; "Empleo rural en la República Argentina: 1937-1969", CEIL. Documento de Trabajo N° 1, junio, 1977.

Bloch, M.; *La historia rural francesa: sus caracteres originales*, Ed. Crítica, Barcelona.

Canitrot, A y Sebess, P.; "Algunas características del comportamiento del empleo en la Argentina, 1950-1970", en *Desarrollo Económico-Revista de Ciencias Sociales*, abril-junio, 1974.

Conade-Cji: *Tenencia de la Tierra*, Bs. As., 1964.

Day, R. H.; "The economics of technological change and the demise of the sharecroper", en *The American Economic Review*, vol. 68 N° 3, junio, 1968.

Devries, B.A.; "New perspective in international development", en *Finance and Development* (Washington, D.C. Fondo Monetario Internacional y Banco Internacional de Reconstrucción y Fomento), vol. V, N° 3, septiembre, 1968.

Faucher, D.; "Le paysan et la machine"; Ed. Minuit, París, 1954.

Fienup, D.F., Brannon, R. y Fender, F. A., *El desarrollo agropecuario argentino y sus perspectivas*, Edit. del Instituto, 1972.

Flores Sáenz, O.; "An historical analysis of Peru's agricultural export sector and the development of agricultural technology", tesis doctoral, Universidad de Wisconsin, EE.UU., 1977.

Iftikhar, A. y Garret, L. J ; "Tecnología para satisfacer necesidades esenciales: trabajos forestales en Filipinas"; *Revista Internacional del Trabajo*, vol. 97, N° 3, julio-sep tiembre, 1978.

Inukay, I.; "Mecanización, producción y mano de obra en la agricultura: estudio de un caso en Tailandia", *Revista Internacional del Trabajo*, OIT, vol. 81, N° 5, mayo, 1970.

Johnston, B. y Kilby, P.; "Agriculture strategies rural-urban interaccion and the expansión of income oportunities", Informe OECD, París, enero, 1973.

Korinfeld, S.; "La mano de obra transitoria en el cultivo de cereales en la región pampeana", Informe parcial de beca de iniciación CONICET (mecanografiado), 1976/1978.

Lattes, Z. y Lattes, A., "La población argentina", *Serie Investigaciones Demográficas* N° 1, INDEC.

Lewis, A.; "El desarrollo económico con oferta ilimitada de trabajo", en Agarwala, A.H. y Singer, S.P. *La Economía del subdesarrollo*, Ed. Tecnos, Madrid, 1963.

Marsden, K.; "En búsqueda de una síntesis del crecimiento económico y de la justicia social", *Revista Internacional del Trabajo*, vol. 80, N° 5, noviembre, 1969.

——, "Tecnologías progresivas en los países en vía de desarrollo", *Revista Internacional del Trabajo*, vol. 81, N° 5, mayo, 1970.

Myrdal, G.; *Asian drama. An inquiry into the poverty of y nations*, New York, Pantheon Book, 1968.

Naciones Unidas; —Departamento de Asuntos Económicos "Medidas para fomentar el desarrollo económico de los

países insuficientemente desarrollados", New York, 1951.
—Departamento de Asuntos Económicos y Sociales, "Estudio Económico Mundial, 1967 Primera Parte: Problemas y políticas de Desarrollo Económico - Evaluación de la Experiencia Reciente", New York, 1968.
—CEPAL, "Desarrollo Regional Argentino - La Agricultura" Bs. As., 1976.

Nove, A. *The soviet economic system*, Ed. George Allen & Urwin, Londres, 1978.

Nurske, R.; *Problems of capital formation in underdeveloped countries*, Oxford, Basil Blackwell, 1953.

OECD; *Technological change in agriculture and employment*, París, 1971.

OIT; "Investigaciones económicas para el Programa Mundial de Empleo". Colección de artículos de J. Tinberger, D. Warrimer, I. Inukay, K. Marsden, W.P. Straman y A. Bhalla, W.A. Lewis en *Revista Internacional del Trabajo*, vol. 81 N° 5, mayo, 1970.

Piñeiro, M.; "Una interpretación sobre las causas del crecimiento relativo de la agricultura pampeana durante el período 1960/1973" Departamento de Economía, INTA Castelar, 1975.

——; Martínez, J. C. y Armelin, C., "Política Tecnológica para el sector agropecuario", Departamento de Economía, INTA Castelar, Investigación N° 18, agosto, 1975.

Raj, N.K.; "Mecanización de la agricultura en la India y en Sri Lanka (Ceilán), en *Mecanización y Empleo en la Agricultura*, OIT, Ginebra, 1973.

Rendón, T.; "Utilización de mano de obra en la agricultura mexicana, 1940-1973", en *Demografía y Economía*, N° 30, 1976, El Colegio de México.

Comercio Exterior; "Aspectos de la política de ciencia y tecnología en el Tercer Mundo", N° 12, diciembre, 1978.

Schumacher, E.F.; "La labor del grupo de Desarrollo de la Tecnología Intermedia en Africa", *Revista Internacional del Trabajo*, vol. 86 N° 1, julio, 1972.

Scobie, J.R.; *Revolución en las pampas, Historia social del trigo argentino, 1860-1910*, Ed. Hachette, Buenos Aires, 1973.

Sen, A; "An aspect of Indian Agriculture", en *Economic Weekly*, annual number, vol. 14, 1962.

——; "Labor cost, scale and technology in indian agriculture - Appendix C", en *Employment, Technology and Development*, Claredon Press, Oxford, 1975.

Singer, H.; *Tecnología para satisfacer necesidades esenciales*, OIT, Ginebra, 1978.

Taylor, C.; *Rural life in Argentina*, Luisiana State University Press, Baton Rouge, 1948.

Tort, M.I.; "Los contratistas: una modalidad de organización económica del trabajo agrícola en la Pampa Húmeda —su efecto sobre el empleo rural", Informe final de beca de Iniciación CONICET, 1976-1972.

Winkelman, D.; "The traditional farmer: maximization and mecanization", OECD, París, 1972.

Zaffanella, M.; "Posibilidades de fertilizar trigo, maíz y pasturas en la Pampa Húmeda", Departamento Suelos INTA, Tirada Interna N° 60. Buenos Aires, 1977.

Modalidades para la inyección de capital en zonas rurales de baja productividad

Federico Vargas Peralta

Introducción

La idea de que es factible —y conveniente— invertir pequeñas cantidades de capital en actividades de baja productividad en los países pobres y con ello obtener una mejoría de su productividad ha sido ampliamente discutida en la literatura. También lo ha sido la noción de que tal cosa se puede hacer en las áreas rurales de esos países y con ello también ayudar a disminuir el desempleo, pero esto último ha sido tratado con menor frecuencia. En este contexto, se plantean varias interrogantes. Por ejemplo, cabe preguntarse si, efectivamente, el producto marginal del capital invertido en actividades de baja productividad puede ser mayor que el que se obtendría si se colocara ese capital en sectores de alta tecnología;[1] o cuál debería ser el papel de la educación formal en un programa destinado a desarrollar selectivamente las actividades de más baja productividad en un país dado; o cómo se debe proceder para trasladar el capital que se necesitaría para ese desarrollo de los sectores que lo reciben actualmente hacia los que se desea beneficiar.

La tesis de que no es por medio de la industrialización que se puede lograr un mejoramiento de la situación de las clases más

[1] Hay razones para creer que así es. Véanse los artículos de K. B. Madhaya "Prerrequisitos para el desarrollo agrícola", en el libro *Desarrollo Económico*, compilado por S. H. Robock y L. S. Solomon, y publicado por Editorial Roble, México, D. F. 1967, p. 43; y de Maurice J. Williams "Es hora de actuar concertadamente", en *Perspectivas Económicas*, No. 23, tercer trimestre, 1978, p. 16.

pobres de los países en desarrollo no es nueva. Tampoco lo son las nociones de que la miseria de esas clases se puede reducir aumentando su productividad, y de que para lograr esto último la tecnología es decisiva.[2] Pero, en general, la discusión sobre estas ideas se ha centrado en la conveniencia de llevar la gran técnica al agro, en el uso de tecnologías apropiadas para reducir la dependencia de las importadas, o en realizar grandes inversiones en las zonas rurales, y no en el empleo de esas tecnologías apropiadas acompañadas de pequeños aportes de capital con el propósito de aliviar la situación de las clases marginadas. Veo en esa concepción una medida de alcances limitados, pero no por ello sin valor, porque ofrece excelentes posibilidades de llevar alguna medida de bienestar a las capas marginadas de esos países y hacer uso intensivo del más abundante de sus recursos: la mano de obra.[3] También encuentro atractiva la noción de que el capital empleado en actividades de poca productividad marginal pueda resultar más rentable que el invertido en sectores desarrollados de alta tecnología. Por lo demás, la idea de desarrollar las zonas rurales por medio de actividades en pequeña escala ha dado excelentes resultados, por ejemplo, en China, Corea del Sur y la India.[4]

Otro aspecto que deseo resaltar es la divergencia que existe entre este planteamiento y la tesis sustentada por los exponentes del desarrollo por medio del excedente de mano de obra en la agricultura. En efecto, proponemos elevar el ingreso que perciben los grupos sociales menos productivos de las zonas rurales sin provocar desempleo o traslado de trabajadores hacia las áreas urbanas. Los teóricos del desarrollo con excedentes de población en el agro proponen expandir el producto agrícola pero no el ingreso de los que trabajan en la agricultura, y trasladar la mano de obra cuya productividad marginal sea cero, que sería pagada con el incremento del producto agrícola, a la industria.[5] Como

[2] Véanse, *inter alia*, Williams, *op. cit.*, p. 16; Mellor, J. W., "Lecciones de la experiencia" en *Perspectivas Económicas*, No. 23, tercer trimestre, 1978, p. 25; Mahbud Ul Haq, "Opinión del Tercer Mundo", en el mismo número de esa revista, p. 38.

[3] Véase Norman, C., "Tecnologías para el empleo masivo" en *Perspectivas Económicas*, No. 25, primer trimestre de 1979, p. 31.

[4] Norman, *op. cit.*, p. 35.

[5] Véase una clara y sucinta exposición del argumento a favor del desarrollo por medio del excedente de mano de obra en la agricultura en Baldwin, Robert, *Desarrollo Económico*. Amorrortu Editores: Buenos Aires, s. f., p. 74.

bien se ha dicho, esta teoría presupone la existencia de un excedente de mano de obra en el agro (que no siempre existe), y no pretende elevar el ingreso de los campesinos, además que les restaría el incremento en el producto para financiar el desarrollo industrial. En otras palabras, nuestro planteamiento es a favor del desarrollo de las zonas rurales, mientras que el otro no lo es.

También considero que la industrialización por sí sola no puede resolver el problema del desempleo en los países menos favorecidos, como se ha apuntado repetidas veces en la literatura especializada,[6] y que por lo tanto es necesario buscar ocupación para buena parte de su población en la agricultura misma. Si a eso unimos el gravísimo problema que significa la emigración del campo a las ciudades, la imperiosa necesidad de crear fuentes de trabajo en las zonas rurales de nuestras naciones queda perfectamente clara.[7]

Las necesidades de capital fijo

Es razonable suponer que con pequeños y numerosos aportes de capital fijo se puede incrementar sustancialmente la productividad de los que conforman el grupo de los sub-empleados. En realidad, esta posibilidad ha sido reconocida desde hace algún

[6] Véase, entre otros, el artículo de Gunnar Myrdal "Empleos, víveres y población", en Robock y Solomon, *op. cit.* Ahí también —p. 35— se hace hincapié en la necesidad de crear una tecnología totalmente nueva para desarrollar el agro de los países subdesarrollados. Confróntense, asimismo, en ese libro, los artículos de W. Malenbaum y el ya citado de K. B. Madhava. Los estudios realizados por Fields sobre la distribución de los beneficios del crecimiento brasileño, aunque tienden a probar que "los pobres sí participaron en el rápido crecimiento", también demuestran que se produjo un aumento en la desigualdad relativa, y han sido muy cuestionados. Además, concuerdo con Fislow en que el problema es de "pobreza relativa". Véase G. S. Fields, "Who Benefits from Economic Development — a Reexamination of Brasilian Growth in the 1960's", *American Economic Review,* septiembre 1977, pp. 570-58, y A. Fishlow, "Who Benefits from Economic Development? Comment", *American Economic Review,* marzo, 1980, pp. 250-56. El artículo de Fields produjo una vívida controversia en las páginas de esa revista. En su ya citado trabajo, que constituye un extracto del informe a la OCDE publicado en 1977 bajo el nombre "Cooperación para el desarrollo: esfuerzos y políticas de los miembros del Comité de Asistencia para el Desarrollo", Maurice J. Williams manifiesta categóricamente (p. 15). "Las estrategias orientadas hacia el crecimiento, basadas principalmente en intentos de una rápida industrialización, han tenido que hacer caso omiso del predicamento de los pobres".

[7] La necesidad de un "retorno a la tierra", en el sentido de que los mayores esfuerzos del desarrollo en los países pobres deben realizarse en las zonas rurales, es una tesis que cada día gana mayor aceptación. Véase, entre otros, el artículo de L. E. Gordon "Políticas de desarrollo actuales y pretéritas", en *Perspectivas Económicas,* No. 23, tercer trimestre de 1978, p. 13.

tiempo, e inclusive se pueden citar ejemplos claros de países que han logrado subir la productividad de pequeñas unidades económicas por el relativamente simple expediente de facilitarles acceso al crédito.[8] Después de todo, siendo el capital muy escaso en las actividades rurales más simples y atrasadas, es de esperar que la productividad marginal de unidades adicionales de ese factor sea alta. Pero, el concepto de lo que significa "pequeños" debe refinarse. ¿Se quiere indicar con ello pequeños aportes totales o por puesto de trabajo? Dada la naturaleza de la tecnología moderna, creo que hay que interpretar la idea en el sentido que se trata de pequeños aportes por puesto de trabajo. En este caso, la inversión total que habría que realizar para lograr incrementos significativos en la productividad de los sectores o clases marginadas bien podría alcanzar sumas muy elevadas, porque son muchos los puestos de trabajo nuevos que hay que crear y también muchos los que ya existen pero tienen baja productividad. Norman da una idea de la magnitud del problema cuando afirma que tan solo para dar empleo productivo a los que están casi desempleados habrá que crear para fines del siglo más de 1 000 millones de empleos nuevos.[9]

Las necesidades de tecnología

La dificultad de de definir lo que constituye una tecnología adecuada es bien conocida.[10] Desde luego, puede elevarse la productividad de los grupos marginales de la sociedad con tecnologías muy simples,[11] siempre que representen una mejora con respecto a la que usan; pero si la ganancia que de esa mejora se obtendría no es sustancial, la brecha existente entre las capas marginales y las altamente productivas pueden continuar

[8] Mc. Namara, *op. cit.,* p. 83. Naturalmente, el acceso al crédito estaba acompañado de una mejor tecnología.

[9] Norman, C., *op. cit.,* p. 31.

[10] En general, suscribo el concepto de tecnología adecuada sustentado por Berta Salinas Amescua en su artículo "Tecnología apropiada: concepto, aplicación y estrategias", en *Ciencia, Tecnología y Desarrollo,* volumen 3, No. 3, 1979, p. 480 y siguientes.

[11] Incluso podría elevarse mediante el simple expediente de trabajar más horas por día, semana, mes o año. Esta posibilidad ha sido sugerida entre otros, por Mouly, J., y Costa, E. Véase su *Employment Policies in Developing Countries,* editado por P. Lamartine Yates, y publicado en nombre de la Oficina Internacional del Trabajo por George Allen and Unwin, Londres, 1974, p. 131.

ampliándose,[12] con la consecuente agravación de las tensiones sociales que imperan en la mayor parte de nuestros países.

En este sentido, parece insuficiente un simple intento de incrementar el ingreso de las clases más pobres, aunque ello es, desde luego, absolutamente indispensable. La tecnología que debe ponerse a disposición de las clases o grupos marginados tiene que ser lo suficientemente "adelantada" para asegurarles un sustancial incremento en su productividad. Aparte de las interrogantes que ello suscita con respecto a la capacidad de absorción de conocimientos por parte de los miembros de esos grupos, el costo de esa tecnología también puede llegar a sumas muy elevadas.

Como se indicó en el párrafo trasanterior, la naturaleza misma de la tecnología que se necesita en la actividad agropecuaria hace indispensable que una gran parte de ella se desarrolle en los propios países que la van a utilizar. Esto a su vez requiere un cambio de énfasis con respecto a las prioridades de las instituciones que formulan las políticas científico-tecnológicas, pues éstas han tendido, en general, a favorecer al sector industrial con respecto al agropecuario.

No debe olvidarse, además, el enorme potencial involucrado en un primer intento de poner a disposición de los grupos marginados de los países pobres un grado mínimo de tecnología. En efecto, si este esfuerzo es exitoso, bien puede continuarse con intentos adicionales, cada uno de ellos más ambicioso que el anterior, en el sentido de la calidad de los conocimientos que se intentaría impartir, de manera que el proceso se autoalimente, hasta llegar al grado de complejidad que se considere adecuado para cada sector de actividad. A la vez, los grupos que perciban la nueva tecnología deben constituirse en elementos dinámicos de creación de nuevos conocimientos y no contentarse con ser meros receptores de un saber creado por otros.

Difusión de la tecnología

Aun la tecnología más sencilla debe hacerse llegar a aquellos que la necesitan en la forma más eficiente que sea posible. Ello

---

[12] Parece ser un hecho suficientemente comprobado que la brecha entre los países ricos y los pobres se ha ampliado desde 1950 a la fecha, y hay suficientes razones para creer que dentro de las propias naciones subdesarrolladas las diferencias entre los grupos ricos y los pobres también han aumentado. Véase Gordon, L. E., "Políticas de desarrollo actuales y pretéritas", en *Perspectivas Económicas,* No. 23, tercer trimestre, 1978, p. 8 y el artículo ya citado en Fields.

representa un problema sumamente difícil de resolver, por razones muy conocidas. El conocimiento —o mejor, la educación—es, desde luego, uno de los más poderosos factores de la producción, pero la mayor parte de los esfuerzos formales que se realizan en nuestros países para elevar el nivel del saber de sus habitantes, especialmente el de aquellos que pertenecen a los grupos económicos más débiles, han producido resultados decepcionantes, con raras excepciones. Sin embargo, mediante otros esfuerzos menos ambiciosos —cursos cortos, programas de extensión, demostraciones, etc.—, se han logrado resultados alentadores.[13] En todo caso, el fracaso relativo de la educación formal no significa que sean inútiles los esfuerzos para mejorar el grado de conocimientos de los grupos humanos más necesitados, pero sí puede significar que los fondos necesarios para lograrlo tengan que ser relativamente elevados.

Criterios de selección

El crecimiento de la productividad se buscaría en algunas actividades poco productivas, y para ciertos grupos marginales, o para ambos a la vez, pero no para la totalidad de las primeras o de los segundos. En otras palabras, que lo que se pretendería sería elevar el ingreso de una parte de los grupos marginales, pero no de todos.[14]

¿Por qué esta aparente falta de equidad? Porque las condiciones sociales, económicas o técnicas que imperan en ciertas actividades y grupos, o la falta de capital, pueden hacer imposible un esfuerzo para elevar, *pari passu*, la productividad de todos los sectores marginados. Así, por ejemplo, puede existir una técnica agrícola adecuada para un cultivo dado, pero no el mercado para la mayor cosecha que se obtendría; o puede ser que la tecnología necesaria para incrementar la productividad de un cierto sector simplemente no esté disponible.

No deja de ser acongojante la perspectiva de dejar fuera de

---

[13] Tal vez el mejor empleo de los resultados de esfuerzos de este tipo es el que condujo a la llamada "revolución verde", en su fase de difusión.

[14] Nótese que el sentido de "selectivo", en este contexto, es aún más restrictivo que el que generalmente se le asigna en la literatura del desarrollo, pues implica impulsar ciertas actividades dentro de ciertos sectores, mientras que "selectivo" generalmente significa desarrollar algunas áreas en su totalidad, pero no todas las que conforman un sistema económico. Véase Baldwin, *op. cit.*, p. 88.

una posibilidad de mejoramiento a un grupo humano cuya mayor o menor importancia numérica o social no debe ser un elemento a considerar, pues se trata de un problema de justicia. Por lo tanto, si no es posible mejorar la productividad de ciertos estratos marginales con un esquema como el planteado, debe considerarse su caso bajo otros programas, con el propósito de que todos los miembros de las clases más necesitadas mejoren su nivel de vida.

El destino del aumento en la producción

La falta de mercados que permitan colocar los incrementos en la producción que se obtendrían si se aplica éxitosamente un plan que incorpore las propuestas contenidas en este trabajo bien podría ser un serio obstáculo a todo el planteamiento, como bien se ha mencionado en múltiples ocasiones. La dimensión del mercado interno, generalmente limitada, es un primer impedimento; la dificultad de penetrar en mercados foráneos un segundo, y ambos son formidables.[15]

Sin embargo, la naturaleza del proceso que se propone —tecnologías en general sencillas, aplicadas junto con pequeños aportes de capital— posiblemente resulte en incrementos también limitados en la producción, que podrían colocarse sin necesidad de aplicaciones substanciales en los mercados existentes, tal vez incluso en los sectores marginados, especialmente los urbanos.[16]

Por otro lado, si los aumentos en la producción se originan en sectores que ya gozan de un buen mercado externo, entonces puede que no exista la dificultad de colocar los excedentes,[17] y en consecuencia cada país haría bien en concentrar sus esfuerzos de desarrollo selectivo en actividades que tengan mercados externos más o menos seguros, pero que producen en condicio-

---

[15] Véase el artículo de Eduardo Lizano Fait "Desarrollo tecnológico, volumen de empleo y distribución del ingreso en la agricultura", en su libro *Cambio Social en Costa Rica*, Editorial Costa Rica, San José, 1975; y Mouly y Costa, *op. cit.*, p. 179 y siguientes. Confróntese también el trabajo de W.F. Gregory "Factores que intervienen en la productividad agrícola", en Robock y Solomon, *op, cit,*, p. 61.

[16] Ello puede significar un incremento de la productividad en términos de valor de uso.

[17] Como sería el caso de ciertos sectores de la agricultura del café en Costa Rica, pues aunque el país dispone de una excelente tecnología ésta no se aplica en el caso de muchos productores pequeños y medianos porque es cara.

nes rudimentarias en cuanto a tecnología y son pequeñas en cuanto a tamaño de la empresa o finca.

El impacto sobre el empleo de la tecnología utilizada

Aun una tecnología sencilla puede producir un cierto desplazamiento de mano de obra y crear algún desempleo aunque, desde luego, eso sería lo último que se esperaría de un esfuerzo para incorporar tecnología apropiada y algún capital a las actividades productivas de zonas rurales. En todo caso, debe quedar bien claro que cuando se sugiere que se puede elevar la productividad de las clases marginadas de esas zonas rurales por medio de medidas como las que se recomiendan, no se quiere restringir la posibilidad únicamente a la agricultura. En las áreas rurales existen actividades industriales, especialmente manufactureras —fabricación de ladrillos, cordel, y artesanías— que se beneficiarían mucho de pequeñas inyecciones de tecnología y capital, y que podrían absorber cualquier excedente de mano de obra que pudiera ocurrir en otros sectores de la economía rural.

Por otro lado, aunque pueda parecer obvio, debe quedar muy claro que las técnicas que deben usarse para elevar la productividad de las clases marginales deben ser intensivas de trabajo, de manera que se logre un aumento del empleo o, al menos, que no se produzca desempleo. Sin embargo, no debe nunca olvidarse que en la agricultura es posible encontrar muchos casos de explotaciones pequeñas en las cuales la mano de obra no es especialmente abundante. Así, las teorías que sostenían que la productividad marginal del trabajo era cero en muchos países subdesarrollados han sido ampliamente rebatidas.[18] Por lo tanto, es posible que la tecnología más adecuada para algunas fincas pequeñas sea precisamente la que incorpore métodos que ahorren mano de obra la que luego se puede utilizar en otras tareas que antes no podían realizarse por falta de trabajadores disponibles.

El papel del Estado

El papel desempeñado por el Estado en una política como la

---

[18] Por, entre otros, Schultz, T.W. en *Transforming Traditional Agriculture*, Yale University Press, Londres, 1964.

sugerida seria crucial; en primer lugar, los programas para promover el desarrollo contienen elementos llamados "bienes públicos o sociales", que no pueden ser proveídos por el sector privado, y que por lo tanto deben ser suministrados mediante el presupuesto nacional. En segundo lugar, el gobierno tendría que realizar los estudios preliminares para determinar cuáles actividades podrían beneficiarse con una política de esa naturaleza, lo que implicaría examinar cuestiones tales como la disponibilidad de una tecnología adecuada, necesidades de capital, posibles mercados para la producción adicional, importancia relativa de las actividades que se beneficiarían, y formas de difundir la tecnología.

En tercer lugar, tendría que considerarse la forma de conseguir el capital para realizar el programa que, como se apuntó anteriormente, puede llegar a cifras muy significativas. Buena parte de ese capital debe proceder de fondos públicos, o de fondos conseguidos mediante alguna forma de intervención del Estado, como garantías para obtener préstamos bancarios, por ejemplo, aunque no se descarta la posibilidad de la participación de la empresa privada en este esfuerzo.

En cuarto lugar, el gobierno podría ayudar muy positivamente al programa si adoptara una actitud activa con respecto a la disposición del producto que se obtendría como consecuencia del incremento en la productividad, por medio de la búsqueda de mercados, la garantía de precios u otras prácticas de esa naturaleza. Este tipo de ayuda podría ser particularmente importante si se tratase de productos de exportación, pues es de suponer que los productores, por ser marginales, no estarían en condiciones de realizar adecuadamente la labor de mercadeo que es necesaria en esos casos.[19]

En quinto lugar, el gobierno podría ayudar materialmente al éxito del programa, sin hacer cambios radicales en sus gastos o políticas, si mejorara la infraestructura existente en las áreas rurales, particularmente en lo que se refiere a vías de comunicación. Además, esto tendría el efecto adicional de fortalecer el empleo de esas zonas.[20]

[19] Véase Gordon, *op. cit.*, p. 13; Mellor, *op. cit.*, p. 27

[20] Gordon, *op. cit.*, p. 12. Además, esas obras se pueden construir con tecnologías sencillas, lo que también elevaría el empleo en las zonas rurales. Véase Norman, *op. cit.*, p. 34.

En sexto lugar, una tarea fundamental del gobierno sería la de desarrollar medios institucionales para generar la necesaria tecnología adecuada, o crear el ambiente para que la empresa privada lo haga. Es pertinente recordar que mucha de la tecnología agropecuaria —especialmente la agronómica y biológica— tiene las características de un bien público, pues no se puede patentar. En esas circunstancias, solamente el Estado puede desarrollarla.

Por último, puede resultar necesario, como señala Mellor, que el gobierno intervenga para asegurar el interés de los pobres en un proceso que implica cambios sociales y económicos y que por lo tanto puede afectar a los intereses creados.[21]

Conclusiones

Las ideas aquí presentadas constituyen un planteamiento que ofrece posibilidades de mejorar las condiciones de las clases marginadas de nuestros países, mediante el uso de tecnologías adecuadas y aportes pequeños de capital por puesto de trabajo.

Con el propósito de determinar la validez de estas hipótesis, es necesario realizar un intenso trabajo de verificación que conduzca a conclusiones claras de las cuales se puedan derivar políticas concretas.

A pesar de que se recomienda el uso de tecnologías adecuadas y pequeños aportes de capital para mejorar las condiciones de las clases marginales, las cantidades totales de capital que efectivamente serían necesarias para realizar un esfuerzo significativo montarían a sumas muy importantes, que implicarían un gran esfuerzo de traslado de fondos de otros sectores al agro, un importante incremento en el ahorro interno, la obtención de préstamos al exterior, o una combinación de esas tres posibilidades.

Si bien las condiciones particulares de cada actividad económica pueden imponer un desarrollo selectivo, que implique el mejoramiento de ciertos grupos sociales pero no de otros, debe tenerse presente que esa situación, aunque aceptable porque algunos mejorarían sin perjudicar a los demás, no puede mantenerse por mucho tiempo, por la injusticia que ello significa, y,

[21] Mellor, *op. cit.*, p. 26

por lo tanto, deben diseñarse a corto plazo otros planes que permitan a todas las clases marginales el mejorar su condición. Como aún una tecnología sencilla puede producir algún desempleo, debe adoptarse una posición definida a favor de técnicas de trabajo intensivo, sin olvidarse de que en ciertas circunstancias una práctica que economice trabajo puede ser útil en pequeñas explotaciones agrícolas y artesanales.

Por las razones expuestas, en cualquier programa que se establezca para llevar a la práctica una propuesta, el papel del Estado será determinante, pero la empresa privada deberá participar muy activamente, puesto que en un sistema de mercado como el que impera en nuestros países, es un elemento vital en la operación de la economía.

Problemática ocupacional del sector rural brasileño: implicaciones para el desarrollo de tecnologías*

María Julieta Costa Calazans**

Introducción

El tema que desarrollamos en la reunión sobre Ciencia, tecnología y empleo tiene sus fundamentos en un estudio realizado en Brasil por el Instituto de Planeación Económica y Social (IPEA) junto con la Fundación Getulio Vargas (FGV) entre 1970 y 1972, con el fin de elaborar la "Clasificación de la mano de obra del sector primario"[1] dentro del marco de la Organización Internacional del Trabajo (OIT). Tal investigación se hizo, pues, con un objetivo específico, ya que debía ajustar las ocupaciones registradas a una clasificación regular.[2]

1. El contexto agrario, relaciones de trabajo e implicaciones para el estudio ocupacional

Cabe destacar tres puntos para la mejor comprensión del estudio que a continuación se presenta: a) el contexto o, mejor dicho, el sector agrario en que se desarrolló la investigación; b) el trabajo en el campo, y más específicamente las relaciones de trabajo en el caso de la agricultura brasileña; c) las directrices que podrían explicar las bases del estudio aquí presentado, o sea, los presupuestos teóricos en los que se apoya la clasificación de las ocupaciones.

---

* Traducción de Mónica Mansour.
** En la elaboración de este trabajo la autora contó con la colaboración del profesor Gaudencio Frigotto, quien ofreció sugerencias y señaló críticas muy significativas.
[1] Calazans, María Julieta Costa, coord., *Classificaçao de mao-de obra do sector primário,* Brasilia, IPEA/IPLAN, 1977 (Etudos para o Planejamento, 17).
[2] Clasificación Internacional Uniforme de Ocupaciones (CIUO) de la OIT, ed. rev., 1968.

Los aspectos vitales del proceso de reproducción del capital
en el campo brasileño se inscriben en un conjunto de estudios
realizados por autores nacionales.[3] Los estudios intentan aclarar las formas asumidas por la reproducción del capital en el
campo brasileño durante el período que abarca desde la época
en que "el sector agrario constituye el lugar principal de acumulación de capital en el país, con la producción de mercadería
para el mercado externo, hasta el momento en que el capitalismo en el agro se transforma en un modo dependiente del centro de acumulación conformado ahora por las actividades industriales. En sus diversas fases, la reproducción del capital siempre
implicó formas distintas de producción agraria, tanto como de
la división social del trabajo, en la que las múltiples regiones
agrarias brasileñas asumen posiciones distintas".[4]

Así, las relaciones de compra y venta de la fuerza de trabajo,
características de la relación dominante del modo capitalista de
producción que permearon este largo período del contexto agrario brasileño, pueden observarse en el estudio ocupacional que
aquí se presenta. Queda claro que tales relaciones no están dise-
minadas de la misma manera en todos los sectores y regiones.
Por ello, también hay una multiplicidad de formas y de tratamiento en el trabajo sobre estas relaciones sociales desiguales, en
el ámbito de distintas iniciativas del capitalismo en el campo
brasileño.

Al analizar el capitalismo agrario en São Paulo (1940-1970),
Brandão Lopes afirma que "la capitalización de las actividades
agropecuarias en el centro-sur del país, sobre todo en el estado
de São Paulo se acentuó durante la última década. El proceso
puede percibirse incluso con la observación más superficial. La
revolución tecnológica y organizativa de estas actividades han
ocasionado la expulsión masiva de trabajadores del campo.
Igualmente obvio es el hecho de que tales tendencias valen tanto
para la producción en grande como en pequeña escala. En realidad esta última, lejos de ser desplazada por la producción de las
grandes haciendas, ha ampliado —o, por lo menos, mantenido—

---

[3] Los trabajos fueron realizados principalmente por el grupo del CEBRAP, investigadores entre los cuales estaban Paul Singer, Fernandes Florestan, Otávio Ianni, Fernando Henrique Cardoso.

[4] Lopes, Juárez R. Bradão, *Do Latifúndio a empresa: Unidade e diversidade do
capitalismo no campo*, 2a. ed., São Paulo, Ed. Brasiliense/CEBRAP, 1978 (Caderno
CEBRAP, 26).

su posición dentro del total (incluso en términos de participación del valor). Además, esta profunda transformación de la actividad agraria en São Paulo, aún cuando haya aumentado su intensidad actualmente, se inició hace varias décadas".[5]

El análisis de las causas, los condicionamientos de la diversificación del desarrollo capitalista en el Brasil y la consiguiente repercusión en su estructura agraria no cabría en estas notas iniciales. Es bastante indicativa la noción que puede extraerse del resumen de un capítulo del estudio realizado por la Fundación Getulio Vargas, cuando articula el intento de rastrear históricamente los cambios en el patrón de acumulación en el Brasil durante los últimos treinta años.

Se parte de la evolución de la estructura de la industria (ya que desde hace mucho se ubica allí el polo dinámico de la acumulación capitalista en el país) y se buscan las interrelaciones o el desplazamiento del eje de acumulación en el sector industrial, las tensiones que provoca este hecho —a través de la exacerbación del conflicto de clases— dentro del aparato de Estado y los reflejos de ese conjunto de procesos sobre la visión que el Estado logra formular respecto de la agricultura.

Este camino de reflexión ha sido recorrido respecto de tres períodos distintos: el del Plan de Metas en que el Estado Populista promueve una política de profundización de la industrialización que contiene el germen de su propia desintegración; el período recesivo siguiente, en que aquella desintegración se concreta; y el período en que se retoma el crecimiento bajo la égide de un nuevo Estado, que preside un nuevo arreglo de dominación. En ese período, en el que se desarrolla un proceso de modernización parcial y localizada de la agricultura, es importante el estudio de los planes generados por el aparato estatal para el sector, porque se trata de un conjunto consciente de políticas que pretende articular la agricultura al nuevo patrón de acumulación, ya entonces perfectamente delineado, y absorber las tensiones sociales generadas en ese proceso de rearticulación.[6]

Puede afirmarse, con base en el trabajo citado de la Fundación Getulio Vargas, que el patrón de acumulación impone las

[5] Fundaçao Getulio Vargas, *Trabalho rural e alternativa metodológica em educação: Dimensionamento de necessidades e oportunidades de formação profissional*, Rio de Janeiro, IESAE/CPDA-EIAP, 1980. 2 v.
[6] *Ibid.*

grandes líneas del dinamismo agropecuario en Brasil: este patrón se averigua particularmente en los efectos de la política de modernización de la agricultura delineada progresivamente a partir de 1964. Queda claro, al analizar este tema, que la acumulación capitalista impone una gran especificidad a las distintas regiones de ese país.

Así como la tecnificación de la agricultura tiene efectos regionales diferenciados, el mismo proceso de modernización tiene efectos diferenciados en función de las distintas formas de organización de la agricultura, los distintos productos, los distintos tamaños de las propiedades, y las diferentes relaciones de trabajo. Este aspecto es fundamental para entender la especificidad que el mercado asume en distintas regiones brasileñas.[7]

El creciente deterioro del patrón de vida de las poblaciones rurales es una de las pruebas de la penetración del capitalismo en el campo brasileño y también uno de los aspectos que muestran más claramente la exacerbación de las contradicciones en las relaciones de trabajo del mundo rural.

Los estudios desarrollados en Brasil sobre relaciones de trabajo muestran que la proletarización en el campo es un fenómeno que se agravó durante los últimos veinte años, cuando los aparceros, los colonos, los llamados moradores de las haciendas, son transformados en trabajadores eventuales, más conocidos como "bocado frío" o "volantes".

La modernización que transforma la fisonomía de las regiones rurales expulsó a los campesinos de sus unidades de subsistencia al fortalecer las formas diversificadas de producción capitalista.

Las medidas sucesivas para regular las relaciones de trabajo en el campo no demuestran un esfuerzo serio para superar la agudización de las contradicciones generadas por el proceso de desarrollo capitalista nacional. En este contexto, la llamada *cuestión agraria brasileña* constituye un punto crucial en el análisis de estas contradicciones. Por una parte, la plena realización de las fuerzas productivas requiere la total separación del trabajador directo de los medios de producción; pero al mismo tiempo, el sistema económico depende de que no se realice plenamente esta separación en la agricultura, en la medida que los productores directos proveen al país de productos básicos indispensables.

[7] *Ibid.*

De ahí se concluye que el análisis de la interacción de las técnicas tradicionales y modernas con las relaciones de producción en
la agricultura no puede quedar sólo en la constatación de su funcionalidad para la acumulación capitalista. Es necesario señalar
que esa interacción, en último análisis, configura una gran contradicción del modelo económico, en la medida en que, representa simultáneamente un obstáculo para el desarrollo completo
de las fuerzas productivas en la agricultura y un apoyo de la
acumulación de capital en la sociedad.

Por lo tanto, el análisis de los problemas agrícolas, en lo que
se refiere a la adopción de técnicas modernas para incrementar
los niveles de productividad o calidad de vida de los agricultores,
principalmente de aquellos que trabajan con mano de obra familiar, no se agota en el ámbito del sector agrícola, sino que tiene que analizarse como resultante de la dialéctica que se establece entre lo rural y lo urbano en las condiciones actuales de
realización del sistema capitalista en el Brasil.

Además de la funcionalidad en el nivel de acumulación del capital, no deben olvidarse las implicaciones políticas que puede
tener la manutención de un contingente de población en la situación de pequeños propietarios arrendatarios y aparceros, no
totalmente separados de los medios de producción.[8]

¿Cuál es la base teórica en que se apoya y/o que podría explicar la pretensión de exponer el trabajo del campo a una clasificación regularizada de ocupaciones? No cabe aquí, para los propósitos de este trabajo, un análisis detallado del arsenal teórico
ni tampoco de la propuesta ideológica sobre la cual se apoya y
pretende fundamentarse el análisis y la clasificación ocupacional.
Sólo intentaremos delinear el marco histórico del surgimiento y la génesis de los trabajos de clasificación ocupacional así
como los supuestos con los cuales se justifican. Partimos del
supuesto de que las mismas bases teóricas que intentan justificar
la clasificación de los sectores de transformación y servicio sirven de fundamento para la clasificación ocupacional en el
campo.

Cabe señalar, ante todo, que la clasificación ocupacional debe entenderse como un transcurrir histórico, más ideológico

8 Antumiassi, Maria Helena Rocha, *Renovação, tecnología e relações de trabalho na agricultura*, São Paulo, CERU, 1978 (Cadernos do Centro de Estudos Rurais
e Urbanos).

que técnico, producido en la evolución de las relaciones de producción capitalista en su fase monopolista e intervencionista.

Debe considerarse, pues, ante todo, el movimiento histórico
que busca un control (gerencia científica) cada vez mayor de los
recursos humanos para someterlos íntegramente a la lógica de la
producción y la explotación capitalista.[9] En este sentido, incluso
en los sectores en que este modo de producción aún no es dominante, la organización de la producción tiende a organizarse en
forma capitalista.[10]

Por otra parte, la clasificación ocupacional surge a partir de
un contexto histórico que tiene en su propia base la agudización
de las contradicciones y crisis del capitalismo. La superproduc-
ción por una parte (crisis de 1929), y por la otra el hecho incon-
trovertible del subdesarrollo, ponen en duda la visión armónica
de la competencia perfecta y de la "mano invisible" que regulan
el proceso productivo en la visión neoclásica. Durante los años
de posguerra, comienza un crecimiento de los aparatos de Estado que empiezan a intervenir decisivamente a través de la planeación y las inversiones públicas, ya sea en la reglamentación
de la demanda, ya sea en la distribución, ya sea como programa-
dor del proceso productivo. En el campo de las ciencias sociales
(especialmente en economía y sociología) se ha elaborado la
llamada "teoría del desarrollo económico". Se postula en ella
que se ha llegado a la fase de la estabilización de la sociedad capitalista y se desarrolla toda una estructura teórica e ideológica
que configura la tesis del neocapitalismo.[11]

Dentro de estas concepciones y esta coyuntura se comienza
a adoptar proyectos desarrollistas para los llamados países
desarrollados.

La teoría de la modernización, más bien en el ámbito socioló-
gico, y la teoría del capital humano, en el ámbito de la educa-

---

[9] Ver al respecto los trabajos de Braverman, H., *Trabalho e capital monopolista — A degradação do trabalho no século XX*, Rio de Janeiro, Zahar, 1977; André
Gorz, comp., *Crítica da divisão do trabalho*, São Paulo, Martins Fontes, 1980.

[10] El intento de efectuar una clasificación ocupacional para el trabajo del campo
puede indicar tanto la progresiva organización capitalista de la producción agrícola
con la creciente mecanización del trabajo del campo, como también una forma de
organización del trabajo del campo requerida por la producción industrial que tiende a someter bajo su control el desarrollo de la agricultura.

[11] La teoría económica keynesiana y sus desdoblamientos representan el apoyo
teórico e ideológico del creciente intervencionismo del Estado a través de la planeación.

ción —esferas particulares de la teoría del desarrollo—, se constituyen en un arsenal teórico e ideológico sobre el cual se justificó y se justifica la creciente intervención de la planeación en estos países. Especialmente a principios de la década de 1960 en toda América Latina se crean organismos, centros regionales, oficinas, etc., de planeación.

La teoría del desarrollo económico, que en su expresión más inmediata se traduce en la teoría de la modernización, incluye como elemento clave la educación el entrenamiento de los recursos humanos. De ahí se deriva el concepto de capital humano —elaboración teórica metodológica utilizada en el análisis de las relaciones entre economía y educación— que llega a constituir uno de los supuestos básicos de las metodologías de planeación.

No es nuestro objetivo aquí recapitular la teoría del capital humano ni tampoco las múltiples críticas que se han hecho respecto de su carácter ideológico. Sólo nos interesa señalar las ideas básicas que permitan detectar las ligas del análisis y la clasificación ocupacional con estas formulaciones. [12]

En sus fundamentos más generales, la teoría del capital humano se ubica como una teoría del desarrollo en la medida en que postula ser la inversión en los individuos a través del entrenamiento y la educación en general, una inversión tanto o más significativa que la inversión en capital físico:

"El componente de la producción derivada de la instrucción es una inversión en habilidades y conocimientos que aumentan futuros réditos y, así se asemeja a una inversión en otros bienes de producción" [13]

[12] Para quien estuviese interesado en las tesis básicas del capital humano y sus desdoblamientos operativos, ver obras de Theodore Schultz, *The Economic Value of Education*, Nueva York, Columbia University, 1962; *O capital humano*, Rio de Janeiro, Zahar, 1973; G. Becker, *Human Capital, Theoretical and Empirical Analysis with Special Reference to Education*, Columbia, 1964; M. Blaug, *Introduction to the Economics of Education*, Nueva York, 1972. Sobre ideología para una crítica de la teoría del Capital Humano, ver, entre otros: C. Salm, *Escola e trabalho*, Brasiliense, 1980; S. Finkel, *El capital humano: Concepto ideológico* en C. Labarca et alii, *La educación burguesa*, México, Ed. Nueva Imagen, 1977; B. Lautier y R. Tortajada, *Ecole, force de travail et salaire*, Presse Universitaire de Grenoble, 1978; IESAE/ Fundación Getulio Vargas, "A educaçao con o investimento ou capital humano" en Trabalho rural e alternativa metodológica de *educação - Dimensionamento de necessidades e oportunidades de formação profissional*, Rio de Janeiro, IESAE/FGV— SENAR/MIB, 1980 (informe de investigación); G. Frigotto, *A produtividade da escola improdutiva: Um (re) exame dos vínculos entre a prática escolar e a estructura económico-social*, São Paulo, tesis de doctorado en elaboración (inédito), 1981.

[13] T. Schultz, *op. cit.*

En conjunto, la teoría concibe la educación y la capacitación como productores de capacidad de trabajo o potencialidades de trabajo y, por consiguiente, como la preparación para el ejercicio eficiente de una ocupación. El trabajador es concebido como una combinación de fuerza física "bruta" y entrenamiento. Se supone, pues, que a cada unidad marginal de capacitación corresponde una productividad marginal.

En un contexto microanalítico, esta concepción postula que la inversión en el capital humano representa una de las formas más eficaces para aumentar el crecimiento económico de los países subdesarrollados hasta alzarlo al nivel de los desarrollados. La educación pasa a considerarse como factor básico del desarrollo. La suma de la productividad marginal de los individuos educados permite que la economía crezca como un todo.[14] En un contexto microanalítico, la capacitación y la educación se conciben como instrumentos para aumentar el ingreso individual. De ahí, se postula la democratización de las oportunidades educativas como instrumento de distribución de los ingresos.[15]

La inversión en la educación pasa entonces a considerarse económicamente como un "adelanto" del capital con los riesgos inherentes a cualquier inversión. En este sentido el proceso educativo debe regularse mediante una organización y una racionalización, y someterse al tratamiento de técnicas de planeación y previsión. La preocupación fundamental de la planeación educativa en la óptica del capital humano resulta ser un ajuste del sistema educativo a las necesidades de la economía de un país determinado, en términos de tipo de formación, extensión de la formación, número de personas, etc. La educación se reduce prácticamente a sus aspectos económicos.

Es a partir de los presupuestos de la teoría del capital humano que se desarrollan distintas técnicas de planeación aplicadas a la educación y al trabajo con el intento de ajustar los siste-

[14] El trabajo de F.H. Harbinson y C.N. Myers, *Manpower and Economic Growth*, Nueva York, McGraw-Hill, 1964, constituye el trabajo empírico más ambicioso que intentó medir el impacto de la educación en el desarrollo económico.

[15] Dentro de la óptica del capital humano, el hecho de que existieran propietarios privados de los medios e instrumentos de producción y que los mismos tengan poder de control sobre los trabajadores en nada altera las determinaciones de ingresos individuales. Tampoco se toma en cuenta el poder de las firmas multinacionales y transnacionales en el proceso de desarrollo de los países subdesarrollados.

mas educativos a las necesidades ocupacionales de la economía.
Se desarrollan diferentes técnicas de planeación: *input-output*,
que se ocupan tanto de la demanda privada y social de la educación como de la adecuación de los individuos educados a las
características de la estructura ocupacional; análisis costo-beneficio y tasa de retorno, que intentan ajustar la oferta y la demanda de mano de obra calificada al nivel del mercado. Se trata
de técnicas que se proponen indicar la escasez relativa o la satu-
ración en el mercado de un tipo determinado de mano de obra
capacitada. Se intenta ofrecer, en último análisis, indicadores
para inveisiones alternativas en la capacitación de la mano de
obra.

Las llamadas técnicas de *manpower approach*, que consisten en
la previsión del ajuste cualitativo y cuantitativo de característi-
ticas educativas a las necesidades ocupacionales futuras de
una economía como un todo, tuvieron gran impacto y ape-
go ideológico.[16] El proyecto Mediterráneo de la Organización
de Cooperación y Desarrollo Económico (OCDE) que incluyó
España, Grecia, Italia, Portugal, Turquía y Yugoslavia, es la expresión más contundente de esta técnica. A pesar de su fracaso,
sus efectos ideológicos perduraron.

La OIT y la UNESCO, sobre todo a partir de la década de
1960, desarrollaron todo un cuerpo teórico-metodológico respecto de estas técnicas de planeación. Estas organizaciones internacionales intentaron, a través de la asesoría directa o por medio de
documentos, influir sobre los sistemas educativos, especialmente en los países subdesarrollados, en el sentido de planear la educación en función de las características ocupacionales.

Todas aquellas técnicas de planeación, como hemos visto, pretenden ajustar el sistema educativo al sistema productivo. Todas
ellas, en especial el *manpower approach*, suponen un conocimiento y un desglose detallado de la estructura ocupacional, por ramo
y sector de producción. Se entiende, entonces, que paralelamente al esfuerzo de diseminar técnicas de planeación, otras organizaciones como la OIT y los órganos de planeación de la UNESCO
fomentaran el análisis y la clasificación de las ocupaciones por
ramos y sectores de la economía.

16 Para una visión de las técnicas de planeación educativa, véase M. Blaug, *Economía de la educación – Textos escogidos*, Madrid, Editorial Tecnos, S.A., partes
tercera y cuarta, pp. 125-314.

"Desde el punto de vista del capital humano, la estructura ocupacional se considera también en su dimensión de expresión de las distintas capacidades de trabajo, adquiridas o desarrolladas mediante la educación. La estructura ocupacional, en este sentido, puede analizarse en términos de conocimientos, habilidades y actitudes que se requieren para cada ocupación o puesto de trabajo. Los productos educativos incorporados por los individuos definirían su perfil en tanto que recursos humanos. Juntando este análisis con los coeficientes técnicos y con las metas de crecimiento, es posible hacer previsiones de necesidades de individuos habilitados o formados profesionalmente en el futuro. Por lo tanto, es posible planear la educación en tanto que estructura de formación de recursos humanos" [17]

No hay, pues forma de desvincular la preocupación del análisis y la clasificación ocupacional, tanto en los sectores secundario y terciario como, últimamente, en el primario, de las formulaciones de las teorías de desarrollo propuestas en especial por la teoría del capital humano. Por otra parte, esta teoría debe entenderse como un producto histórico de un contexto específico del desarrollo capitalista.

Cabe señalar, para terminar con el conjunto los temas arriba esbozados, que tanto la teoría del capital humano como las técnicas de planeación educativa y la clasificación ocupacional deben analizarse, no por lo que revelan respecto de la verdadera naturaleza de las relaciones de producción y de trabajo dentro de la sociedad capitalista, sino precisamente por lo que esconden y disimulan.

Los supuestos de la teoría del capital humano que constituyen el arsenal teórico de las técnicas de planeación educativa y, en buena medida, de los análisis de clasificación ocupacional, constituyen una apología de las relaciones de producción de la sociedad capitalista, ya que las considera relaciones naturales y ahistóricas. Se oculta, tanto en el nivel de la teoría como en el nivel de las técnicas, la naturaleza real de la explotación inherente al modo de producción capitalista, y sus mecanismos de creciente sumisión del trabajo y del trabajador a los intereses del capital a través de una creciente división social del trabajo.

---

[17] Fundação Getulio Vargas, *Trabalho rural e alternativa metodológica de educação, op. cit.*, pp. 16-17.

2. Un estudio para la clasificación de la mano de obra rural en el Brasil

Los estudios de ocupaciones en las actividades del sector privado tropiezan, desde el principio, con controversias relativas a los conceptos y a los usos que se les da.[18] Los títulos que se utilizan usualmente para determinar formas de "hacer tareas" o incluso de "comunicar saberes" están relacionados ya sea con costumbres y tradiciones, con orígenes no siempre estudiados, o bien son traídos de fuera, mediante el mismo proceso por el cual llegan al campo los equipos y normas de procedimientos para las tareas del sistema productivo.

Se suele indicar las disparidades regionales como factor marcador de diferenciación en las denominaciones ocupacionales y en el significado que éstas asumen en cada región. De las disparidades regionales puede derivarse la utilización de nomenclaturas diferenciadas para ocupaciones afines (ver por ejemplo los que se ocupan de la extracción de madera en Brasil), o una misma nomenclatura para tareas y funciones diferenciadas: "colono", por ejemplo, en la región sureña del Brasil es "productor autónomo" pero en São Paulo es "empleado permanente" en las haciendas de café, y en la mayoría de los estados del norte y el noreste es el "parcelero" de tierras gubernamentales (en colonias agrícolas).

También es necesario resaltar que las modificaciones de las relaciones de trabajo en las actividades del sector primario contribuyen, efectivamente, para que en un mismo ramo de actividades económicas existan ocupaciones que a veces se ejercen en forma totalmente primitiva, en otros casos, con técnicas modernas. Tales modificaciones se derivan de la propia evolución (histórica) del sistema económico, siendo probable que el signi-

---

[18] En la mayoría de los países, los servicios censales, al tratar las ocupaciones, principalmente en lo que se refiere al sector primario, han formulado listas precarias, que se han ampliado sucesivamente con la preocupación predominante de respetar las series históricas nacionales. En el Brasil, el análisis de la población económicamente activa se ha realizado mediante el empleo de los datos proporcionados por los Censos Económico y Demográfico. Tales estudios se desarrollaron, en especial a partir del Censo Agrícola de 1950, por la posibilidad de confrontación con el Censo anterior de 1940, en que por primera vez se registraron datos sobre las ocupaciones rurales Ver: Brasil, Instituto de Planejamento Econômico e Social, *O Censo Agrícola* (versão preliminar para comentários), Rio de Janeiro, CNRH/IPEA, 1969, 37 pp. (Fuentes primarias de ámbito nacional de datos sobre recursos humanos).

ficado tradicional de ciertas ocupaciones se abandone progresivamente con la introducción de innovaciones tecnológicas. Para ciertas ocupaciones, algunas denominaciones usuales han perdido totalmente su sentido original.

En el caso específico del estudio para la clasificación de la mano de obra del sector primario en el Brasil, los problemas conceptuales fueron tratados en la definición de directrices que se refieren a la naturaleza del problema investigado.[19]

El universo fue definido a partir de los trabajadores permanentes rurales registrados por el IBRA en los distintos estados del Brasil y en las diversas actividades económicas de la agricultura, pecuaria, etc., localizados en una zona fisiográfica o municipio. Tomando como indicaciones el volumen y el valor de la producción de las actividades económicas del sector —puesto que tales elementos son, entre otros, los indicadores más fuertes de concentración de mano de obra en países en etapas de desarrollo como el Brasil— se elaboró una regionalización propia para el trabajo, partiendo de las grandes regiones hasta alcanzar las zonas fisiográficas a nivel municipal.

En un principio, se pensó elegir las actividades de mayor importancia en la agricultura, la ganadería, la silvicultura y la extracción forestal, etc., en escala nacional, regional y estatal. Sin embargo, al tratar de elaborar una clasificación de mano de obra en la que se intentaba expresar los modos y formas de trabajo en el campo lo más ampliamente posible, resultó necesario incluir en el registro las actividades del sector consideradas de importancia económica secundaria, en términos nacionales (el cultivo del piretro, la explotación de la poaya y la pesca de ballenas, entre otros), en las que las tareas ocupacionales tienen una configuración muy específica, aun cuando se les considere regionalmente. Así, fueron elegidas las áreas en cada región del país, en donde tales actividades tenían mayor importancia en el total de la producción regional y nacional.[20]

---

[19] Puesto que esta investigación se realizó principalmente para ser aplicada en estudios del sector público, no había más opción que buscar apoyo en estudios aceptados universalmente por los gobiernos, y que hubiesen recibido el sello de aprobación de la OIT, la OCDE, etc. Así, se decidió elaborar la clasificación atendiendo al criterio de cruzar las ocupaciones con las actividades del sector económico en estudio.

[20] Se tomó como punto de referencia, en la definición del universo, los estudios de las divisiones del sector primario en el Brasil por la naturaleza de la explotación; los análisis de las divisiones o clasificaciones de actividades económicas del sector primario de otros países; y ciertos criterios para la localización de las actividades agríco-

Las variables a partir de las que se llevaron a cabo los registros fueron categorizadas en cuatro líneas:

a) variables referentes al registro *strictu sensu* de las ocupaciones: títulos, descripción y tareas ocupacionales;
b) variables vinculadas a la remuneración en el trabajo: forma de remuneración e ingresos;
c) variables relacionadas con las condiciones para el ejercicio de las ocupaciones: escolaridad, entrenamiento y experiencia adquirida en el trabajo;
d) variables relativas a los estudios de la población económicamente activa relacionadas con la estructura agraria ("variables que influyen sobre las modalidades y los niveles de empleo"): posición en la ocupación, herramientas y equipo, coeficiente técnico, migración y temporadas, disparidades regionales e innovaciones tecnológicas.

El conjunto de variables elegido indudablemente daba lugar a la posibilidad de un estudio que trascendiese una mera clasificación ocupacional.

Sin la pretensión de agotar un análisis de estas variables ahora dirigidas intrínsecamente hacia la formulación de la ocupación, o bien como apoyo del análisis de la misma estructura agraria y más ampliamente de la organización del proceso productivo, cabe destacar algunos aspectos que subrayan su especificidad en este estudio.

1. El título, la descripción y las tareas básicas deben indicar la naturaleza de la ocupación y conformar la estructura ocupacional. A primera vista, este conjunto de elementos que define la

---

las, pecuarias y de explotación forestal por grandes regiones, estados y zonas fisiográficas. En el caso de la agricultura, silvicultura y extracción forestal, fueron escogidas la participación porcentual de la producción de las distintas actividades económicas en los estados, en relación con el total producido en el Brasil: el porcentaje del valor de la producción de cada actividad económica, por estado, en relación con el ingreso agrícola estatal; el porcentaje del valor de la producción de cada actividad económica, por estado, en relación con el ingreso estatal; las dos principales zonas fisiográficas, en términos de producción por estado, para cada actividad económica; y el porcentaje de la producción de cada zona fisiográfica, por actividad económica, en relación con la producción estatal. Para la actividad pecuaria se utilizaron como criterios la participación porcentual de la existencia estatal, por actividad económica, en relación con el país y con las dos principales zonas fisiográficas, por estado productor, para cada actividad económica, con la respectiva participación porcentual de cada zona fisiográfica en relación con su estado.

naturaleza de la ocupación no parece ofrecer mayor dificultad para el investigador. La dificultad sólo aparece en la medida en que se percibe que estas variables deberían estar vinculadas a la estructura agraria, a las relaciones de trabajo y la organización del proceso productivo en distintas coyunturas.

2. A través del registro de remuneración e ingresos se intentaba correlacionar las distintas formas de remuneración y los distintos niveles de ingresos obtenidos en el desempeño de determinadas ocupaciones, identificadas en el proceso de producción agrícola.

Se trabajó una realidad en la que el modo de producción capitalista dominante presentaba distintas etapas. En este sentido, discriminando remuneraciones "en especie" —en productos y en utilidades— inicialmente se intentó identificar hasta qué punto predominaban las formas no monetarias de remuneración en el sector primario y, en segundo lugar, conocer la importancia de actividades económicas fuera del mercado. Las formas de remuneración registradas fueron definidas según se efectúan: totalmente en dinero, totalmente "en especie" o productos, totalmente en utilidades, parte en dinero y parte "en especie", parte en dinero y parte en utilidades, o por trueque directo.

En términos del sector primario, los componentes del ingreso no siempre están dispuestos de modo claro, en función de la interpretación de las relaciones de trabajo; ocurre constantemente que una persona, a pesar de que tiene una ocupación específica, ejerce también otras actividades económicas que le proporcionan ingresos subsidiarios. La composición de los ingresos podrá constar de un único componente o de varios, que podrán o no formar parte de la ocupación estudiada.

Con este análisis se identificaba sólo la remuneración y los ingresos implícitos, o sea, la parte referente a la manutención y la reproducción de la fuerza de trabajo. No se estaba captando el producto excedente inherente al modo de producción al que se vinculaban las ocupaciones.

3. La escolaridad, el entrenamiento y la experiencia adquirida en el trabajo, como aspectos de formación sistemática y asistemática para el desempeño de la ocupación, fueron investigados en forma genérica en el estudio. Relacionar el análisis ocupacional con los requisitos para su desempeño es materia de estudio para investigaciones específicas.

Se procuró analizar tales aspectos, aunque genéricamente, por una parte, para conseguir indicaciones sobre el nivel de formación sistemática y asistemática de la fuerza de trabajo que desempeña las ocupaciones estudiadas y también con el fin de obtener información para investigaciones posteriores. La intención principal fue, por lo tanto, registrar el estado actual de estos factores para obtener así indicaciones que, aun con carácter exploratorio, pudiesen ser tomadas como referencia para estudios sobre los requisitos deseables para el desempeño ocupacional.

El producto final del registro, de acuerdo con los criterios teóricos del estudio, indicaba que la mayoría de las ocupaciones analizadas se ejercía por personas que tienen un conocimiento suficiente para la situación en que viven, pero insuficiente para una eventual adaptación a situaciones nuevas derivadas del avance de la penetración del modo capitalista de producción en su forma más evolucionada en el campo.

La investigación se realizó en la coyuntura de una política de recursos humanos según la cual, teóricamente, el aprendizaje para el trabajo debería estar correlacionado con niveles de escolaridad; por ello, la investigación intentó hacer hincapié en la constatación de este grado de escolaridad relacionado con las ocupaciones. Esta preocupación fue una constante, en detrimento del estudio más profundo del conocimiento que demostraban las poblaciones, provenidos de la tradición y de la experiencia. No se dio la importancia debida al hecho de que los saberes acumulados representaban mucho más que simples manifestaciones folklóricas, ya que resaltan valores culturales y saber productivo.

4. El conjunto de variables relativas a la estructura agraria debería revelar el carácter dinámico que sugiere un estudio de clasificación de ocupaciones.

En el trabajo realizado hubo bastante rigor y examen detallado de la relación entre *ocupación* y *posición en la ocupación,* procurando identificar en aquel momento los distintos regímenes de trabajo (arrendamiento, asalariado, aparcería, a destajo, etc.). Por su parte, la articulación de la ocupación con la posición en la estructura agraria, generada en las propias relaciones de trabajo, se examinó superficialmente. Se debería haber profundizado el conocimiento de las repercusiones que se derivan de los sucesivos cambios que pueden provocar la posesión, el

uso y el dominio de la tierra, en el contexto de los desdoblamientos de las distintas formas de proceso productivo.

En el registro de información sobre herramientas y equipos
utilizados se procuró detectar, sobre todo, las necesidades relativas a la introducción de nuevas tecnologías, entrenamientos
y otras formas de innovaciones.

En relación con el coeficiente técnico no se obtuvo información que cubriese el universo de las ocupaciones. Por otra parte, esta pretensión revelaba el carácter ahistórico frente a los
datos que se intentaban reunir en aquel momento. No se perci-
bió la incompatibilidad en agrupar ese coeficiente con una descripción ocupacional realizada con base en datos totalmente
cualitativos.

En este estudio se intentó relacionar las migraciones con el
trabajo por temporada de las ocupaciones del sector primario
de la economía. De esta manera, se esperaba obtener datos que
pudiesen apoyar investigaciones futuras, vinculando el examen
del fenómeno migratorio con una de las distintas posibilidades
de acción: desplazamiento en la época entre zafras característi-
co de esa actividad económica, desplazamiento por la disminución del trabajo en tareas específicas de determinadas ocupaciones, y desplazamiento por la desaparición de la ocupación. Con
excepción de la tercera posibilidad, las demás fueron investiga-
das en función del inicio y la terminación de la ocupación, y las
tres en su relación con la región en que se produjo la migración.

Se pensaba que ambos tipos de datos —sobre migraciones y
trabajo por temporada— podrían, con el tiempo, subsidiar el
establecimiento de políticas de mano de obra en el sector primario de la economía, en especial las que se refieren al empleo y
al entrenamiento de mano de obra.

Aunque el análisis de las migraciones y temporadas haya de-
tectado la posibilidad de que un mismo trabajador ejerza distintas tareas ocupacionales en actividades económicas diversificadas,
no se exploró el potencial de esta información para correlacionar tales ocupaciones con relaciones de trabajo en el proceso
productivo. En rigor, un fenómeno que refleja al mismo tiempo
una problemática económica, política y social fue reducido a su
aspecto económico.

El análisis de las disparidades regionales y las innovaciones
tecnológicas y sus relaciones con la ocupación intentaba propor-

cionar información respecto de la actualización permanente de la estructura ocupacional, ya que las disparidades determinan una diferenciación en la estructura ocupacional y las innovaciones tecnológicas implican el surgimiento y la desaparición de ocupaciones.

Sin embargo, una vez más no se utilizó la riqueza de la información provenida de los fenómenos arriba descritos para explicitar la naturaleza de las relaciones de trabajo y organización del proceso productivo implicados en la clasificación producida.

3. *Cuestiones en torno a la clasificación del sector primario*

La clasificación reproduce los estímulos de las políticas de la época. Se editó un documento sobre las ocupaciones del sector primario en el Brasil, dentro de los moldes de clasificación que reúne ocupaciones del mundo del trabajo urbano.

Se identificaron las ocupaciones a partir de observaciones de la realidad, utilizando datos que permitieron incluir en el estudio no sólo formas de trabajo relevantes, sino también situaciones típicas del universo de las actividades ocupacionales del sector agropecuario. La clasificación se constituyó a partir de los elementos esenciales que permitiesen: a) convertirla en un instrumento de cuantificación de la fuerza de trabajo del sector primario, con fines de planeación, desarrollo y utilización de la mano de obra de ese sector; b) identificar y caracterizar contenidos didácticos para políticas de formación; c) dar inicio al establecimiento de perfiles, pudiendo generar un proceso continuo de adecuación de los análisis ocupacionales a las innovaciones introducidas en las actividades del sector en estudio.

La investigación se realizó a principios de la década de 1970, y se enfrentó a las propuestas de modernización trazadas en el "Plan-Metas y bases para la acción del gobierno" que reforzaba políticas agrícolas, estrategias de desarrollo y reformas de base tan amplias y ambiciosas como las definidas en las décadas anteriores.

Las "Metas y bases para la acción del gobierno"[21] enumeran diez objetivos e instrumentos importantes del gobierno para el período 1970-1973: incentivos financieros y fiscales, dirigidos

---

[21] Brasil. Presidencia de la República, *Metas e bases para ação do Governo*, Rio de Janeiro, 1970, pp. 89-97.

hacia el aumento de las inversiones y de la producción agrícola; inversiones y aplicaciones federales en programas de apoyo al desarrollo de la agricultura; aumento de la producción agrícola global del orden de 26 a 35°/o durante el período 1969-1973; desarrollo tecnológico del sector agrícola; desarrollo acelerado de la ganadería; proseguimiento de la política de defensa de productos de base; fortalecimiento de la infraestructura agrícola del país; implantación efectiva de la reforma agraria; expansión de área y colonización; ocupación de espacios vacíos; modernización del sistema nacional de abastecimiento.

La novedad en estas Metas y Bases es el surgimiento del Programa de Integración Nacional (PIN) y del PRORURAL.[22] Para la fijación de la población, además de la construcción de dos grandes ejes ferroviarios y de un ambicioso programa de colonización, se estableció —también como meta prioritaria del PIN— la primera etapa del Plan de Irrigación del Noreste: programas de colonización de valles húmedos de esa región.

Paralelamente, se intentó desarrollar a través de la "Política de Integración Social" (PIS)[23] algunas operaciones que se repercutirían en el sector primario: ampliar los programas de desarrollo social, y especialmente los de educación y habitación; ampliar los programas de capacitación de mano de obra en el sentido de favorecer el sector primario a través del Programa Intensivo de Preparación de Mano de Obra (PIPMO); apoyar las categorías de ingreso mínimo mediante la creación de la Central de Medicamentos y del Programa de Asistencia Social al Trabajador Rural, por intermedio del FUNRURAL; recuperar las poblaciones marginadas —en las zonas rural y urbana— incluyendo entre ellas a las de niveles de productividad muy bajos o que disponen de oportunidades de trabajo sólo de tiempo parcial.[24]

Una rápida visión general de la evolución de la política gubernamental en lo que se refiere a la expansión de la frontera agrícola y al poblamiento muestra una creciente sofisticación de los

[22] Brasil. Leyes, decretos, etc. Ley complementaria no. 11 de 25/05/71 instituye el programa de asistencia al trabajador rural y da otras medidas, *Diario Oficial*, Brasilia, 25, mayo, 1971 (ABCAR. Legislación, 536).
[23] Brasil. Leyes, decretos, etc. Ley complementaria no. 7 de 7/9/70 instituye el programa de integración social e instituye otras medidas. *Diario oficial*, Brasilia, 7 sept., 1970 (ABCAR. Legislación, 405).
[24] Brasil. Presidencia de la República, *Projeto do I Plano Nacional de Desenvolvimento Econômico Social — 1972/1974*, Rio de Janeiro, 1971, pp. 29-30.

objetivos e instrumentos utilizados, dirigida sobre todo a una mayor modernización del sector agrícola.

El I Plan Nacional de Desarrollo Económico y Social 1972/1974 traza una estrategia agrícola en que la expansión de la frontera agrícola se basa en el PIN. Hay una regionalización de la estrategia, indicando para el centro-sur una política de desarrollo de la agricultura moderna, con base empresarial. Esta política surge dentro del área del PIN o del Programa de Redistribución de Tierras y de Estímulos a la Agroindustria del Norte y del Noreste (PROTERRA),[25] que pretende transformar la agricultura tradicional del noreste en una actividad de mercado y desarrollar el Programa de Irrigación del Noreste.

Puede afirmarse, en este sentido, que la clasificación efectuada mantuvo una coherencia, al articular sus presupuestos teóricos al contexto global en que se desarrolló. Era evidente que el desglose y la explicitación de las descripciones apuntaban hacia la necesidad de capacitación y/o de formación profesional en el sector primario. Tomando en consideración que la mayoría de las instituciones que se dedicaban a llevar a la práctica las políticas de formación de recursos humanos estaban al acecho de instrumentos que ajustasen sus directrices a la oferta y la demanda de mano de obra, la clasificación representó una fuente bastante fértil dentro de aquella coyuntura. Esto se hizo evidente cuando se utilizó la información producida aun antes de la conclusión del trabajo. La clasificación cumplía, así, un papel relevante para el sistema, ya que proporcionaba indicaciones para las políticas en el sector rural, sobre todo en el ámbito de la formación profesional. Surgían mecanismos capaces de ajustar los programas de desarrollo de mano de obra a los moldes habituales en los sectores secundario y terciario.

Sin embargo, hay que indicar ciertas cuestiones que van apareciendo en la medida en que se procura relacionar la clasificación ocupacional con el proceso de desarrollo de la estructura agraria en distintas coyunturas.

La contradicción básica de la que se originan innumerables cuestiones reside en el hecho de que las ocupaciones fueron

[25] Brasil. Leyes, decretos, etc. Decreto-ley no. 1179 de 6/7/71. Instituye el programa de redistribución de tierras y estímulo a la agroindustria del norte y del noreste (PROTERRA), altera la legislación del impuesto sobre la renta relativa a incentivos fiscales y establece otras medidas. *Diario Oficial*, Brasilia, 6 jul., 1971. (ABCAR. Legislación, 477).

desglosadas en los distintos ramos de la actividad económica del sector primario sin considerar que se reproducen dentro de "divisiones de trabajo" y en el ámbito de "organizaciones de procesos productivos".

Sin considerar dialécticamente la división social del trabajo en el campo (es decir, las contradicciones presentes en esa división social dentro de formas de producción capitalista), ¿cómo utilizar las descripciones para cubrir espacios tan diferenciados en los modos de hacer, de saber y de organizar el trabajo en el tiempo y en el espacio?

Sin historiar la organización del proceso productivo, en que las tareas se desarrollaban en el momento de sus descripciones, ¿cómo aplicar esas mismas descripciones a situaciones semejantes sólo desde el punto de vista formal?

¿Cómo diferenciar ocupaciones en etapas aún artesanales sin haber elaborado previamente un análisis del desarrollo de la división del trabajo en su forma primera, o sea, la separación del trabajo agrícola, del industrial y del comercial (actividades subsidiarias y complementarias del sector primario)?

La introducción de nuevas tecnologías en el campo como derivación del modelo de desarrollo altera permanentemente los perfiles ocupacionales en conjunto o en parte; modifica tareas e introduce nuevas operaciones en las ocupaciones. ¿Cómo hacer compatibles estos fenómenos en los grupos ocupacionales identificados con el proceso de mecanización si no conocemos el alcance de su posición en la estructura agraria en el momento en que se elaboró la clasificación? Además, ¿cómo elaborar tales compatibilidades cuando se sabe que la modernización agrícola, sobre todo con la inserción de nuevas tecnologías, introduce alteraciones no sólo en la división del trabajo, sino también en la propia estructura agraria?

Las preguntas arriba planteadas tienen sentido en la medida en que los análisis que se han hecho actualmente sobre la realidad brasileña muestran que "la formación del mercado de trabajo rural debe ser entendida como el proceso de constitución/ diferenciación de clases sociales en el campo, movido por el avance del capital. Ese avance se ha manifestado en la modernización de ciertas culturas en áreas específicas, al mismo tiempo que se mantienen ciertas características de la estructura de producción antigua, se refuerzan otras y aun otras son adaptadas a los nuevos tiempos y condiciones. Se trata de la llamada 'modernización conservadora', que engloba un conjunto de transformaciones que se pueden enumerar como sigue:

a) manutención del elevado patrón de concentración de la propiedad de la tierra;

b) expansión de las áreas de pastura;

c) estímulo al desarrollo de nuevos cultivos, altamente tecnificables, como es el caso de la soya;

d) aceleración del proceso de expulsión de los trabajadores permanentes, en un contexto en que ya no tienen ningún poder de negociación;

e) aumento del contingente de asalariados temporales, que sólo encuentran trabajo intermitentemente;

f) aceleración del proceso de subordinación de la pequeña producción al capital en sus distintas formas".[26]

La persistencia en analizar las ocupaciones sólo para identificar necesidades de formación e introducir innovaciones en las políticas de mano de obra parece, en este caso de la clasificación del sector primario, una distorsión, ya sea: 1) por la impropiedad de querer introducir formas nuevas de aprendizaje para tareas cuyo conocimiento se adquiere a través de la tradición y la comunicación de la experiencia vivida; 2) por lo inadecuado de fomentar una formación para realizar tareas que se simplifican cada vez más con la introducción de tecnologías modernas; 3) por otra parte, el carácter inconsistente de los datos ocupacionales desvinculados del contexto de las relaciones de trabajo, provoca la producción de los "paquetes de enseñanza", transformándolos en vehículos de destrucción de los "saberes populares".

---

[26] Fundação Getulio Vargas, *Trabalho rural e alternativa metodológica de educação; dimensionamento de necessidades e oportunidades de formação profissional,* 2° informe de actividades, Rio de Janeiro, IESAE–CPDA/EIAP, 1980, v. 2, pp. 169-170.

4. ¿Cómo utilizar la información ocupacional?

Se puede observar que los análisis sobre las ocupaciones describen tareas de extrema singularidad en el proceso agrícola, ganadero y de silvicultura brasileños. Tales análisis reúnen así una gama de información, en su mayor parte desconocida en los estudios que tratan estos temas. En ellas se refleja la riqueza de saberes de las poblaciones rurales, su capacidad inventiva, principalmente en cuanto al "know-how", la transmisión de conocimientos y utilización de tecnologías primitivas, reformulándolas e imprimiéndoles nuevos usos en las diferentes formas de trabajo. Las descripciones ocupacionales en este sentido pueden considerarse incluso como una fuente inédita que puede ser explorada, debido a las peculiaridades y detalles que reúnen.

El ordenamiento de la clasificación no contrapone la etapa de desarrollo moderno a la etapa de desarrollo primitivo; tampoco sobrepone tecnologías modernas a procesos rutinarios, ni acentúa la preservación de las prácticas tradicionales del proceso productivo; no obedece, en fin, a cualesquier criterios que permitan un tratamiento dinámico de las ocupaciones en el proceso productivo.

Es significativo el agrupamiento que se hace de tipos ocupacionales en conjuntos que mantienen determinadas especificidades sólo desde el punto de vista de la descripción de sus tareas, ocultando su relación con la división social del trabajo dentro de determinado proceso productivo.

Las siguientes indicaciones son ejemplos ilustrativos:

a) El conjunto (grupo grande 6-0 de la clasificación) reúne administradores, directores, capataces, gerentes, etc. Están incluidos en este conjunto los trabajadores ocupados en organizar, planear, dirigir y supervisar, desde el administrador o director gerente de una empresa multinacional hasta un capataz rural, jefe de establo, velador de hacienda o administrador de invernada.

b) Otro conjunto (grupo grande 6-5 de la clasificación) reúne operadores de equipos e instrumentos en la agricultura. Estos ocupan el espacio destinado a los que participan del proceso productivo utilizando tecnologías y otras innovaciones, lo cual refleja la etapa de desarrollo moderno en el sector primario.

Para fines de descripción ocupacional se juntan en este grupo tanto al propietario que maneja sus propias máquinas, el piloto de avión, como el trabajador "volante" que alquila su fuerza de trabajo por determinado tiempo para manejar un tractor.

Las distorsiones que pueden derivarse de políticas de recursos humanos o de programas de formación de mano de obra formulados a partir de este instrumento son evidentes y apuntan la ausencia de un marco interpretativo que trascienda la mera discusión formal de los fenómenos ocupacionales.

Dentro de este prisma, los datos ofrecidos por los estudios ocupacionales deben considerarse únicamente como uno de los elementos en los análisis de estructuras y coyunturas agrarias.

Es necesario, pues, tener presente que el presupuesto básico de todas estas consideraciones es que la organización de la producción está dictada por el capital, en sus distintas formas, ya sea que la actividad económica esté vinculada al sector de mercado, al sector de subsistencia o a otros. Este es el parámetro preliminar para intentar cualquier estudio ocupacional.[27]

---

[27] Como señala CORIAT: a) todo progreso técnico está relacionado con el aumento de la productividad del trabajo; b) la cuestión de la técnica y de su desarrollo no puede disociarse de las condiciones de su empleo; c) tanto como propiciar una mayor eficiencia de la fuerza productiva del trabajo, el objeto del progreso técnico en el capitalismo es la sumisión del trabajo al capital. Citado por Graziano da Silva, *Progreso técnico e relações de trabalho na agricultura paulista*, tesis de doctorado, v. 1 mimeo, p. 31.

La estrategia de desarrollo y la estructura agraria frente a la economía campesina: hacia la formulación de una nueva política tecnológico-ocupacional

Cristian Sepúlveda

La discusión sobre el problema de la tecnología y el empleo en las áreas rurales, puede seguir una doble vertiente. Una se refiere a las políticas tecnológico-ocupacionales que por sus orientaciones, apuntan casi exclusivamente a una aceleración de la modernización de agricultura, teniendo como requisito y/o consecuencias necesarias la concentración del capital agrícola y una insuficiente absorción relativa de trabajo asalariado. La otra, en cambio se refiere a las políticas tecnológicas cuyos objetivos básicamente deberían propender a mejorar las condiciones de reproducción de la fuerza de trabajo agrícola tanto de la asalariada como de la vinculada a las economías campesinas. Ambas líneas de discusión expresan, en su propio terreno, una vieja polémica —ya tradicional en la literatura sobre desarrollo— en torno a la viabilidad de compatibilizar objetivos de crecimiento con objetivos redistributivos del ingreso. Esta idea de compatibilizar es precisamente la que domina las recomendaciones de diversos organismos internacionales sobre políticas tecnológicas y ocupacionales, entre otros, en los respectivos programas regionales de UNESCO y de OIT;[1] lo mismo ocurre, en el caso específico del actual gobierno ecuatoriano, cuyos 21 puntos programáticos, aun cuando no están explícitamente referidos a esta materia, sí configuran un marco de referencia para orientar en la dirección mencionada tanto la estrategia de desarrollo como también a las propias políticas tecnológico-ocupacionales. Por esta razón, se justifica en nuestro caso discutir si ambas líneas anteriores pue-

---

[1] Al respecto se puede consultar los documentos pertinentes de la *Quinta reunión de la Conferencia permanente de dirigentes de los Consejos Nacionales de política científica y de investigación de los Estados Miembros de UNESCO de América Latina y del Caribe*, celebrada en Quito, Ecuador, 13 al 18 de marzo de 1978. (La política científica y tecnológica en América Latina y el Caribe - 4).

den converger para compatibilizar en la práctica una rápida acumulación, y por consiguiente un crecimiento acelerado de la productividad del sector con un sensible mejoramiento de los niveles de calidad de vida y de productividad en las propias economías campesinas; y, sobre todo, de ser así, se trataría de ver cuáles serían las condiciones y los márgenes en que ello podría ocurrir. Esto hará previamente necesario reflexionar cuál ha sido el grado de divergencia que han mantenido hasta ahora estas dos políticas con especial referencia al caso ecuatoriano.

1. La estrategia de modernización agraria

Una breve revisión de lo ocurrido en Ecuador en relación a ambas políticas nos conduce de modo general a constatar que en los últimos dos decenios han prevalecido claramente las políticas primeras, es decir, las llamadas de modernización capitalista, lo que ha sido plenamente coincidente con lo ocurrido en el resto de América Latina. El contenido de esta línea de políticas se ha corporizado en la búsqueda de un doble objetivo no excluyentes, sino más bien complementarios: la racionalización empresarial de la antigua hacienda terrateniente y la *farmerización*[2] del pequeño predio familiar excedentario.

En una primera etapa, precisamente las políticas de reforma agraria, que en el caso de algunos países han sido complementadas con políticas de expansión de la frontera agrícola, han pretendido responder a estos objetivos. Así, como resultado de estas políticas, la eliminación de las formas precarias de tenencia de la tierra, además de inducir el desarrollo de un modelo concentrador del capital agrícola en explotaciones agrarias de tamaño óptimo intermedio, se ha orientado a crear un nuevo marco de inserción productiva y jurídica para la economía campesina tradicional, mediante un reforzamiento proliferizante de la explotación minifundiaria de los suelos menos productivos, aunque esta vez basada en la propiedad privada. La clara tendencia (aun cuando desigual según las regiones) al deterioro de

---

[2] Conjuntamente con hacerse algunas reservas frente a una eventual asimilación inmediata del concepto clásico de farmerización con el que aquí se utiliza, corresponde indicar que el concepto hay que interpretarle como un objetivo virtual o paradigmático, antes que como un objetivo sintetizador del nuevo modelo de economía de pequeño productor que se persigue en el mediano plazo.

los recursos productivos del minifundio que ha significado este último proceso, ha tenido sin embargo más importancia para la racionalización empresarial de las explotaciones mayores.[3] Ello ha sido así en la medida que dicho fenómeno ha provocado un importante desarrollo regional de los mercado rurales de trabajo asalariado, mientras que el mismo se ha convertido a la vez en un importante factor regulador en el largo plazo de la oferta urbana de trabajo excedentario.

Visto el mismo problema desde otro ángulo se podría decir que la superación de la explotación rentista del trabajo y de la tierra ha conducido a una progresiva mayor movilidad mercantil de estos recursos. En ello particular importancia ha tenido la conversión jurídica del antiguo campesino de poseedor condicionado de la tierra a libre propietario de la misma, al igual que la amenaza expropiatoria de grandes predios prescrita legalmente, ya que ambos factores han inducido el relegamiento a un segundo plano de la renta por la ganancia propiamente capitalista, como forma de apropiación del excedente agrario. La capitalización obligada que ha precedido a este fenómeno ha significado conjuntamente, tanto una reducción del tamaño de la antigua hacienda como una más o menos rápida modernización tecnológica suya. Tales cambios estructurales —de una o de otra forma— se han proyectado en tendencias evidentes a la superación de las relaciones oligárquicas de dominación regional, basadas en el sometimiento personal del campesino, por un modelo mucho más personalizado de dominación, propio del capital, ahora constituido este último como socialmente predominante en el campo.

En Ecuador los efectos de estas políticas han sido similares al de otros países latinoamericanos en cuanto a naturaleza y sentido de las transformaciones, aun cuando la extensión y radicalidad sí ha diferido considerablemente con algunos de ellos. Hoy en día esos efectos aún persisten en desarrollo, aun cuando su mantención se da en el contexto de la superación, sobre todo, de las políticas de reforma agraria y de la emergencia de una segunda etapa de políticas de modernización. En esta segunda etapa la superación de las políticas anteriores ha abierto paso al

---

[3] *Seminario Permanente sobre Latino América* (SEPLA/79 - No. 2). La cuestión agraria, II Ciclo, 1978 (Stavenhagen, Restrepo, Dos Santos y otros autores).

predominio de las políticas del fomento agropecuario, las que inscribiéndose en la concepción del Desarrollo Rural Integrado se sustentan en la acción estatal fuertemente financiada con créditos externos tendiente a desarrollar una infraestructura productiva (riego, caminos, comercialización) y social (educación, salud, etc.) integrada. Así la creación de condiciones externas favorables de rentabilidad terminan por sumarse a las internas de los predios, que se traducen en abundante crédito y asistencia técnica tendiente a acrecentar la modernización tecnológica y el crecimiento de la productividad y rendimientos de las empresas agrícolas. Con el nuevo giro adoptado por la política agraria se pretende ampliar el espacio de capitalización que en la fase anterior favoreció preferentemente al antiguo latifundio, esta vez en beneficio de las unidades excedentarias de menor tamaño, pero sin que llegue a beneficiar del todo al minifundio de subsistencia (no significativamente excedentario). La capitalización e integración al mercado de productores menores pasaría a significar virtualmente así, la ampliación o creación de mercado para las grandes empresas productoras de insumos y en general de medios de producción destinadas al sector agropecuario, empresas cuya mayor parte se encuentran integradas a lo que se conoce como el sistema del agribusiness internacional.

Referido a los resultados manifestados por esta política de modernización, principalmente considerada en su segunda fase, se puede indicar que como consecuencia de los avances experimentados en la capitalización de los predios agrícolas mayores[4] se ha observado una progresiva recomposición en la estructura de la producción agropecuaria. Por lo menos, así lo ilustra el caso de la sierra ecuatoriana en donde más del 50% de los suelos destinados a cultivos tradicionales (trigo, cebada, maíz, papa, etc.), fueron reasignados durante el decenio reciente al desarrollo de pastizales para la ganadería, con una consiguiente disminución de la producción interna en aquellos rubros.[5] El considerable crecimiento de la demanda interna, que

---

[4] Corresponde señalar que aquellos avances mencionados normalmente se proyectan como bolsones microrregionales de modernización cuyos efectos débilmente se irradian hacia el resto de la microrregión, a pesar de la presencia de políticas como las indicadas. Para el caso de los bolsones de modernización en la agricultura ecuatoriana se puede consultar: Banco Central del Ecuador, *Indicadores para la selección de áreas deprimidas de Costa y Sierra*, Quito, 1979.

[5] Para un análisis más detenido sobre el rol modernizante que ha tenido la ganade-

el reciente boom petrolero ha inducido socialmente a través de los sectores de altos ingresos y de una nueva clase media en rápido desarrollo, ha sido el principal estímulo para esta recomposición.

Al representar estos rubros de producción agrícola componentes básicos del consumo popular, la considerable caída de su producción interna (en el caso del trigo, casi 75% durante el decenio pasado), ha significado incrementar aceleradamente las importaciones, con el agravante de tener que subsidiar su precio interno para impedir que la tendencia alcista del precio internacional, particularmente del trigo reforzara las presiones inflacionarias internas. Así, entonces, la contrapartida de lo ocurrido con los productos agrícolas de consumo básico ha sido, pues —aun cuando con variaciones, dado las diferencias ecológico-regionales— que la especialización ganadera haya adquirido un gran desarrollo en las unidades mayores, y en particular en las intermedias.

En la costa ecuatoriana, y en general también en otros países latinoamericanos (algunos de) los cultivos tradicionales (parcialmente autoconsumibles y/o destinables a la comercialización como bienes-salarios) han tendido similarmente a ser desplazados por la ganadería o, de modo general, por otros cultivos agroindustriales o exportables directamente (oleaginosas, soya, sorgo, café, cacao, etc.). Las políticas estatales de transformaciones agrarias (tenencia de la tierra, precarismo, etc.), por sí mismas no explican estos fenómenos, sino más bien, la racionalidad tanto de aquellas políticas como de éstos se aclara por las tendencias diferenciadoras del mercado interno, que impulsa las tendencias concentradoras del ingreso y por el mayor énfasis que han adquirido las políticas de promoción de exportaciones en el marco de los reajustes globales de los modelos de política económica que se han venido experimentando durante los años 70.[6] En este sentido la política de corto plazo, en especial la que determina el comportamiento de la estructura de precios re-

---

ría en el caso ecuatoriano, se puede consultar Alex Barril G., "Desarrollo Tecnológico, Producción Agropecuaria y Relaciones de Producción en la Sierra Ecuatoriana", en *Ecuador: Cambios en el agro serrano*, FLACSO-CEPLAES (Quito, 1980).

[6] A propósito de una investigación sobre Tecnología y Empleo Industrial que el autor de este trabajo está llevando a cabo, se ha elaborado un documento en el que para explicar el comportamiento excedentario de la oferta urbana de trabajo precisa-

lativos (en conjunto con las políticas arancelarias, de subsidio, crediticia, de comercialización y de asistencia técnica), ha configurado un sistema de señales indicativas de mercado cuya prinpal función ha sido catalizar el proceso que hemos denominado de racionalización empresarial. Así se tiene que los empresarios agrícolas en la medida que han sido sensibles a estos estímulos, han tendido a maximizar su tasa de ganancia estructurando en términos más rentables sus policultivos, cuando no es el caso de especializarse casi absolutamente (fincas ganaderas, haciendas de plantaciones o madereras, parcelas hortícolas o frutícolas). El sacrificio de superficie con cultivos tradicionales, en beneficio de cultivos de demanda agroindustrial, al interior del predio no ha significado una renuncia total a los primeros a causa de la mayor rentabilidad de los segundos. Por una parte las técnicas de rotación de cultivos así lo han inducido; mientras, por otra parte, por lo menos en los predios más grandes una mayor incorporación tecnológica en los cultivos tradicionales ha permitido, mediante condiciones ecológicas favorables, elevar considerablemente la rentabilidad por hectárea sembrada.

2. Modernización y política tecnológica

En el ámbito que nos interesa, se puede señalar que la mayor inversión por hectárea de siembra tradicional ha causado saltos considerables en los rendimientos por hectárea (o por quintal de semilla sembrada) y en la productividad por trabajador, aunque a costa de una fuerte contracción del empleo agrícola en las antiguas haciendas grandes y medianas, que son precisamente las más representativas de este fenómeno.[7] Particular importancia en ello han tenido las características del paquete tecnológico que se han encargado de difundir las instituciones estatales de fomento (ley de fomento agropecuario, política arancelaria, organismos crediticios, centros de investigaciones agropecuarias,

mente se analiza la relación entre los reajustes más globales del modelo de acumulación y la necesidad de la modernización agraria para el caso del Ecuador. Al respecto se puede consultar el documento provisorio, C.S. *Reflexiones sobre acumulación y empleo: algunas hipótesis y consideraciones metodológicas* (1980).

[7] Para visualizar las tendencias de los efectos ahorradores de trabajo que ha traído consigo la transformación modernizante de las antiguas haciendas, se puede consultar algunos análisis de casos en *Ecuador: Cambios en el agro serrano, op. cit.*

organismos ministeriales de asistencia técnica, etc.), en conjunto con las empresas importadoras de equipos agrícolas e insumos.

Las características de ese paquete tecnológico, siendo en lo fundamental importado, corresponden a las tecnologías que el agribusiness internacional tradicionalmente ha venido generando y difundiendo en las economías desarrolladas, en la línea de la Revolución Verde. Es decir, esas características se orientan a beneficiar propiedades agrarias que por tener un tamaño mínimo óptimo pueden aprovechar o generar economías de escala potenciando (y/o reduciendo diferencias en las) calidades de suelo.

Entre los componentes de ese paquete, los únicos que no pueden considerarse como directamente importados son algunas tecnologías biológicas (desarrolladas por los centros de investigaciones locales, p.e., como semillas mejoradas), lo mismo que las técnicas de manejo cultural, pero que en todo caso necesariamente se amarran, teniendo que adaptarse, a las restricciones y características que imponen los demás componentes del paquete, que en definitiva son los determinantes. Estos últimos son la tecnología mecánica (maquinaria agrícola básica e implementos modulares) y la tecnología química (fertilizantes, herbicidas, plaguicidas, vacunas, etc.), cuyos efectos respectivos son, en el caso de la primera, elevar la productividad del trabajo mediante un considerable ahorro de mano de obra, y en el segundo, incide sobre todo en un aumento de los rendimientos de la tierra sin que tenga, con excepción de los herbicidas, mayores efectos ahorradores de trabajo. La creciente mecanización de las faenas, siendo el eje de la modernización tecnológica en el agro, no sólo se ha ajustado coherentemente a la política global de modernización aprovechando economías de escala en tierras de extensión mayor y más rentables o mejorando los rendimientos productivos de las demás técnicas, sino también ha permitido racionalizar para la empresa agrícola el mercado laboral en la medida que ha subsanado escaseces temporales crónicas de oferta de trabajo en regiones en las que coincide temporalmente el ciclo siembra-cosecha en la gran y pequeña propiedad.[8]

En la medida que la difusión de muchas de estas técnicas son de responsabilidad directa de instituciones estatales o semiesta-

---

[8] Ver una discusión al respecto en PREALC, *Situación y Perspectivas de Empleo en Ecuador*, Santiago (1976).

tales,[9] su costo real llega al usuario fuertemente subsidiado. Considerando que las características del paquete tecnológico determinan la estructura y nivel de los costos, se asume que el subsidio anterior adquiere la magnitud que garantiza una rentabilidad mínima con respecto a los precios agrícolas, lo cual sólo sera posible a partir de ciertos tamaños y rendimientos óptimos mínimos de la tierra. Esta tasa prevista de rentabilidad óptima sirve como parámetro de referencia para formular y administrar una política como la discutida, bajo el supuesto de que el paquete tecnológico se aplica íntegramente. En otras palabras, el costo de aplicación integral del paquete al presuponer la movilización de un capital de explotación (y de largo plazo) considerable, sea propio o de crédito, se torna viable —según la provincia y cantón— sólo para los estratos mayores y/o intermedios, en la medida que la combinación de calidad y tamaño de tierra les permita por lo menos alcanzar el nivel de rentabilidad antes mencionado. Cuando se desciende, en cambio, a los estratos inferiores en tamaño (y, a menudo, en calidad de tierra), se tendrá una incorporación cada vez más incompleta del paquete, conjuntamente con una disminución de rentabilidad.[10] En ello reside precisamente la doble característica más expresiva de este proceso: por un lado, una creciente concentración del capital agrícola, y por otra, una progresiva diferenciación entre (y dentro de) los distintos estratos de propiedad. Así también, lo confirman las estadísticas del M.A.G. sobre el grado de incorporación por estratos de tamaño de los respectivos componentes del paquete, en el caso de los cultivos tradicionales en la sierra ecuatoriana.

Según estas estadísticas se desprende que cerca del 15% de las explotaciones que aún figuran cultivando productos tradicionales —es decir, sólo las mayores— tienen acceso significativo al paquete tecnológico, aunque en grado descendente a medida que

---

[9] Tal es el caso de los pooles descentralizados de maquinaria agrícola, centros de inseminación artificial o de capacitación en manejo de cultivos a cargo de organismos ministeriales o crediticios, o sino como en el caso de desarrollo y venta de semillas adaptadas a cargo de centros de investigación agropecuarios y de empresas comercializadoras de semillas.

[10] Al respecto se puede consultar el trabajo por publicar de E. De Labastida y J. Gaude, *Una Matriz Socio-económica de Insumo-Producto adaptada para un Análisis de Migraciones Internas en el Ecuador;* p/p en el Instituto de Investigaciones Económicas, Universidad Católica (Quito).

se aproxima a la base de la pirámide de tenencia de la tierra. En efecto, los estratos menores que llegan en alguna medida a utilizar componentes de este paquete (en especial herbicidas, y a veces, fertilizantes artificiales y arriendo de maquinaria para la preparación del suelo) son a lo sumo aquellas economías campesinas que por disponer de más tierra y riego —digamos entre 5 y 15 hectáreas— y a veces de calidad aceptable, logran alcanzar cierto nivel de capitalización y de integración al mercado interno, convirtiéndose así difusamente en la frontera estructural del capitalismo agrario.[11] Más allá de esta frontera, extrapolando al conjunto del sector rural, se encuentra aproximadamente el 80% restante de las explotaciones agropecuarias, cuyas extensiones normalmente inferiores a las 7 hectáreas, imposibilitan casi del todo la generación de un excedente comercializable significativo, como fuente de un capital de explotación que dé acceso a componentes de esta tecnología. El número censal de explotaciones agropecuarias que se encuentran en esta situación se ubica por encima de 450,000; considerando unidades familiares tipo (UFA) de 6 miembros, ello significa que aproximadamente 2,700,000 campesinos —es decir el 38% de la población ecuatoriana y más o menos el 45% de la PEA rural— tiene vedado todo acceso al progreso técnico para elevar la productividad en sus predios, y por esa vía mejorar sus condiciones de vida.

3. *Las economías campesinas y su conexión con la estrategia de desarrollo*

Lo contundente de estos últimos datos pone de relieve la gran envergadura que deberían adquirir los objetivos de una política que se proponga elevar de forma significativa los niveles de calidad de vida en las economías campesinas. La consolidación de tal política en la esfera productiva significaría, en efecto, abrir un nuevo espacio de acción estatal, que hasta ahora, si bien el pleno dominio de la política de modernización agraria no lo ha impedido del todo, por lo menos sí ha determinado lo restringido de su alcance, haciéndolo ineficaz. Los antecedentes al respecto así lo confirman.

---

[11] Igualmente consúltese al respecto el artículo por publicar de Zonia Palán, *Proceso de Generación, Difusión y Adopción Tecnológica: "El caso de los pequeños productores de trigo en el Ecuador"*; p/p en el Instituto de Investigaciones Económicas, Universidad Católica (Quito).

En América Latina, y en particular en Ecuador, la aparición de políticas con una preocupación expresa por beneficiar a las economías campesinas —exceptuando por cierto a las políticas de reforma agraria— ha sido más bien reciente, y en especial, del quinquenio pasado. Ellas han surgido inspirándose en la tesis que llama a combatir la "extrema pobreza" y cuyo principal fundamento se asienta en la necesidad de darle ante todo un cauce a las tensiones sociales y políticas que genera la marginalidad rural. En este caso la marginalidad rural se entiende como la proliferación del minifundio que ha reforzado la política de transformación y de modernización agraria. Aun cuando se desconocen —quizás por lo prematuro estudios evaluativos detallados sobre los resultados de estas políticas—[12] una revisión rápida de sus efectos nos indica que la respuesta político-institucional en este campo ha sido más bien localizada y puntual, sin llegar ni a atacar las causas estructurales de fondo, ni a movilizar recursos en una cuantía suficiente frente a la envergadura del problema. Yendo incluso más allá en el desarrollo de esta hipótesis, se podría señalar que siendo preferentemente de naturaleza política y muchas veces clientelísticas las motivaciones que encierran esta política, su conexión con la estrategia de desarrollo agraria —y no podía ser de otro modo— ha sido casi inexistente con lo cual inevitablemente se ha evidenciado la ineficacia en el logro de sus objetivos formalmente declarados. Es indudable que la clave que explica esa falta de conexión son los límites estructurales que el minifundio inherentemente opone a una integración mayor en el mercado.

En la medida que los esfuerzos de la política oficial se vislumbran como insuficientes para resolver el problema socioeconómico del minifundio, queda abierta para el futuro una serie de consecuencias que podrán llegar a influir desequilibradamente en la regulación de los mercados laborales. Según lo anteriormente adelantado, se tiene así que la configuración de una frontera entre la gran masa minifundiaria y el resto de la estructura agraria al no ser traspasable para la política de modernización mal se puede esperar, como algunos defensores de la misma señalan, que ella genera en algún momento "trickledown effects", o co-

[12] Para el caso del Ecuador existe un interesante, aun cuando no muy detallado estudio: CEDIS, *El Estado y los Sectores Marginados del Campo* (1a. parte), julio-octubre de 1979, mimeo.

mo mejor se le conoce, efectos de "derrame" hacia atrás.[13] Es decir, el patrón predominante de incorporación tecnológica, al vedar cualquier acceso al progreso técnico en la economía campesina, ni siquiera congela su desarrollo productivo, sino que muchas veces incluso lo torna, más bien regresivo. En tales condiciones, entonces, en el largo plazo necesariamente deberá deteriorarse la función de la economía campesina como refugio que asegura la subsistencia y la reproducción de una gran masa de fuerza de trabajo "virtualmente" sobrante, pero, en cualquier caso, también reguladora de la oferta rural y urbana de trabajo.

Ese desarrollo regresivo concretamente se refleja en el deterioro de los recursos productivos del minifundio, por ejemplo como se demuestra con la tendencia a la concentración del tamaño medio del minifundio en la sierra ecuatoriana, en donde el número de minifundios menores de 5 hectáreas ha aumentado entre 1954 y 1974, a un ritmo 2.7 veces mayor que su superficie total.[14] Pero más allá de esta reducción del tamaño medio del minifundio, el deterioro ocasionado por otro tipo de factores torna aún más crítica su situación productiva. Ante la imposibilidad de capitalizar la tierra y ante el apremio de la necesidad del autoconsumo de subsistencia, al campesino, aun cuando normalmente tiene una conciencia difusa de la necesidad de preservar sus escasos recursos, le resulta inevitable intensificar irracionalmente el uso del suelo; ello se ve particularmente agravado por factores tales como: sequías y falta de riego, erosión debido a la ubicación topográfica del terreno en laderas o por falta de espacio físico para aplicar técnicas de descanso, endeudamiento y/o carencia de capital trabajo, etc. Particularmente expresivos han sido los efectos de estos factores de deterioro en el caso de campesinos que por presión estatal recibieron en propiedad sus huasipungos en haciendas que no fueron expropiados. En la mayor parte de tales casos el latifundista procedió a reconocerles ese derecho a sus huasipungueros para entregarles tierras que si bien eran equivalentes en tamaño no lo eran igualmente en calidad, a lo que se sumaba el hecho de que les cortaba el acceso, que antes gozaron, a diversos recursos tales como: riego para los cultivos de subsistencia, leña, pastos de la hacien-

[13] Para una discusión sobre este punto consultar: PREALC, *op. cit.*
[14] Simón Pachano, *Transformaciones Agrarias, Políticas Estatales y Población en el Ecuador* (CIESE) documento de trabajo, ined., p. 46.

da para su ganado, etc. Así pues, estos factores deteriorantes de los recursos productivos tornan inevitable la caída en los rendimientos físicos por unidad de superficie, lo que al cruzarse con la presión demográfica que significa el crecimiento de la familia campesina *conducen a una ruptura del equilibrio de la economía campesina, entendida simultáneamente como unidad de producción y de consumo*. La ruptura de este equilibrio interno de la economía campesina adquiere una importante crítica, puesto que en la medida que, *ex-ante*,[15] se traduce en una caída similar del producto *per capita* obtenible exclusivamente dentro del minifundio, la subsistencia de la familia minifundiaria se convierte virtualmente imposible, forzando así la emigración. De este modo, ex-post, la emigración se convierte en el único mecanismo que cuenta la economía para restablecer su equilibrio interno.

Aun cuando el deterioro de los recursos productivos del minifundio se manifiesta muy desigualmente según provincia o región, lo cierto es que ha acrecentado considerablemente los flujos migratorios de origen rural provocando una acelerada urbanización (la PEA urbana crece a un 6.6% mientras que la PEA rural lo hace sólo a un 1.7%). Parte importante de estos desplazamientos poblacionales son explicados en el largo plazo por flujos migratorios que —después de haber atravesado diversas etapas: rural-rural, rural-semiurbano (local), semirural (local) o rural-urbano, se convierten en permanentes. Sin embargo, una parte, tal vez, más importante del mismo crecimiento urbano viene a ser explicado en el corto plazo por una masa de trabajadores flotantes cuyo origen son los flujos migratorios de carácter temporal. La importancia de este último tipo de migraciones ha venido siendo creciente, en los últimos años, para explicar la formación y desarrollo de un excedente estructural de trabajo urbano, aunque sin saber en qué magnitud predomina sobre los flujos migratorios permanentes. En cualquier caso, dado las características del patrón urbano de absorción tecnológico-ocupa-

---

[15] Al no considerarse ingresos complementarios a la economía campesina, esta afirmación se hace sólo en el sentido *ex-ante*, puesto que después de una baja inicial de la productividad, lo más probable es que se produzca emigración, en cuyo caso —si el producto del predio se mantiene constante en su nuevo nivel inferior— entonces la familia minifundiaria reducida verá parcial o totalmente restablecido el antiguo nivel del producto per cápita de la parcela. Por esta razón, a veces, resulta difícil confirmar estadísticamente la vigencia *ex post* de tal fenómeno.

cional se puede adelantar —como hipótesis— que en el futuro la
inmigración temporal tenderá a acrecentar críticamente el excedente de trabajo en las ciudades a no mediar un mejoramiento
considerable (puesto que un freno no será suficiente) de las condiciones reproductivas en deterioro de la economía campesina. En
otras palabras, de no ocurrir este mejoramiento, la función de
retención de trabajadores que aún cumple la economía campesina puede entrar en abierta crisis.

Cálculos establecidos por el Programa Nacional de Regionalización del Ministerio de Agricultura y Ganadería indican que,
a nivel de promedio nacional, una familia minifundiaria obtiene
el 60% de su consumo global de la explotación directa de su parcela, mientras que el 40% restante proviene de ingresos generados externamente a la misma parcela. Si uno asume, sobresti-
mando, que 5 puntos porcentuales de ese complemento proviene de la artesanía, entonces la significación de la emigración
temporal se torna evidente. De ello, en parte considerable de los
casos, depende la supervivencia de la economía campesina; aunque en muchos otros casos la emigración temporal puede ser
más bien interpretable como mecanismo de capitalización del
predio, en la medida que los ingresos externos si bien sirven para
completar un consumo de subsistencia básico también pueden
convertirse en fuente de financiamiento de un capital de explotación que contribuya a la generación de un excedente comer-
ciable.[16]

En todo caso, cualquiera que sean los móviles de la emigración temporal —complemento de consumo o de capitalización—lo
cierto es que ello tiende a configurar un circuito migratorio temporal rural-urbano-rural. Además del comportamiento de los salarios en el campo y la ciudad, coyunturalmente este circuito
pasa a verse regulado por el ciclo de siembra-cosecha, mientras
que estructuralmente su regulación pasa a depender de las condiciones del deterioro o de la capitalización de la pequeña propiedad campesina. Ahora bien, en la medida que la reproducción
de este circuito se ha venido convirtiendo en un factor clave
para la regulación de los mercados laborales rurales y urbanos,
la propia regulación del mismo circuito mediante su sometimiento al control de la política económica pasará a ser en el

---

[16] Ilustrativamente se puede consultar sobre esta hipótesis, Zonia Palán, *op. cit.*

futuro un factor crítico de las políticas poblacionales y de empleo. Esta intervención reguladora que pueda ejercer el Estado sobre los circuitos migratorios temporales, podrá y deberá ser ejercida en las ciudades (o en general, en los centros de atracción de trabajo asalariado), pero también, deberá atacar el problema en su origen mismo *planteando una política de desarrollo de la economía campesina, en un sentido y con una flexibilidad que se armonice con todo un paquete de políticas agrarias, lo mismo que con la orientación que asuma el modelo de acumulación global.* Ello necesariamente significa abrir la política de modernización agraria que ha prevalecido hasta ahora, redefiniéndola más allá de sus actuales alcances.

Abrir la política de modernización agraria, en este caso, significa buscar una armonización de los objetivos de crecimiento, que benefician principalmente a la gran y mediana propiedad, con objetivos redistributivos que hagan posible elevar la productividad en la economía campesina. Las condiciones y la amplitud de los márgenes de tal apertura y armonización necesariamente pasaría a depender del grado en que el Estado podría y estaría dispuesto a emprender un reajuste del modelo de control social de los recursos, y por tanto, también, del patrón global de acumulación. Ello es así, puesto que una política que apunte a beneficiar masivamente a las economías campesinas obligadamente tendría que afrontar dos órdenes de problema. El primero, de orden estructural, se refiere a resolver la escasez de tierra en la franja minifundiaria, lo que inevitablemente se asocia a una política de reforma agraria que propenda a superar las formas tradicionales de organización social de la producción que domina en estos sectores. Siendo una condición necesaria una intervención estatal en este sentido, su viabilidad se torna bastante cuestionable considerando que se plantea en un momento en que la mayor parte de los países latinoamericanos habiendo pasado recientemente por experiencias de reforma agraria, su continuidad y profundización reúne escaso consenso político. El segundo problema, siendo de una naturaleza más de corto plazo, se refiere al margen en que se podría verificar una reorientación de la circulación inter o/e intrasectorial del excedente para financiar un desarrollo efectivo de la economía campesina actual. Aun cuando los requerimientos de inversión de recursos sociales por unidad de superficie y por "campesino" sería, en cualquier caso, muy inferiores a los de una empresa agrícola típica, su cuantía absoluta, sin embargo, dada la enorme masa de destinatarios potenciales, podría afectar considerablemente las tasas sectoriales promedio de crecimiento. De aceptarse este costo, la aplicación de la mencionada política en el caso ecuatoriano —en donde los diferenciales sectoriales de crecimiento durante los años 70 se han venido ampliando en perjuicio del sector agrícola[17] —implicaría un esfuerzo por reducir a un mínimo el impacto redistributivo sobre una caída en las tasas de crecimiento, y además exigiría una armonización muy afinada de la política económica. En un caso predominaría una mayor reorientación de los flujos intersectoriales de excedentes por sobre los intrasectoriales, o bien, a la inversa, el problema persistiría igualmente aunque afectando más en un caso que en el otro a los respectivos sectores. Es evidente, sin embargo, que la significación de esta cuestión, y su tratamiento, varía sustancialmente según se trate de una economía estancada o en expansión; por lo tanto la economía ecuatoriana —de mantenerse, aun cuando sea con menor dinamismo, su boom petrolero— podría contar con un mayor margen de maniobra reasignando redistributivamente los futuros incrementos del excedente generado por el sector exportador. A propósito de los dos órdenes de problemas hasta aquí vistos, es evidente que en ambos casos la intervención estatal logrará ser más eficiente en los objetivos planteados cuando mayor sea la concertación social que esta política logre reunir. En todo caso, considerando que el análisis de la variable política escapa al objetivo de este trabajo, se puede asumir como un supuesto del análisis que el modelo de control social de los recursos sería sensible —dentro de ciertos límites mínimos— a reajustarse para tornar viables los lineamientos de la política tecnológico-ocupacional que a continuación interesa discutir.

4. Bases institucionales de una nueva política tecnológico-ocupacional

La formulación de una política tecnológico-ocupacional que se oriente específicamente a desarrollar las economías campesi-

---

[17] Según el Banco Central, entre 1970 y 1978, los productos per cápita agrícola, agropecuario e industrial manufacturero crecieron respectivamente a tasas promedio anual de −2.2%, 0.5% y 6.3%. Así el diferencial absoluto entre las respectivas ta-

nas debe mantener niveles diversos de coordinación con las más variadas políticas económicas. Al respecto, ya vimos, aunque a un nivel bastante macro, un nivel crucial de conexión con la estrategia global de desarrollo; ahora, en cambio, nos interesan los límites y posibilidades de flexibilidad que admite la actual estrategia de desarrollo agrario. Para ello se pretende hacer algunas reflexiones sobre este campo, principalmente, en el ámbito de la política nacional científico-tecnológica, tomando en cuenta el rol del Estado y sus aspectos institucionales en la ejecución de una política tecnológico-ocupacional como la planteada.

Debemos constatar que la débil o insuficiente integración al mercado de las economías campesinas no permite que los beneficios de una política de difusión tecnológica sean canalizados a través de las relaciones de mercado, tal como principalmente ocurre con las empresas agrícolas receptoras de los beneficios de la actual política de modernización. En este caso la relación del agente generador y difusor de la política tecnológica, es decir el Estado, con los usuarios de sus frutos, es decir las economías campesinas, se plantea como un verdadero problema considerando tanto su masividad y atomización como su dispersión espacial. Por esta razón, entre el Estado y los millares de campesinos destinatarios de esta política, la organización campesina —en "ausencia relativa" del mercado— es la única instancia que puede convertirse en la mediadora y transmisora de tal política. En tal sentido, el desarrollo de la organización campesina pasa a ser no sólo la clave de la difusión de las tecnologías campesinas, sino también lo será —como veremos— para el proceso de generación de la misma. Lo aquí afirmado, sin embargo, no excluye la posibilidad de que una intervención estatal en este sentido, al inducir una generación creciente de excedente, tienda probablemente a desarrollar la integración de las economías campesinas al mercado;[18] en tal caso el mercado como instrumento reasignador de recursos, podrá ir lentamente adquiriendo importancia, siempre y cuando el cambio de carácter

---

sas de crecimiento per cápita del producto agrícola e industrial alcanza a ocho puntos porcentuales.

[18] Esta afirmación representa un aspecto de una polémica, más amplia, ya tradicional, sobre la inevitabilidad o no de la integración de las economías campesinas al mercado, conforme se desarrolla el capitalismo nacional. En este marco de referencia tal afirmación ha sido formulada en relación a la siguiente tesis que sostiene el autor de este artículo. La integración de las economías campesinas al mercado, vista en

de la intervención estatal que ello signifique, no implique renunciar a la política de reducir a un máximo los desequilibrios inter e intrasectoriales y regionales del crecimiento. En relación a este hecho, la presión que logre ejercer una organización campesina fuerte y autónoma frente al Estado, será en cualquier caso decisiva para que la orientación general de la política que beneficia a las economías campesinas se mantenga.

Vistas estas consideraciones desde un punto de vista más institucional e instrumental, la elaboración de un perfil de política tecnológico-ocupacional, en el caso ecuatoriano, aprovechando la experiencia de FODERUMA (Fondo de Desarrollo Rural Marginal),* podría ser entregado al CONACYT,** cuya reciente constitución le podría tornar más permeable a la asimilación de estas orientaciones de política en comparación con otras instituciones estatales que por haber venido trabajando en la rutina planificadora e implementadora de la actual política agraria, pueden ofrecer alguna resistencia institucional. Ello presupondría que *en el marco de la creación de un sistema nacional científico-tecnológico se busque configurar un subsistema de generación y difusión tecnológica con especial énfasis en las llamadas tecnologías adecuadas,* pero persiguiendo, eso sí, su armonización con una gradual readaptación de la actual oferta tecnológica agropecuaria. La estructuración de este subsistema tendría paulatinamente que ir tendiendo a superponerse con el actual sistema de planificación e implementación de la política agraria, con sus principales centros en el Ministerio de Agricultura y el Banco Nacional de Fomento, a los cuales indudablemente tendrían que sumarse las actuales corporaciones estatales autónomas de fomento y desarrollo regional. Una superposi-

perspectiva histórica, es un problema de ritmo y de modalidad de integración, incluso así se ha confirmado hasta en los propios países socialistas. A su vez estos ritmos y modalidades dependen de cómo se vayan resolviendo, en el propio proceso histórico, una contradicción que es de carácter universal e inherente a la economía campesina, en tanto estructura de transición aún precapitalista. El contenido de esta contradicción se expresa en la doble tendencia divergente que encierra la economía campesina: por un lado, a resistir su integración al capitalismo, en la medida que sus escasos recursos (tierra) arriesgan con verse expropiados, amenazando así virtualmente a la economía campesina con su proletarización; y por otro lado su tendencia a convertirse en una unidad mercantil empresarial, que persigue objetivos de enriquecimiento mediante su capitalización.

* Institución que forma parte del Banco Central de Ecuador.
** Consejo Nacional de Ciencia y Tecnología: organismo que formula y ejecuta la política nacional de ciencia y tecnología.

ción gradual con este último sistema se hace imprescindible para aprovechar su actual capacidad geográficamente descentralizada de implementación de una eventual nueva política. Sin embargo, ello exigiría, que los actuales centros de investigación agro-tecnológica reorientaran sus objetivos radicalmente en beneficio de las economías campesinas, asegurando una mayor diversificación en sus funciones de Investigación y Desarrollo (I yD) sobre la base de una fuerte inyección en recursos económicos y una clara reinserción institucional en el sistema planificador de la política agraria.

Cabe señalar que un tipo de redefinición institucional, como el que aquí se propone, no podría ser enfrentado como un esfuerzo modernizante más de "racionalización burocrática", sino que tanto en su concepción como en su funcionamiento tendría que adaptarse al modelo concreto que siga el desarrollo de la organización campesina, tanto nacional como regionalmente. Este aspecto resulta ser vital, puesto que, una política tecnológica estatal, como la planteada, podrá ser eficiente sólo si la generación, difusión y adopción de las nuevas tecnologías se realizan con y a través de las organizaciones campesinas. A nuestro juicio éstos serían criterios institucionales básicos en los que se podrían asentar las bases institucionales-organizativas de una nueva concepción de política tecnológica para el sector agrario que amplíe los beneficios al conjunto de la población rural más allá de lo que lo ha logrado hacer la aplicación dominante del actual paquete tecnológico.

5. En torno a los lineamientos y contenidos de la nueva política tecnológico-ocupacional

Una nueva concepción de política tecnológica, por presuponer la superación de un concepto anterior exclusivamente productivista de la misma y por tener que asumir la no neutralidad social de sus efectos, tendrá, entonces, inevitablemente que procurar como objetivo central mejorar la calidad de vida de la población rural. La connotación más amplia de un objetivo de política así formulado implica, también, la necesidad de ampliar el espacio de sus preocupaciones a otros campos que van más allá de los componentes tecnológicos estricta y directamente productivos que conforman el paquete antes analizado. Es decir, además de concentrar esfuerzos innovadores en la esfera de la tecnología propiamente agropecuaria, las políticas de Investigación y Desarrollo (I y D) deberán prestarle una importancia similar a otras esferas tales como: energía, vivienda, abastecimiento y comercialización, transporte, conservación de recursos, almacenamiento de productos, desarrollo de infraestructura, educación y salud, etc. Así como hemos asumido que la nueva política tecnológica deberá adquirir un carácter adecuado, el problema de tal política consistirá entonces en proyectar las "características adecuadas" para cada una de esas esferas. A esta altura de nuestra reflexión, sin embargo, es necesario establecer cuál es el contenido del concepto de política tecnológica adecuada. La idea de una política de tecnología adecuada pretende el desarrollo de un modelo de incorporación tecnológica que conduzca a la superación de un doble desequilibrio, tanto el que se da en el desarrollo de las relaciones económicas y sociales entre los hombres como el desequilibrio que se da en la relación entre el hombre y su habitat (naturaleza). Lo adecuado de la tecnología entonces dependerá de la medida en que la nueva organización técnica de la producción que emerja, se vaya adecuando para restablecer el equilibrio entre el hombre y su entorno ecológico y social.

En relación al restablecimiento del equilibrio entre el hombre y su entorno propiamente ecológico, corresponde establecer que la existencia de esa adecuación se expresará cuando se produzca el aprovechamiento más racional posible de la dotación existente de factores productivos sobre la base de valorizar al máximo sus rendimientos, pero, siempre y cuando se preserve el equilibrio interno de lo que se designa como ecosistema.

Estáticamente vistos, y para fines exclusivos de esclarecimiento conceptual, un ecosistema es aquel espacio físico-orgánico que está conformado por factores bióticos cuya reproducción se realiza en base al reciclaje de un flujo permanente de energía, para lo cual se cuenta con la intervención de otros factores abióticos, tales como el clima por ejemplo. Su equilibrio interno, a la vez, se define como un espacio físico-biológico capaz de mantener un cierto equilibrio entre la energía consumida y la producción sin necesidad de incorporar elementos de otros sistemas vecinos. [19] Sin embargo, para nuestro objetivo, este con-

---

[19] Para un mayor desarrollo sobre el concepto ecosistema, ver Jorge Morandí, *Interrelaciones entre los componentes del proceso tecnológico y algunos elementos*

cepto de equilibrio es insuficiente puesto que sólo es asimilable a un ecosistema que se encuentra en estado de reposo, es decir cuya reproducción no se ve interferida por la intervención del hombre y de su técnica. Por eso se hace necesario una redefinición dinámica del concepto de equilibrio recurriendo a la ley de entropía, considerada como una derivación de la primera ley de la termodinámica. Tal ley indica que la intervención en un ecosistema de un factor exógeno, como es el hombre, tiende a reducir la energía concentrada convirtiéndola en energía libre, degradada o dispersa, no posible de ser nuevamente reconcentrada.[20] Si la presión del hombre y su técnica sobre los recursos naturales renovables y no renovables adquiere una concentración temporal excesiva, entonces el restablecimiento del nivel original de equilibrio energético cada vez se dificulta más, conforme se renuevan los sucesivos ciclos de las actividades reproductivas del hombre. La persistencia de tal presión excesiva provocará así un desequilibrio cualitativo del habitat, o lo que es lo mismo, un máximo desarrollo de la entropía en el ecosistema, reflejándose en la contaminación y/o en la no conservación o desgaste de los recursos productivos. Estos problemas que son evidentes en los centros urbano-industriales, ha comenzado a adquirir considerable significación en las zonas rurales como consecuencia del patrón de modernización tecnológico prevaleciente; así lo revelan la tala y quema indiscriminada de bosques, erosión de la tierra, alteraciones climatológicas de algunas regiones, contaminación de aguas, etc.

En razón de lo expuesto, pensamos que el carácter adecuado de la tecnología asegurará un restablecimiento del equilibrio entre el hombre y su habitat, sólo en la medida que la ley de entropía logre reducir al máximo sus efectos en el ecosistema. Ello debe ocurrir en un nivel tanto micro como macro. En un nivel micro, es decir referido a lo que son las actividades productivas específicas, la tecnología debe orientarse a que la concentración de energía o entropía negativa que encierra un producto sea menor que la degradación energética o entropía positiva que ha provocado en el ecosistema su producción. En caso contrario

---

estructurales en economías campesinas, Ecuador: Tecnología agropecuaria y economías campesinas (v. a.), Fundaciones Brethren-Unida-CEPLAES, s/f., s.r.,/pág. 102.
[20] Sobre la relación entre economía y ley de entropía se puede consultar Eugeniusz Garbacik, "El proceso de crecimiento económico a la luz de la ley de entropía", en Trimestre Económico, México, número 182, abril-junio de 1979.

la tecnología provocará perjuicios evidentes no sólo en la conservación de los recursos, sino que también en las posibilidades de producción simultánea de otros productos. Ese es el caso, por ejemplo, del desplazamiento de la producción agrícola con efectos erosionantes que ha provocado en algunas regiones la introducción de la producción ganadera extensiva. En un nivel propiamente macro, la tecnología podrá neutralizar los desequilibrios de cada ecosistema siempre y cuando se oriente a responder al desarrollo de un equilibrio macrorregional por la vía de un desarrollo racional de la división social del trabajo, que especialice productivamente los suelos de acuerdo a sus propiedades físicas diferenciales (pisos ecológicos, humus, pluviosidad y riego, micro climas, etc.). En este sentido el carácter adecuado de la tecnología, visto en relación al equilibrio micro y macro de los ecosistemas, pasará a depender mucho de cómo se dé el proceso de integración y de armonización de los diferentes espacios y subespacios económicos.

Sin embargo, más allá de la connotación exclusiva de "espacio físico-biológico" que encierra el ecosistema, la viabilidad de su equilibrio interno dinámico en definitiva se relaciona estrechamente con el grado de optimización que se logre establecer en la *relación entre recursos naturales disponibles y el tamaño de población redefinido, eso sí, según su estructura social.*[21] La optimización de tal parámetro a nivel tanto micro como macro-regional debe incidir pues, así, en una distribución espacial equilibrada de la población. Es decir, el deterioro o desgaste de los recursos productivos (en general), lo mismo que las posibilidades de conservación y de incremento de sus rendimientos en buena medida dependerán como factor crítico de la optimización de aquel parámetro.

Pensamos que el concepto de ecosistema es crucial para formular no sólo una política que beneficie a las economías campesinas, en particular, sino que también para afrontar una gradual redefinición de la actual política tecnológica destinada a la gran empresa agrícola. Ello resulta ser cierto, puesto que en el marco de las exigencias de equilibrio que plantea un ecosistema, se definen los márgenes y restricciones dentro de las cuales se pue-

---

[21] Este aspecto se ve particularmente enfatizado en el documento de conclusiones y de recomendaciones (ined.), UNESCO-COLCIENCIAS, *Reunión de Expertos sobre Ciencia Tecnología y Empleo en Areas Rurales,* Bogotá, 12 de dic. de 1980.

den formular objetivos de producción y de reproducción social, así como una política tecnológica que respondan adecuadamente al restablecimiento del equilibrio ecológico en el medio que se aplica. En lo que respecta a las zonas de economías campesinas que configuran ecosistemas mayores o menores, pero, en cualquier caso, en deterioro, su desequilibrio regresivo puede ser convertido en un equilibrio dinámico de su capacidad productiva. Normalmente tal reversión es factible si se admiten dos prerequisitos estrechamente relacionados entre sí (que aquí se consideran dados como un supuesto externo a nuestro análisis); el primero, una reorganización social del carácter tradicional parcelario-atomizado del proceso de producción en las economías campesinas, y el segundo una redistribución de tierras que eleve la dotación mínima de recursos en la franja minifundiaria. Ambas premisas precisamente apuntan a racionalizar la relación entre recursos naturales y el hombre. Más allá de esas premisas, tal proceso será factible, sólo a condición de que frente a la actual oferta tecnológica, se desarrolle gradualmente un verdadero paquete tecnológico alternativo, mucho más diversificado (en función de las distintas esferas antes mencionadas) y mucho más adaptable en término de la escala de producción.

Ahora bien, el esfuerzo por desarrollar un paquete tecnológico alternativo que pretenda ajustarse a un equilibrio dinámico entre diversos micro (y/o macro) ecosistemas, puede prosperar sólo si el subsistema propuesto de generación, difusión y adopción tecnológica llega a operar con un nivel óptimo de descentralización regional, sin perjuicio de que se coordine piramidalmente en sus sucesivos niveles superiores. Atendiendo al hecho de que cada ecosistema, por ser único y específico, tiene un equilibrio propio, entonces la creación de equipos multidisciplinarios de diagnóstico a nivel regional pasarán a desempeñar un rol clave en la formulación de una política coherente, cuya "adecuación" a una realidad en equilibrio vaya dándose desde abajo hacia arriba. Esos equipos de diagnóstico, en la medida que asumen parcial o totalmente funciones de Investigación y Desarrollo (I y D), tendrán como principal objetivo identificar opciones tecnológicas viables para las diversas esferas de investigación que interesan y proponer criterios y mecanismos concretos para su difusión y correcta asimilación.

Ahora bien, el funcionamiento de este sistema descentralizado de generación, difusión y adopción tecnológica, por su mismo carácter multidisciplinario, no sólo debe concentrarse en restablecer el desequilibrio de la relación hombre-ecología, sino también en alterar considerablemente el asimétrico patrón de relaciones económico-sociales que ha engendrado la actual estrategia de modernización agraria. Al respecto, la armonización del paquete tecnológico pasará a ser vital, dependiendo de lo acertado que sea el diagnóstico del funcionamiento de las economías campesinas y de las empresas agrícolas en el marco de su inserción regional. Así por ejemplo, una línea importante de preocupaciones para la I y D será resolver la aparente contradicción que enfrentan la ganadería y los cultivos agrícolas en el uso del suelo.

Este fenómeno atribuible al ineficiente modelo extensivo —antes que intensivo— de desarrollo ganadero ha sido típico en la sierra ecuatoriana, afectando tanto a la gran empresa agrícola en cuanto a una utilización bastante irracional de sus recursos y con un perjuicio evidente para la oferta interna de productos alimenticios básicos, como a la propia economía campesina en la medida que sus dietas nutricionales padecen de insuficiencias crónicas de proteína animal. Allí donde el tipo de suelo justifique una cierta producción pecuaria, no excesiva,[22] la superación de esta aparente contradicción necesariamente tendría que vincularse para cada tipo de explotación —sea empresa agrícola o economía campesina— con un modelo de incorporación tecnológica que asegure un desarrollo integrado de la producción pecuaria y agrícola y un aprovechamiento máximo pleno de productos y subproductos en el marco del ciclo biológico-reproductivo de las explotaciones. Manteniéndonos en la misma línea de reflexión, muy similar a este problema es la contradicción —también aparente— que enfrentan en torno al uso del suelo a los cultivos de consumo básico con los de demanda agroindustrial y/o de exportación, cuya solución en el fondo sólo puede auscultarse en el caso de la situación de cada región y/o explotación,evaluando macro y microeconómicamente —y en términos

---

[22] El alcance de esta premisa debe entendérsele como una respuesta a lo que son las tendencias indiscriminadas del agribusiness internacional a fomentar la producción ganadera en los países subdesarrollados. Al respecto se puede consultar la interesante discusión que sobre el asunto hace Ernesto Feder, "La irracional competencia entre el hombre y el animal por los recursos agrícolas de los países subdesarrollados", en *Trimestre Económico*, México, febrero de 1980.

de criterios económico-sociales antes que de rentabilidad privada— hasta qué punto los policultivos óptimamente diversificados (temporal y espacialmente) pueden ser más eficientes que la especialización de cultivos.[23] Por su parte, otras líneas de I y D que se plantean más allá de la tecnología propiamente agropecuaria, deberán adquirir tanta o más importancia en cuanto a su desarrollo. Ello se torna evidente sobre todo cuando se consideran los circuitos más globales de acumulación en cuyo marco a veces se puede detectar que para las economías campesinas (principalmente las más integradas al mercado), más que los problemas tecnológicos de la producción, son más bien sus condiciones de articulación a los mercados el factor decisivo que explica su posición económico-social deteriorada. En estos casos, las condiciones de comercialización (precios, exigencias de calidad, almacenamiento, transporte, acceso a capital de trabajo, etc.), al ser impuestas por los grandes productores o por el capital comercial y/o industrial (café, arroz, cacao, tabaco, molinos, etc.) pueden jugar un rol bastante decisivo para que las economías campesinas con relativamente aceptables rendimientos físicos vean expropiada parte de su excedente. En tal marco de referencia se deriva entonces que para los campesinos una tecnología apropiada, en la esfera de la producción llegará a ser efectivamente exitosa sólo en la medida que también se desarrollen innovaciones apropiadas en otros campos, tales como en la *tecnología de acopio de insumos, de conservación y de almacenamiento de producto, de transporte, de procesamiento y venta,*[24] Generar tecnologías apropiadas en estas líneas de actividad presupondrá diagnosticar, recurriendo a una doble entrada metodológica por producto y por región, los diversos sistemas especiales de acumulación a que pueden dar origen las áreas rurales de atención prioritaria. Así, este lineamiento de política podría contribuir a lograr un doble objetivo: primero, racionalizar la estructura de comercialización de productos agropecuarios, la que normalmente ha

[23] UNESCO-COLCIENCIA, *op. cit.* Para un desarrollo más detenido sobre modelos agropecuarios integrados, tendientes a superar las contradicciones aparentes vistas, se puede consultar de G. Viniegra, A. Munguía, G. Ramírez "Animal production with agricultural residues", en *Industry and Environment,* enero, febrero, marzo de 1980.
[24] Véase en este volumen Viviane B. de Márquez, "Situación y perspectiva de la tecnología adecuada para el desarrollo agropecuario en México"

venido actuando como un importante factor inflacionario estructural y segundo, ampliar las fases de transformación productiva y circulatoria (comercialización) del producto en que la economía campesina pueda participar captando una parte mayor del valor agregado generado. Por estas razones, la necesidad de diversificar y armonizar los componentes de un paquete alternativo de tecnología apropiadas, presupone que se refuerce las más variadas esferas de I y D.

Entre estas esferas de investigación tecnológica, tal vez la más directamente referida a la producción agropecuaria sigue siendo la que dicta la pauta e imprime las características apropiadas para la estructuración de un paquete que integre diversificadamente a las demás tecnologías (comercialización, transporte, energía, vivienda, etc.). Sin embargo, la identificación de opciones tecnológicas en estas líneas supone trabajar con un horizonte sectorial de producción más amplio que el propiamente agrícola, sobre todo, en la medida que la nueva tecnología se incorpore en insumos y medios de producción de origen manufacturero. Esta consideración nos conduce a replantear un nuevo nivel de conexión con la estrategia de desarrollo, esta vez referido especialmente a la política de industrialización. En este sentido la formulación de una política tecnológica se vincula con la definición de un modelo de desarrollo agroindustrial, en el que el concepto de agroindustria debe ser entendido lo más ampliamente posible, es decir, considerando tanto la transformación manufacturera de los productos originados en la agricultura como en la producción de éstos, lo mismo que por sus actividades conexas. Así, por oposición al modelo transnacionalizante que domina algunos desarrollos agroindustriales en América Latina, quizás sea la tesis que llama a industrializar el sector rural —es decir, descentralizando espacialmente el proceso de industrialización— la que mejor se ajustaría a crear condiciones viables para una política tecnológica que valorice el empleo rural productivo.

En Ecuador,[25] particularmente, la tesis de la industrialización del campo presupondría revertir la actual tendencia a la

[25] A diferencia de otros países tales como México, Brasil y Argentina (o en menor medida, Colombia, Perú y Honduras), la transnacionalización del desarrollo agroindustrial ecuatoriano ha llegado todavía muy lejos, debido al aún insuficiente desarrollo capitalista de su agricultura. Así en el caso de Ecuador, más importante que la

concentración urbana del desarrollo agroindustrial, en cuyo caso los centros abastecedores de materias primas deberían ganar considerable ponderación como determinante de localización, por oposición a los centros consumidores urbanos. En el caso de que esta reversión tuviera lugar, entonces el espectro de la discusión sobre una política tecnológica adecuada tendría que ampliarse más aún, invadiendo la esfera de lo propiamente industrial también. En este caso, la identificación de las líneas de procesamiento industrial localizables en las zonas rurales, lo mismo que sus respectivas tecnologías, para que fueran funcionales con respecto a las demás tecnologías rurales, tendría que tener lugar en el marco del mismo subsistema institucional de diagnóstico regional y de generación difusión y adopción de tecnologías adecuadas, a que hemos estado haciendo referencia.

En este contexto estratégico del desarrollo rural, el subsistema de generación y difusión tecnológica podría proceder a determinar opciones tecnológicas previendo encadenamientos de insumos y de oferta de productos demandados, por ejemplo, por subcontratación, e incluso, crear flujos tecnológicos con carácter complementario entre actividades independientes, o bien, induciendo simplemente un mayor desarrollo y diversificación de habilidades técnicas desincorporadas (mayor calificación de la mano de obra, métodos de conservación de empaque y de comercialización de productos, etc.).[26] Considerando que la elección de esas opciones tecnológicas son específicas y diversas según el diagnóstico de los diferentes ecosistemas, su coordinación y a veces armonización en términos de métodos, instalaciones o de instrumentos estandarizados será muy importante para evaluar y proyectar esos encadenamientos.

Estos criterios adquieren especial relevancia si es que se recuerda que uno de los principales argumentos que desde el campo tecnológico se esgrime contra la viabilidad del actual modelo agroindustrial, basado en la agroindustria de gran escala y concentrada geográficamente, es precisamente la insuficiente estandarización y normalización a nivel nacional de los productos

---

presencia de inversiones extranjeras directa en la producción, transformación y/o comercialización de los productos agropecuarios, es el control que ejercen las multinacionales del mercado interno de tecnología e insumos para la agricultura.
[26] A. S. Bhalla, "Technologies appropriate for a basic needs strategy"; en *Towards global action for appropriate technology* ILO, Ed. por A.S. Bhalla (1979).

agropecuarios. Sin embargo, una agroindustria más desconcentrada espacial-regionalmente y que trabaje con escalas menores, podría adaptarse mucho mejor a los estándares regionales de las materias primas agropecuarias, e incluso, a partir de cierto momento, regularlos innovativamente.

Los lineamientos y criterios esbozados hasta aquí, de alguna forma ponen de relevancia cuál es la envergadura de los esfuerzos que supone la formulación y aplicación de esta política, ya sea a nivel del diagnóstico, de la planificación, o de la I y D. La evidencia de esta afirmación se pone a prueba cualquiera que sea el terreno de referencia.

Para visualizar más directamente esos terrenos de referencia, lo mismo que para percibir sus implicaciones en relación a los discutidos hasta aquí, tal vez sería conveniente proyectar a modo de ilustración algunas áreas de inmediata preocupación para la política tecnológico-ocupacional que aquí se ha delineado.

Así, por ejemplo, en un país como Ecuador en donde —según datos del Instituto Nacional de Energía— aproximadamente el 30% del consumo nacional de energía proviene del consumo de leña, la tala, extinción de bosques, con sus consecuencias adicionalmente erosionantes, pone a la orden del día, primero racionalizar su conservación y explotación, pero, sobre todo, asegurar para el futuro de la población rural nuevas tecnologías adecuadas en el campo energético. El espectro de alternativas conocidas en este campo no es muy amplio, ya que en lo fundamental se reducen a cuatro: 1) fermentación anaeróbica para la producción de biogás, 2) energía hidráulica para producir en pequeña escala energía eléctrica y mecánica, 3) energía eólica para la producción de energía mecánica, 4) energía solar para generar calor directo.[27] La elección de combinaciones o de una de estas tecnologías, puestas en relación con obras básicas de riego, actividades agroindustriales o sencillamente para aplicaciones domésticas pueden posibilitar saltos importantes en el producto per cápita de la UFA, a la vez que a veces puede, incluso, hasta liberar fuerza de trabajo allí donde antes era escasa. Lo mismo puede ocurrir con la reintroducción de la tracción animal para las faenas agrícolas donde antes existió, o bien, con su sustitución

---

[27] ONUDI, *Appropriate industrial technology for energy for rural requirements*, Monographs on Appropriate Industrial Technology No. 5 ONU, New York, 1979.

por sistemas de trabajo asociativo allí donde, si bien hay relativa
abundancia de trabajo, la escasez de tierra dificulta la coexistencia entre el hombre y el ganado de arrastre. Vinculado a las técnicas de comercialización, la construcción de caminos vecinales
con participación de la población local, poderes compradores estatales asentados en un sistema de bodegaje y conservación de
productos, sistemas de transportes de bajo costo o colectivizados
pueden tener efectos dinamizantes para la economía familiar
y regional. Igualmente dinamizante puede ser la producción de
equipos agrícolas semimecanizados adaptados a diferentes escalas de producción y tipos de suelo como la fabricación de herramientas e implementos manuales perfeccionados.[28] La recuperación de tecnologías tradicionales como los cultivos en terrazas,
sumados a tecnologías biológicas adaptadas a predios pequeños,
lo mismo que las técnicas de conservación/recuperación de
suelos, tales como el reemplazo de abonos químicos por el uso
de abono natural e inyecciones de bacterias, pueden incidir tan
considerablemente en un aumento de los rendimientos por
unidad de superficie como notable puede ser el mejoramiento
de la calidad de vida que trae consigo la introducción de una
técnica sanitaria fermentadora de desperdicios orgánicos domésticos y animales para ser posteriormente reciclados como abono.
Igualmente, efectos similares podrá tener, la simple fabricación
casera o manufacturera de una bomba de inercia para recuperar
aguas subterráneas para el consumo humano e irrigación, o bien,
la mayor conservación calórica lograble en la construcción de
vivienda que puede significar el mejoramiento de una mezcla
de adobe al utilizar arcillas apropiadas de disponibilidad local.
Esta rápida visión de experiencias realizadas o realizables en
el campo de las tecnologías adecuadas constituye a lo sumo
ejemplificaciones puntuales que no siempre son aplicables en
nuevas situaciones específicas, y si lo llegan a ser, entonces sólo
lo son en la medida que se les readapte de acuerdo a las particulares condiciones ecológico-sociales de la nueva situación. De
allí la necesidad del diagnóstico evaluativo multidisciplinario de
la micro o macro región específica en que dichas innovaciones
se pretenden aplicar, haciéndolo, sobre todo, en estrecha comu-

---

[28] ONUDI. *Appropriate industrial technology for agricultural machinery and im-*
plements, Monographs on Appropriate Industrial Technology No. 4 ONU, New York,
1979.

nicación con los usuarios campesinos y sus organizaciones. En el marco de estos diagnósticos, a veces, por ejemplo la identificación o el rescate mediante investigaciones históricas, de tecnologías campesinas tradicionales hará posible impulsar un desarrollo adaptativo mayor o bien, por lo menos, detectar cuáles serían las condiciones que facilitarían una mejor asimilación de una tecnología adecuada que se ofrece al grupo campesino, dada sus tradiciones y habilidades tecnológico-productivas. De este modo, resistencias que por razones culturales a veces ofrecen los propios campesinos a la adopción de ciertas tecnologías exógenas, por muy adecuadas que sean, podrán ser de antemano consideradas con el fin de intentar readaptar esas tecnologías a las condiciones locales en que efectivamente pueden llegar a ser asimiladas. Igualmente, en otras oportunidades la difusión-adopción de una tecnología adecuada se tornará viable en el marco de un sistema regional de acumulación sólo en la medida que se identifiquen acertadamente mecanismos adecuados de estímulos y fomento. Al respecto corresponde recordar que la estrategia vigente de modernización agraria, por lo menos en su actual concepción de implementación instrumental, bloquea o le resta espacio en el mercado a toda posibilidad de desarrollo de un mercado de tecnología e insumos, alternativo al prevaleciente. Así se ha visto confirmado en Ecuador y en el resto de América Latina por diversas experiencias piloto rurales que particularmente en la esfera de la manufactura rural de insumos y medios de producción simples para las economías campesinas, han terminado por verse totalmente ahogadas, pronto después de haberse iniciado. Si la política estatal hubiera intervenido explícitamente en cada una de esas experiencias activando y valorizando un mercado (de tecnología adecuada incorporada para las economías campesinas consideradas como eventual demanda) en estado virtual o latente, entonces ellas no tendrían por qué haber fracasado; sobre todo, si es que se les visualiza en el marco de una política tecnológica para la empresa agrícola con la que se destina a la economía campesina.

Por estas razones, la política estatal, tomando en consideración el problema último mencionado de armonizar políticas que en un principio pueden aparecer y que, aparecen como diferenciadas, tendría necesariamente que contemplar medidas y asignar recursos cuantiosos para promover masivamente la tecnología campesina, ofreciendo simultáneamente la correspondiente asistencia técnica, crédito y/o virtual subsidio directo, tanto para la asimilación de la tecnología en la propia esfera agropecuaria como, cuando se justifique, para desarrollar la manufactura rural a bajo costo de los correspondientes insumos y medios de producción. En esta misma línea de razonamiento, no menos importante será la armonización que la política estatal pueda realizar del sistema de precios relativos, tanto de insumos como de productos agropecuarios, lo mismo que en lo referente a una redistribución del gasto público en infraestructura y servicios sociales, cuya reorientación —a diferencia del pasado— tendría que beneficiar en una medida significativa mayor a la gran población rural que depende de las economías campesinas para subsistir.[29]

A modo de observación final, de estas últimas reflexiones se puede desprender que para la asimilación de parte importante de las tecnologías adecuadas, si bien su generación se ha orientado a ahorrar al máximo los requerimientos de capital de explotación, un monto mínimo del mismo se hará en cualquier caso imprescindible. Ello reduce, por tanto, el campo de aplicación de un paquete alternativo de tecnología adecuada a los campesinos menos pobres y con más tierra, es decir, predominantemente a los que tienen una relación más significativa con el mercado. La tecnología podrá considerarse adecuada, para la masa restante de campesinos minifundiarios, sólo en la medida que se les aumente la disponibilidad per cápita de tierra cultivable. Por tanto, a modo de conclusión, esto último se convierte en condición necesaria, aunque no suficiente, para el éxito de cualquier política tecnológico-ocupacional, que pretenda beneficiar a la economía campesina como objetivo central.

[29] PREALC, *op. cit.*, parte segunda, capítulo IV.

Situación y perspectiva de la tecnología adecuada para el desarrollo agropecuario en México

Viviane B. de Márquez
y G. Viniegra
(con la colaboración de José Arias Chávez)

Introducción

Hasta recientemente, la ciencia y la tecnología moderna estaban siendo llamadas a resolver problemas fundamentales en los países en desarrollo como si fueran panaceas de valor universal, capaces de corregir los profundos desequilibrios sociales y económicos que caracterizan a estas sociedades. Lejos de cumplir con tales promesas, la implantación indiscriminada de la tecnología moderna en tales países sin atender a los problemas estructurales, parece no solamente haber agravado algunos de estos problemas, sino haber inducido otros nuevos. Por una parte, el desarrollo industrial observado desde la segunda guerra mundial ha permitido la relativa prosperidad de unos pocos sin llegar a cambiar la situación económica de las grandes masas populares, (desplazando, sin embargo, a las pequeñas industrias locales y regionales). Además, el uso de la tecnología moderna en el campo parece haber mejorado considerablemente la situación de los inicialmente más favorecidos, dejando insatisfechas las necesidades básicas de la población rural en su conjunto, sobre todo la de condiciones menos favorecidas.

Ante la situación generalizada de crecimiento económico sin desarrollo real, y de modernización sin prosperidad, surge la preocupación por encontrar fórmulas tecnológicas nuevas que permitan incorporar grupos cada vez más amplios en el esfuerzo productivo.

La objeción generalizada a la tecnología moderna es su escasa compatibilidad con las condiciones económicas y sociales imperantes en los países en desarrollo. En una perspectiva puramente economicista, la tecnología moderna, tal como se ha desarrollado en los países industrializados, es característicamente inadecuada a la dotación de factores de producción y de recursos naturales en los países en desarrollo. Más allá de consideraciones de costeabilidad y de rentabilidad del capital invertido, la tecnología moderna parece excluir a una proporción cada vez mayor de la población, sea por su escasa capacidad de crear empleo, sea en el caso de la población rural, porque no pueden reunirse las condiciones necesarias para su uso óptimo (tamaño de predios, riego, etc.). Por lo tanto, el imperativo inmediato para estos sectores "excluidos" es menos maximizar las ganancias que sobrevivir en condiciones de autosuficiencia relativa.

Un tercer elemento interviene en el debate sobre la tecnología moderna que apunta no tanto a la *exclusión* como a la *supeditación* del sector no modernizado al modernizado en los países en desarrollo. Este aspecto se refiere a la naturaleza de los eslabones que existen entre las grandes empresas manufactureras modernas, en particular las agroindustriales, y sus fuentes de materia prima. Estas relaciones implican a menudo una transferencia de costos desfavorable para los agricultores, los pequeños subcontratantes o las maquiladoras.

Un último argumento en el enjuiciamiento general de la tecnología moderna en los países en desarrollo es su efecto desagregador sobre la sociedad campesina con las consiguientes migraciones masivas hacia las ciudades que son incapaces de proporcionarles empleo o servicios básicos.

Por acertadas que sean las críticas al mal uso de la tecnología moderna, es ahora un asunto secundario comparado con la tarea más urgente de encontrar alternativas viables. Después de un entusiasmo inicial por las tecnologías "blandas" o "intermedias" y algunos fracasos rotundos en su aplicación indiscriminada, se plantea actualmente la necesidad de definir en cada contexto nacional y sectorial cuáles son los parámetros principales de una tecnología adecuada; cuáles fueron los logros obtenidos y cuáles los fracasos.

En el informe que sigue, se pretende presentar los elementos de más relevancia para introducir en México una política de adecuación tecnológica en el campo, dando por conocida la situación crítica en que se encuentra la mayoría de la población campesina de este país.

Como en casi todos los países en vía de desarrollo, la característica sobresaliente en la definición de una tecnología adecuada[1] para el campo mexicano es que existe una abundancia de mano de obra no capacitada al mismo tiempo que una escasez de capital, de tal suerte que el imperativo mayor para el desarrollo rural es la creación de empleo con un mínimo absoluto de capital. A estos objetivos principales se suman, como en la mayoría de los casos, las necesidades (implícitas en la escasez de capital) de ser ahorrativas en materias primas y energía, reducir los desperdicios, utilizar las materias primas locales y proteger el medio ambiente (para asegurar su explotación a largo plazo).

Si estos requisitos conformaran la lista completa de la tecnología adecuada, se apuntaría un sesgo tecnocrático y economicista, olvidando que cualquier forma de trabajo se inserta en un contexto social al cual también se tiene que adecuar. Como veremos más adelante, esto fue, quizás, el error principal de los promotores de la Revolución Verde que no supieron ver de qué manera las "semillas milagrosas" y las obras de riego iban a incidir en la estructura de la propiedad o la estratificación social del campo.

Sin embargo, el descuido de los aspectos sociológicos del desarrollo rural no fue exclusivo de este movimiento. En México, se puede decir que los campesinos —con su organización social, sus tradiciones, su cultura y sus conocimientos tecnológicos— son el elemento que más ha faltado en las políticas de desarrollo rural. En vez de tratarlos como sujetos de una acción social, se les ha tratado como objetos pasivos de los diferentes planes y programas aplicados mecánicamente, con las dificultades y los fracasos que se conocen.

Por consiguiente, adecuar la tecnología en el campo mexicano incluye también reconocer los elementos sociales y culturales principales que pueden impedir o contribuir a un desarrollo alternativo de su fuerza de trabajo. Entre otras cosas, implica reconocer su dependencia de prestamistas, de acaparadores e intermediarios, de caciques locales, de grandes complejos agroindustriales, los cuales se apropian la mayor parte del valor

[1] Para discusión, del tema en general, en el ámbito de Naciones Unidas, véase en particular el documento de la UNEP, "Draft report on appropriate technology witihn the United Nations System", UNEP, Ginebra, 1978; FAO, "Intensificación de la investigación agrícola en los países en desarrollo" en *El estado mundial de la agricultura y la alimentación, 1972*, FAO, Roma, 1972; ILO, *Technology and employment programme, Informe de Avance*, núm. 6, Ginebra, junio de 1977.

agregado de los productos básicos cosechados a bajo costo y en condiciones de baja productividad.

Hasta ahora, quizás el mayor impedimento a la adopción de un enfoque complejo y flexible para la adecuación de la tecnología al desarrollo rural en México ha sido la forma poco sistemática en que se ha manifestado la acción del Estado. La proliferación de programas parciales, su poca integración y su poca duración han hecho de los intentos de desarrollo del campo experimentos jamás acabados y jamás analizados para su retroalimentación en acciones futuras. En todo caso, la preocupación de los gobiernos de México por encontrar fórmulas alternativas de desarrollo rural es relativamente reciente, empezando principalmente, con el sexenio del Presidente Luis Echeverría (1970-1976). En cuanto al sexenio del Presidente José López Portillo (1976-1982), es todavía poco claro el impacto que pudo tener sobre la situación en el campo. A pesar del énfasis a partir de 1980 en la autosuficiencia alimentaria representado por el Sistema Alimentario Mexicano, no se indica concretamente en este programa el uso de tecnologías innovadoras para mejorar la situación de los agricultores, sino, sobre todo, un apoyo mayor en los métodos tradicionales de fomento de la producción (principalmente el crediticio).[2]

Sin embargo, existe en México una variedad de experimentos de uso de tecnologías adecuadas a las condiciones del campo, principalmente por usar mano de obra y materias primas locales. A pesar de ser modestos en cuanto a su difusión, constituyen una fuente de experimentación muy importante. Más todavía que los experimentos mismos, constituyen un recurso valioso los numerosos grupos y asociaciones (públicos y privados) que han sido involucrados en aquellos experimentos, por representar recursos humanos importantes para la planeación de acciones futuras. Por esta razón se les ha querido dar en este informe una importancia que no corresponde a la escala de sus actividades.

El análisis que sigue se divide en tres grandes partes. En la primera se hace un recorrido histórico del uso de la tecnología en

---

[2] Aunque se reconoce en este programa la necesidad de encontrar caminos alternativos a la agricultura moderna para beneficiar a la agricultura de temporal, no se especifican los mecanismos para lograrlo.

el campo desde la posguerra hasta nuestros días. Este permite situar los esfuerzos por encontrar fórmulas tecnológicas innovadoras dentro de un proceso histórico y político.

En una segunda parte se expone a grandes rasgos la situación de los grandes complejos agroindustriales en relación con la economía campesina. El propósito de este análisis no es impugnarlos, sino demostrar a base de ejemplos concretos que la selección de tecnología en función de los factores de la producción responde a criterios más amplios que los puramente económicos. Un objetivo adicional del análisis de la estructura agroindustrial de México es plantear las posibilidades de cambios a favor de la economía campesina, los cuales necesitarían de cambios correspondientes (espontáneos o inducidos) en el comportamiento de estos complejos.

En una tercera parte presentamos una lista de experimentos logrados en México (en algunos casos con antecedentes en otros países) que son de más relevancia para la formación de una economía de subsistencia en el campo: los materiales de construcción, la captación y el tratamiento del agua; la producción y conservación de alimentos y el uso de fuentes alternativas de energía (solar, eólica y cinética).

I. POLÍTICAS DE DESARROLLO RURAL Y TECNOLOGÍA ADECUADA

1. Recuento histórico[3]

La adopción de nuevas tecnologías para la explotación del campo ha respondido, en gran parte, a la voluntad política de lograr determinados objetivos propuestos en términos del desarrollo agropecuario del país. Son varios los factores que han caracterizado, después de la Revolución de 1910, esta voluntad: en primer término, una fuerte motivación de *modernizar* la agricultura, lo cual, además de producir mayores cantidades de alimentos y de materias primas, iba supuestamente, a mejorar las condiciones de vida.

---

[3] Como fuentes importantes para el presente trabajo, véase *Documentos de trabajo para el Desarrollo Agroindustrial*, de la Coordinación General para el Desarrollo Agroindustrial donde aparecen artículos de Gustavo Esteva, Luis Gómez Oliver, Antonio Martín del Campo, Arturo Warman y otros documentos (ver bibliografía).

Tal determinación parece corroborada por el conjunto de políticas y medidas adoptadas de 1930 a 1980 que tienen elementos comunes: el gobierno adoptó enfoques parciales y flexibles, en su mayoría a corto plazo, en vez de planes agrícolas de desarrollo globales y plenamente integrados y, por otra parte, destinó notables recursos a la agricultura, concentrándolos en un número limitado de programas, principalmente de riego.[4] En el contexto de este esfuerzo del país, se ha ido adoptando una serie de medidas en relación a la tecnología. A mediados de los años 30, se inician los proyectos de riego, mejorando las técnicas y tecnologías de la misma, pero el proceso propio de adopción de conjuntos de medidas tecnológicas se inicia en los años 40, siempre con el objeto de modernizar la agricultura nacional con fines de aumentar la producción agropecuaria.

2. La Revolución Verde

Durante los últimos años del decenio de los años 30 se inicia la llamada revolución tecnológica agrícola internacional que aparece como resultado directo de la necesidad de lograr y aumentar el grado de autarquía de las principales naciones contendientes en la Segunda Guerra Mundial, y que recibió impulsos sustanciales de los enormes esfuerzos de investigación para propósitos bélicos en los campos de la química y de la mecánica. En efecto, a partir de estas investigaciones y esfuerzos se tuvieron resultados, cuya aplicación tendría un fuerte impacto en los sistemas productivos tanto de países desarrollados como de los países en desarrollo.[5]

---

[4] De 1935 a 1965, más de las dos terceras partes de la inversión pública en la agricultura se destinaron a nuevos proyectos de irrigación.

[5] Entre las principales innovaciones técnicas, que se fueron desarrollando a partir de los años cuarenta, producto de tales investigaciones, se destacan: la obtención de herbicidas e insecticidas selectivos de acción sistemática y la gama completa de plaguicidas a base de hidrocarburos clorinados y fosforilados; la utilización de técnicas químicas y de radiaciones para inducir mutaciones en las plantas y en las plagas; la introducción de métodos de estudio de recursos de tierras y aguas a base del perfeccionamiento del equipo fotográfico y de la tecnología aeroespacial que culminaron en la tecnología de la telepercepción; el mejoramiento de la maquinaria agrícola y los métodos de tracción para siembra; el perfeccionamiento e intensificación del uso de abonos; el mejoramiento de los métodos de cultivos y su protección (pulverización

México no fue ajeno a este esfuerzo de investigación y aplicación de sus resultados. Se inició en 1943, en plena guerra mundial, un programa de cooperación técnica entre la Fundación Rockefeller y el gobierno de México, estableciéndose una Oficina de Estudios Especiales, adscrita a la Secretaría de Agricultura. Este era un organismo semiautónomo, financiado principalmente por la Fundación Rockefeller e integrado por personal científico contratado totalmente por ella. El programa establecido se movía en dos frentes: lograr avances científicos y tecnológicos en los cultivos de alimentos básicos y adiestrar personal mexicano en los métodos de investigación. El primero de estos objetivos daba prioridad a las siguientes actividades: las mejoras en el aprovechamiento del suelo, la introducción, selección o cultivo de variedades de semillas adaptadas, de alto rendimiento y excelente calidad; la lucha más eficaz y racional contra las enfermedades de las plantas y los insectos que las plagan; la introducción o crías de mejores razas de animales domésticos y aves de corral.[6] La investigación daba también prioridad a la maximización de rendimientos por unidad de superficie y de los ingresos monetarios de los agricultores. El segundo objetivo, indispensable para continuar el tipo de investigación iniciada, daba prioridad a la educación y el adiestramiento de alto nivel, o sea la formación de agrónomos de educación superior que eventualmente fueran capaces de llevar adelante el programa de investigación una vez que la Fundación Rockefeller se retirara. De hecho, durante el período de 1944-1960 la Secretaría de Agricultura comisionó a 550 mexicanos para trabajar con la Fundación, y ésta concedió más de 250 becas a mexicanos para estudios superiores.

La experiencia internacional de finales de los años 30 e inicios de los 40 demostró que en comparación con otros países, los rendimientos de los principales productos básicos de México aumentaban lentamente, a pesar de los programas nacionales de

---

aérea), y de los sistemas de recolección; el manejo industrial de la ganadería con técnicas eficaces contra las enfermedades, avances en la alimentación, mejoramiento de razas, automatización y computarización; la innovación sobre usos finales y sobre cultivos de variedades especiales que respondieran a las necesidades creadas al consumidor o a las normas de fabricación (alimentos congelados, deshidratados, preenvasados; productos industriales y de exportación).

6 G. Esteva, *la Batalla en México Rural*, Siglo XXI editores, México, 1980.

investigación y de inversión. Se concluyó que el uso de la tecnología moderna no podía ser efectivo porque el material genético existente no respondía suficientemente al uso de fertilizantes y de otros insumos. Así la investigación de México se orientó al desarrollo de nuevas variedades que respondieran al uso intensivo del riego, de fertilizantes y otros insumos, y se adecuó su cultivo con nuevas prácticas agrícolas. Podría, en este sentido, decirse que la investigación tecnológica agrícola en México de 1943 a 1965 es sinónimo de semillas mejoradas extendidas a mayor número de cultivos. Estas tareas se llevaron a cabo a través del grupo de investigación financiado por las fundaciones Ford y Rockefeller que eventualmente dio origen al Centro Internacional para el Mejoramiento del Maíz y del Trigo (CIMMYT) establecido en 1966. Este grupo, de hecho, se concentró en la creación de tipos mejorados de arroz, trigo y maíz rico en lisina, así como algunos programas secundarios de mejoramiento de la cebada, del sorgo de gran altura y de heterocruzadas (triticale, etc.).

En el renglón del maíz, se contaba con las primeras variedades desde 1944 que se entregaron a la Comisión Nacional del Maíz para la producción de semillas a escala comercial. Para 1954, se probaban variedades híbridas seleccionadas y mejoradas que estaban disponibles para las áreas productoras más extensas del país. El programa de trigo, iniciado en 1943, contaba ya en 1948 con las primeras variedades; para 1951 se sembraba en el 70% de la superficie cultivada con trigo; y para 1963, ya bajo la responsabilidad del Instituto Nacional de Investigaciones Agrarias (INIA), se lograba el desarrollo del trigo semienano, una variedad creada por una cruza de variedades japonesas y mexicanas.

Los logros agrícolas de México entre 1950 y 1970, resultantes de la aplicación de semillas mejoradas junto con su tecnología concomitante, fueron realmente espectaculares. En el renglón del trigo se incrementaron de 750 a 3200 kg/ha, permitiendo un aumento en la producción de 300 mil a 2.6 millones de toneladas y la de soya de un nivel insignificante a 275 mil toneladas. La producción de sorgo pasó de 200 mil a 2.7 millones de toneladas. La producción agrícola en su conjunto registró un crecimiento de 7% anual en el decenio de los años 50. Se trataba de una verdadera revolución agrícola.

En la segunda mitad de los años 60 había pasado ya la euforia
inicial de la Revolución Verde: a pesar de los logros en términos
de productividad, ésta no había logrado (debido, entre otras cosas, a que su aplicación se concentrará en las zonas de riego) una
mejoría de las condiciones de la inmensa mayoría de la población
rural que habita áreas de agricultura de temporal en condiciones
adversas en cuanto a suelos, pendientes, regularidad, intensidad de la precipitación pluvial, acceso a mercados y al crédito, etc. Puede inclusive afirmarse que esta población sufrió deterioro relativo de su nivel de vida y en grandes sectores quedó
marginada del progreso. Por otro lado, el proceso de industrialización de México no había logrado la plena incorporación de la
mano de obra emigrante de la agricultura de baja productividad.
El proceso de expulsión de la población rural del campo y la
emigración a las ciudades se estaba agudizando.

3. Lecciones del pasado

Ante los hechos consumados se inicia un período de crítica y
de polémica sobre la Revolución Verde, sobre su contenido tecnológico y sus consecuencias sociales, cuestiones aún hoy día no
plenamente dilucidadas. En cualquiera de los casos, tanto defensores como revisionistas y críticos reconocían ciertos hechos:
  —El tipo de investigación adoptado necesitaba un equipo
cada vez más complejo y caro; producía tecnologías más complejas y requería de otras destinadas a la obtención de los insumos necesarios. El país no contaba con ellos y debía aumentar
su dependencia del exterior para atender las necesidades creadas
por la utilización de semillas mejoradas.
  —La nueva tecnología no era neutral en todas las escalas; fun-
cionaba mejor o más económicamente en las explotaciones grandes[7] que en las pequeñas, por los requerimientos de mecanización, de control de plagas y de enfermedades, e incluso de riego.
La nueva tecnología de hecho se dio junto con otro proceso (el
de las acciones de fomento agropecuario), alimentándose mu-

---

[7] En México, por ley, la superficie máxima de riego de propiedad individual no
puede exceder de 100 ha. Sin embargo, es frecuente que distintos propietarios individuales miembros de la misma familia consoliden sus predios hasta formar unidades
de 2 a 3000 ha. Por otro lado, en las áreas de riego, hay ejidos colectivos muy eficientes de esta última dimensión.

tuamente: la investigación aportaba material genético y tecnología de cultivos; las acciones de fomento agropecuario aportaban obras de riego (que se realizaron sobre todo en el norte y noroeste del país), indispensables para que el cultivo de las semillas obtuviese su máximo rendimiento, crédito para inversiones y compra de otros insumos necesarios (fertilizantes y plaguicidas, maquinaria para los cultivos múltiples), y una ayuda adicional favoreciendo a los productores vía precios de garantía de sus productos.

—La naturaleza del paquete tecnológico, por los altos costos que implicaba su necesidad de una agricultura en gran escala, excluía *a priori* de sus beneficios a la amplia base agrícola nacional: la población campesina que en su mayoría no vivía en zonas de riego o susceptibles al riego. Se ponía de manifiesto el grave problema del empleo rural con graves efectos sociales, entre ellos la migración masiva hacia las zonas urbanas.

—Dentro de las regiones mismas donde se habían adoptado las nuevas tecnologías se registró una mayor polarización económica y mayores desigualdades en los ingresos. Esto se debió a que este tipo de agricultura junto con las acciones de fomento permitieron mayores ganancias a los agricultores de esas zonas respecto a las zonas más pobres, donde además de otros factores, las condiciones desfavorables de humedad, temperatura y suelos entorpecían la utilización económica de las nuevas técnicas.

—Más recientemente (a principios del decenio actual), se ha planteado el efecto ecológico de la Revolución Verde. Aplicada como tecnología de la producción, ésta tiene una base predominantemente industrial, y crea riesgos de contaminación por los procedimientos fabriles utilizados y por algunos de sus efectos finales sobre el suelo, el agua y los organismos vivos. Sin embargo, cabe recordar que la Revolución Verde permitió aumentar la producción de alimentos, y evitar, hasta años recientes, un volumen grande de importaciones.

3. *Alternativas a nivel de la investigación*

La reacción virulenta correspondiente en intensidad a la euforia inicial por las semillas milagrosas cedió el paso, en la segunda mitad de los años 60, a la inquietud y búsqueda de alternativas a los problemas creados o no resueltos por la tecnología de la Revolución Verde.

3.1. El revisionismo de la Revolución Verde

Dentro del mismo círculo de investigación tecnológica, ante la crítica que empezó a poner en tela de juicio la validez misma del concepto de crecimiento en una sociedad moderna tecnocrática y las críticas en particular relacionadas con los llamados problemas de la segunda generación de la Revolución Verde, comenzó un proceso de revisión del enfoque bajo el cual se llevó a cabo la investigación y la ejecución de ésta. La nueva orientación difiere del esquema anterior en cuanto considera que la investigación no debe orientarse exclusivamente a la producción de nuevas técnicas, sin una base más amplia para atender nuevas exigencias y, en particular, para prever los efectos que las mismas pueden tener en la sociedad en la que se les emplea. Sin embargo, la idea básica de la tecnología de se-millas mejoradas y de prácticas de cultivo no se abandona, pero, a fin de atender esas nuevas exigencias consideradas como *efectos secundarios* de la nueva tecnología agrícola, se propone equilibrar la investigación mediante un trabajo en equipo y la colaboración entre disciplinas técnicas, sociales y económicas. En otras palabras, trata de orientarse hacia una labor de investigación multidisciplinaria *adaptativa*, de manera que esa misma tecnología resultase aceptable y provechosa para los agricultores. De ahí la insistencia de esta tendencia en las actividades de divulgación, promoción a base de incentivos, mayores servicios de apoyo para poner los nuevos conocimientos en manos del agricultor, etc.

Por tanto el objetivo de esta tendencia es el de establecer un equilibrio óptimo entre la búsqueda de conocimientos básicos, la adaptación de éstos y de los ya existentes y la prestación de servicios científicos y técnicos bien organizados con personal capacitado para estos fines. Con estos lineamientos parecen llevarse a cabo las investigaciones del INIA (Instituto Nacional de Investigaciones Agrícolas) y la realización de proyectos como el Plan Puebla y el Plan Maíz.[8]

[8] El Plan Puebla se inició en 1967 como acción conjunta del Gobierno del Estado de Puebla, el CIMMYT y el Colegio de Postgraduados de Chapingo, con el objetivo

3.2 Reivindicación de la tecnología agrícola tradicional

Ante los resultados sociales desfavorables de la tecnología de la Revolución Verde y las pocas perspectivas de que las tendencias revisionistas pudieran ofrecer una alternativa válida a los problemas del campo mexicano, los relativos a la producción en las zonas temporaleras (particularmente en las que habita la mayoría de la población rural), se ha revitalizado el esfuerzo de la investigación enfocada a este tipo de producción. En realidad este tipo de investigación estuvo siempre presente, aún incluso durante el período de la Revolución Verde, aunque recibió muy escaso apoyo. Esta investigación quedó a cargo del Instituto Nacional de Investigaciones Agrícolas. Ante los resultados de la Revolución Verde se fortaleció la preocupación de estos investigadores por dar un claro contenido social a su investigación con los aportes enriquecidos de otros científicos mexicanos, encontrando eco y difundiéndose en diversos centros de investigación y docencia del país.

Por otra parte fue adquiriendo mayor importancia el concepto de tecnología agrícola tradicional que trata de rescatar los elementos culturales propios del conocimiento empírico acumulado por las etnias rurales durante miles de años, desarrollando esfuerzos por utilizar los recursos naturales renovables en las exportaciones agrícolas, pecuarias, forestales y faunísticas para obtener los satisfactores antropocéntricos de su subsistencia y desarrollo social y económico.[9] Varios investigadores consideran importante este tipo de tecnología, como opción válida para el desarrollo rural, por las siguientes razones: a) el hecho de que,

---

de hacer llegar a los campesinos los beneficios de las innovaciones tecnológicas asociadas a la revolución. El Plan Maíz se inició en 1970 en el Estado de México bajo la Coordinación para el Desarrollo Agrícola y Ganadero del Estado de México (CODA-GEM), ofreciendo servicios semejantes a los del Plan Puebla, pero enfatizando el desarrollo de organizaciones legales, bajo los llamados planes rancheros. Esfuerzos semejantes ha realizado la Fundación Mexicana para el Desarrollo Rural. Para mayor abundamiento, ver Santiago I. Friedmann, "Las organizaciones locales tradicionales en el desarrollo rural", en *Naxhí-Nandhá,* Revista de Economía Campesina, núm. 4/5, 1979.

9 Efraín H. Xolocotzin, "El papel de la tecnología agrícola tradicional en el desarrollo agropecuario" en *Narxhía-Nandhá,* Revista de Economía Campesina, núm. 6/7, 1979. Ver también los trabajos de Hernández Xolocotzin y otros en la Memoria del Centro de Estudios Ambientales, A.C., 1978.

aun hoy, 30 años después de iniciada la Revolución Verde, una gran parte del quehacer agropecuario en México lo realiza la población rural con esa tecnología, en la mayor parte de la superficie dedicada a la explotación agropecuaria y en todas las regiones agro-ecológicas del país y b) el hecho de que existe un rico proceso de mejoramiento y domesticación de plantas y animales bajo procesos empíricos que datan de milenios. A partir de la riqueza tecnológica existente estos investigadores consideran posible la modificación o desarrollo de las tecnologías y prácticas del cultivo, pero teniendo en cuenta: a) que la transformación de los ecosistemas, por la cultura del hombre, en agroecosistemas involucra la introducción de factores cualitativos y cuantitativos que no se dan en el ecosistema, b) que en las fases culturales iniciales, la adaptación de actividad humana al medio ecológico constituye la tarea fundamental, o sea que los factores ambientales imponen limitantes a la actividad productiva primaria, c) que el medio socioeconómico en que está inmersa la comunidad, determina, en última instancia, el desarrollo cultural de la producción agrícola. Por ello, es indispensable en el esfuerzo de investigación un enfoque interdisciplinario que tenga en cuenta los diversos aspectos técnicos, económicos y sociales al provocar los cambios en los usos y prácticas de la tecnología, centrados en los intereses de cada comunidad rural.

3.3 Un enfoque pragmático

Buscando conciliar la tecnología moderna con la tecnología agrícola tradicional como opciones adecuadas a las necesidades de México y dada la situación concreta en la evolución de la explotación agropecuaria y agroindustrial del país, parece predominar principalmente entre funcionarios y promotores de desarrollo rural una tendencia ecléctica y pragmática respecto a la tecnología.

En general se empezó a reconocer la necesidad económica, social y política de una mayor participación y movilización de esfuerzos de los campesinos, a quienes se considera capaces de activar los recursos ociosos, sobre todo de mano de obra, para ampliar la capacidad productiva del sector rural y elevar las tasas de autoabastecimiento y el ingreso familiar.

Bajo el supuesto de que no es posible una solución tecnológica global para las necesidades del país, se considera que la investigación debe orientarse a tratar los problemas agropecuarios y agroindustriales sectorialmente, teniendo en cuenta al adoptar cualquier tipo de tecnología, ya sea por transferencia, transformación de las existentes o creación de nuevas, que cualquiera de ellas deberá contar con posibilidades de evolución ulterior, ajustarse a las necesidades y condiciones económicas, sociales y ecológicas existentes a las diversas zonas del país y fomentar en lo posible el desarrollo de una tecnología autóctona.

En este contexto, se espera que la introducción y desarrollo de tecnologías debe llevar a una modernización progresiva en el renglón de la explotación agropecuaria a través de tres etapas: a) concentración en la ampliación y perfeccionamiento de los métodos de trabajo actualmente utilizados en las áreas atrasadas, sin ampliar los insumos de capital, o sea perfeccionando los métodos de labranza, sembrando en los períodos convenientes, utilizando densidades óptimas de semilla, escardando manualmente y empleando animales de tiro, b) complementación de las técnicas perfeccionadas en la primera etapa, introduciendo ciertos insumos de capital, como semillas adecuadas al medio ambiente, fertilizantes, insecticidas y herbicidas, c) empleo de maquinaria agrícola. Obviamente estas etapas no serían necesariamente sucesivas, en cuanto que las diferencias existentes en las distintas regiones o zonas económicas o ecológicas del país hacen posible el uso simultáneo de ellas.

4. Desarrollo de la tecnología posterior a la Revolución Verde

Bajo muchos puntos de vista, puede decirse que la Revolución Verde ha llegado a su fin. Sin embargo, bajo otros, particularmente del desarrollo agroindustrial del país, puede decirse que está más viva que nunca y que los estrategas que impulsaron este tipo de investigación y la adopción de este tipo de tecnología han tenido pleno éxito. No es una mera coincidencia que en los años 60 en que se considera que la Revolución Verde entra en proceso de crisis y no cumple adecuadamente objetivos sociales, se acentúa la penetración y fuerte expansión de la agroindustria, parte de ella transnacional. La aplicación de la nueva tecnología al campo y los resultados que de ello se obtienen y la operación de la agroindustria son procesos complementarios que se alimentan mutuamente.

La introducción de la agroindustria requiere ciertas condiciones previas, unas inherentes a su propia organización y otras dependientes del sistema socioproductivo donde se establecen. Su organización requiere los siguientes elementos: administración, tecnología, comercio, técnicas financieras, técnicas para establecer relaciones industriales adecuadas, logística, información, sistemas de comunicación y servicios. Desde antes del período bélico las principales empresas transnacionales agroindustriales contaban ya con esos elementos. De parte del país receptor de esas empresas se requería el cumplimiento de una condición fundamental: adaptarse adecuadamente. Antes de 1940 México no lo estaba; 20 años más tarde, lo estaba. Se contaba con algunos cultivos en gran escala, calidades homogéneas, se había introducido la explotación avícola y porcícola industrial; se contaba con una base industrial avanzada que respondía a la política de industrialización en que se había empeñado el Estado Mexicano, complementándola con obras de infraestructura y otras acciones de apoyo necesario. Faltaba tan sólo la dinámica de integración de la producción agrícola y de la transformación y procesamiento industrial. Es ésta la labor que llevaron a cabo en gran parte las empresas transnacionales y también empresas nacionales.

Las empresas agroindustriales y relacionadas con la producción de insumos fueron el vehículo principal a través del cual se transfirieron tecnologías y técnicas del mundo desarrollado occidental, encontrando en el Estado un interlocutor dispuesto a aceptar y apoyar ese proceso, que comprendió renglones importantes de la producción agropecuaria e insumos para la misma, especialmente en cultivos de frutas y legumbres, producción avícola y de ganadería, productos lácteos oleaginosos, etc.

Debe hacerse notar, sin embargo, que la transformación del trigo (harinas, pan, pastas y galletas) y la del maíz (nixtamal y tortillas) no está en manos de empresas transnacionales y que gran parte de la industria de aceites y grasas vegetales es también nacional.[10]

[10] Para una clasificación del sector manufacturero mexicano en función de la penetración de las empresas transnacionales, véase Fernando Fajnzylber y Trinidad Tarrago Las empresas transnacionales. México, Fondo de Cultura Económica, 1976.

—La explotación agrícola directa, ya sea bajo la forma de agricultura comercial o industrial se mecanizó en forma acelerada, tanto para los cultivos básicos, particularmente el trigo, cómo para otros cultivos agrícolas, como el frijol soya. Las técnicas fueron en su mayor parte importadas.

—Se introdujo y aceleró el proceso de ganadería industrial a través del mejoramiento de cruzas y sistemas modernos de manejo. La avicultura, en particular, se desarrolló desde los años 50. Los pies de crías de ésta y las tecnologías para reproducirlas fueron también en gran parte importados.

—Después de un período de importación directa, se inició, a base de tecnologías importadas el proceso de producción interna de insumos agrícolas, fertilizantes, herbicidas y plaguicidas, en gran parte con base en la industria petrolera y petroquímica nacional.

—Se desarrolló, también con tecnología importada, una importante y pujante industria de insumos pecuarios y alimentos balanceados que requirió, día a día, mayores importaciones de granos para su funcionamiento, respondiendo a una demanda que crece con gran rapidez.

—Aunque ya desde el siglo XIX existían en México industrias procesadoras de alimentos —especialmente en conservas y productos envasados, tabaco, textiles y productos de madera— se inició en los años 40 y 50 un proceso industrial mucho más intenso en estos renglones, por ejemplo en frutas y verduras congeladas, producción de papel, textiles artificiales, etc., en su mayor parte con tecnologías importadas.

Este proceso agroindustrial favoreció a su vez cambios en las plantas de producción agropecuaria: cambios en los patrones y prácticas de cultivo, y en la especialización en cultivos procesables; cambios en la utilización de tecnologías, de las intensivas en mano de obra a las intensivas en capital. Se orientó, consecuentemente, la producción agropecuaria a satisfacer las necesidades de la industria y de la demanda de consumo interno, en gran parte inducida, y la demanda externa.

Este proceso, sin embargo, no abarcó toda la realidad del

Para una discusión general de la heterogeneidad y clasificación interna de la industria alimentaria mexicana, véase Kurt Unger y Viviane Márquez, *Perfil tecnológico de la empresa mexicana: el caso de la industria alimentaria* Cap. II. El Colegio de México, 1982.

país, ni es posible que se generalice. Las realidades que señalan quienes propugnan un mayor uso de la tecnología agrícola tradicional siguen siendo vigentes. La gran mayoría del quehacer agropecuario nacional aún la realizan los campesinos con técnicas desarrolladas a lo largo de milenios. Sin embargo, los resultados de la investigación aplicada no son tan espectaculares como los de la Revolución Verde o como el desarrollo de la empresa agroindustrial. La modificación y mejoramiento de las tecnologías empleadas por los campesinos son lentos, por lo que, en este sentido, no parecen en sí mismos ofrecer una superación a las limitantes de la explotación campesina. Por ello se propugna una mayor integración de los diversos tipos de producción campesina, complementándolos con la evolución de sistemas industriales, a base de los ya existentes en su medio, ya que cuentan con técnicas artesanales de preparación y conservación de alimentos y forrajes, y con métodos alternativos para satisfacer las necesidades propias. Aunque a nivel experimental haya varios ejemplos en el país (por ejemplo las llamadas granjas integrales), a nivel masivo aún no han tenido una amplia difusión debido tal vez al insuficiente apoyo para cambiar la orientación de satisfacción de las necesidades de la industria y de la demanda de consumo a la satisfacción de las necesidades colectivas locales y globales.

5. Orientaciones recientes en materia de tecnología agropecuaria y agroindustrial

Empiezan a configurarse las nuevas políticas y orientaciones del Estado en materia de tecnología, como resultado de los planes adoptados en 1979 y 1980. En el Plan Global de Desarrollo 1980-1982 la política tecnológica se deriva de la filosofía política y de los objetivos nacionales. Se plantea como propósito fundamental formar la base tecnológica y científica que responda a las prioridades productivas tanto de bienes nacionales y sociales como de los estratégicos, en particular del Sistema Alimentario Mexicano. Se busca, por otra parte, la difusión masiva de las innovaciones tecnológicas que vinculen la ciencia con las necesidades sociales y productivas del país. Al considerar el tipo de industrias a fomentar, el Plan Nacional de Desarrollo Industrial 1979-1982 hace destacar la agroindustria, la fabricación de bienes de capital y la pequeña industria, fijando las prioridades en función de tres criterios básicos: a) el destino de sus productos considerados como satisfactores de necesidades esenciales de la población, b) el origen de sus materias primas y otros insumos, que implica el grado de transformación de materias primas abundantes en el país, y c) los efectos macroeconómicos, por su aportación directa o indirecta, a la creación de empleos, a la integración vertical de la industria de la transformación, a las exportaciones y al desarrollo tecnológico del país. Obviamente, con estos criterios, el desarrollo tecnológico agropecuario y el de las agroindustrias deberá resultar en la orientación hacia la producción de satisfactores de las necesidades sociales del país.

En el Plan Nacional de Desarrollo Agroindustrial 1980-1982 se hace notar que el desarrollo tecnológico del país se ha caracterizado más por el flujo de conocimientos recibidos del exterior que por la capacidad inventiva interna, limitándose esta última a la adaptación (en casos muy contados) de diseños importados. Por ello resulta impostergable en el campo de la investigación tecnológica una tarea de apoyo a la capacidad inventiva. Por otra parte, el plan se propone un esfuerzo para seleccionar aquellas tecnologías que respondan a las características y disponibilidades de la fuerza de trabajo, y de la capacidad técnica existente; que sean en lo posible capaces de generar empleo todo el año; que aprovechen racionalmente toda la producción disponible; que estén orientadas, no a satisfacer un mercado inducido sino las necesidades básicas masivas con productos de consumo popular; y que aprovechen el potencial de productos y subproductos no utilizados.

En estas mismas líneas, el Sistema Alimentario Mexicano (1980-1982) estaba orientado a lograr el objetivo de autosuficiencia alimentaria nacional. En cuanto al aspecto de tecnologías y desarrollo agroindustrial, el SAM[11] buscaba estructurar dos tipos de estrategia: por una parte, impulsar la creación de agroindustrias integradas que propicien mejores formas de organización campesina y, por otra, fomentar un desarrollo productivo y tecnológico autónomo en materia alimentaria. Ello implica, además de la autonomía tecnológica, una racionalización

---

[11] Creación tardía del presidente José López Portillo, el SAM como tal fue suprimido a partir del 1 de diciembre de 1982.

de costos y abatimiento de mermas, y un cambio tecnológico no ajeno a la realidad campesina misma.

Los planes del gobierno parecen apuntar así hacia un cambio profundo tanto al nivel de investigación sobre tecnología agropecuaria cuanto de los sistemas de transformación de los productos agropecuarios primarios, y de los mismos productos que deberán elaborarse. En este sentido, representan un primer esfuerzo global. Sin embargo, parece faltar un plan global agropecuario y agroindustrial que considere de forma congruente los diversos aspectos de la realidad económico-social en el proceso de producción agropecuaria y agro-industrial —tenencia de la tierra, sistema de abastecimiento de insumos, financiamiento, etc.—, en el cual la selección y adopción de tecnología será un elemento clave de la estrategia que siga el país.

II. ORGANIZACIÓN, TECNOLOGÍA Y RELACIONES COMERCIALES :
EL CASO DE LOS COMPLEJOS AGROINDUSTRIALES

1. Definición e identificación de los complejos agroindustriales, sus condiciones y modalidades.

Los estudios recientes de J. Jáuregui sobre el funcionamiento de la agroindustria tabacalera en Nayarit y Veracruz han dado origen a la formulación de un esquema que define operativamente a un complejo agroindustrial mexicano formado por:

a) Un estrato de *pequeños productores* primarios de tipo campesino que tienen una economía familiar de subsistencia integrada y dependiente de una o varias actividades mercantiles, lo que les permite vender su mano de obra o sus excedentes agropecuarios a bajo costo.

b) Un estrato de *intermediarios* que ejercen funciones de acopio, control social, crédito, asistencia técnica, compra de materia prima y la transformación y venta en productos intermedios. En muchos casos este estrato está siendo ocupado por agencias gubernamentales.

c) Un *estrato corporativo* de grandes empresas capitalistas que transforman los productos intermedios en productos terminados y que los comercializan en el mercado nacional o internacional. Este tipo de estructura existe en muchos otros ramos, como se ejemplifica a continuación (cuadro 1).

Además de la integración vertical de cada rubro agroindustrial existen vínculos de relación financiera, comercial y de materias primas con otros rubros de producción agropecuaria, algunos de los cuales no llegan a integrar grandes complejos agroindustriales pero proveen de alimentos básicos (maíz y frijol) a los productores primarios o de productos industrializados, destinados al consumo interno.

Dentro de los rubros de producción agropecuaria se observa una especialización en la participación de los empresarios privados y esto puede destacarse de tres formas: a) la proporción del área ocupada por propietarios privados comerciales (con más

Cuadro 1

Ejemplos de divisiones por estratos en la agroindustria de México

Rubro	1er. Estrato	2o. Estrato[a]	3er. Estrato[b]
Tabaco	Tabacaleros	TABAMEX	American Tabacco, Co.
Café	Cafetaleros	INMECAFE	Nestlé, Gral. Foods
Azúcar	Cañeros	CNIA	Pepsi Cola, Coca Cola
			Bacardí, San Marcos*
			Vergel,* Pedro Domecq*
Henequén	Henequeneros	CORDEMEX	International Harvester
Esteroides	Recolectores de barbasco	PROQUIVEMEX	Syntex, Searle, Pfizer, Upjohn
Alimentos pecuarios	Productores de sorgo, soya, algodón, cártamo, etc.	BANRURAL CONASUPO	Purina Anderson Clayton La Hacienda
Leche industrializada	Pequeños productores (Veracruz, Jalisco y México)	BANRURAL BANXICO (FIRA) SARH	Nestlé Carnation Queso Club
Carne empacada	Pequeños ganaderos	BANRURAL (PROCARNE) FIRA Intermediarios privados	Grupo FUD* y otros rastros TIF*

[a] Entidades del sector público: TABAMEX — Tabacos Mexicanos; INMECAFE — Instituto Mexicano del Café; CNIA — Comisión Nacional de la Industria Azucarera; PROQUIVEMEX — Productos Químicos Vegetales Mexicanos; BANRURAL — Banco Rural; CONASUPO — Consejo Nacional de Subsistencias Populares; FIRA — Fideicomiso de Inversiones para el Refuerzo de la Agricultura; BANXICO —Banco de México; SARH — Secretaría de Agricultura y Recursos Hidráulicos.
[b] Empresas transnacionales excepto las marcadas con asterisco. TIF — Tipo Inspección Federal ("Box", o "boneless beef").
Fuente: Fondo de Cultura Campesina, A. C., en base a los archivos de AGROBIOTEC, S. C.

de 5 has.) por cada línea de producción; b) la intensidad de su esfuerzo productivo, relativo al de los campesinos, medido como el cociente entre la productividad comercial (más 5 has.) sobre la productividad campesina (ejidos y propiedades menores de 5 has.); y c) el producto de los anteriores, que da una medida de su participación en cada rubro productivo.

Basado en estos tres índices se puede hacer una tipología de tres grupos de cultivos:

a) *Cultivos campesinos* en donde la productividad comercial es similar a la campesina y su participación es menor del 30% y el producto de ambos es cercano al 30% (cuadro 2).

b) *Cultivos comerciales* en donde los índices indican mucha mayor productividad de los empresarios agropecuarios y su mayor participación del área cultivada (cuadro 3).

c) *Cultivos mixtos* en donde los índices dan un comportamiento intermedio (cuadro 4).

Cuadro 2

Cultivos con poca participación privada

Cultivo	P = Privada x 100 ejidal	T = Privada x 100 ejidal	R
Maíz	107	35	38
Frijol solo	95	31	30
Frijol intercalado	84	49	41
Garbanzo para consumo pecuario	96	27	26
Garbanzo de consumo humano	106	21	22
Caña de azúcar	143	28	40
Arroz	119	29	34
Cacahuate	112	32	36
Ajonjolí	114	18	21
Cártamo	104	36	37
Tabaco	102	16	16
Promedio ± desviación estándar	107 ± 15	30 ± 10	32 ± 9

P = Productividad (rendimiento x ha.)
T = Tenencia.
R = P x T/100.
Fuente: Fondo de Cultura Campesina A. C., elaborado a partir de los Censos Agrícola Ganadero y Ejidal de 1970.

Es interesante notar que los cultivos campesinos (cuadro 1)
son típicamente los de subsistencia (maíz y frijol) o los que se
constituyen en materias primas básicas de las agroindustrias en
donde la mano de obra barata (muchas veces no asalariada) representa un ahorro para los estratos superiores de los complejos
agroindustriales, como es el caso de la caña, el tabaco y las oleaginosas baratas (ajonjolí, copra).

Se puede explicar, en los cultivos campesinos, una correlación
negativa entre la participación comercial y su productividad, debido al bajo incentivo económico de los productos referidos; de
ahí que predominen tecnologías intensivas eh mano de obra barata.

En los cultivos comerciales (cuadro 3), el panorama es el
opuesto; el mayor valor agregado de estos productos crea un
fuerte incentivo para el uso de tecnologías intensivas en capital,
como es el caso de las hortalizas de exportación (jitomate, fresa,
etc.).

Los cultivos mixtos (cuadro 4), son aquellos en donde hay
un incentivo intermedio para la inversión productiva comercial

Cuadro 3

Cultivos con alta participación privada

Cultivo	P = Privada x 100 ejidal	T = Privada x 100 ejidal	R
Jitomate	303	55	167
Chile seco	139	54	75
Papa	153	50	76
Sorgo forrajero	127	65	80
Maíz forrajero	177	57	101
Cebada para malta	116	59	68
Avena forrajera	169	73	123
Trigo	126	62	78
Alfalfa verde	102	67	68
Avena de grano	97	83	80
Promedio ± desviación estándar	146 ± 56	64 ± 10	91 ± 29

P = Productividad (rendimiento x ha).
T = Tenencia.
R = P x T/100.
Fuente: Fondo de Cultura Campesina A. C., elaborado a partir de los Censos Agrícola,
Ganadero y Ejidal, 1970.

Cuadro 4

Cultivos con participación privada y ejidal

Cultivo	P = Privada x 100 ejidal	T = Privada x 100 ejidal	R
Cebada forrajera	119	41	49
Café	120	50	60
Sorgo para grano	110	56	62
Chile verde	140	39	55
Algodón	100	52	52
Promedio ± desviación estándar	118 ± 13	48 ± 6	56 ±

P = Productividad (rendimiento x ha).
T = Tenencia.
R = P x T/100
Fuente: Fondo de Cultura Campesina A. C., elaborado a partir de los Censos Agrícola Ganadero y Ejidal de 1970.

pero no es suficiente para que ésta predomine. También aquí se indican cultivos de rendimiento semicomercial que son apoyados por la banca oficial en áreas de riego o de buen temporal como es el caso típico del sorgo para grano, que se produce en áreas ejidales pero con apoyo técnico o financiero del gobierno.

Esta tipología indica que existe una correlación positiva entre el uso de técnicas intensivas en capital, típicas de las empresas agropecuarias comerciales, y el incentivo derivado de la venta de las cosechas, por ejemplo por su exportación.

Una forma de hacer ver este fenómeno es la comparación interregional de zonas ecológicamente similares en términos de suelos, temperaturas, precipitaciones, etc., pero con distintas formas de tenencia de tierra y de relación con el mercado. Si se comparan las productividades de Sinaloa, que es un emporio de la agricultura comercial de hortalizas, con la de Morelos, que es un enclave del minifundio campesino, se observa (cuadro 5) que la productividad morelense para maíz y frijol es igual o superior a la de Sinaloa (a pesar de no haber recibido esta región ningún programa de asistencia técnica). En cambio, la productividad de jitomate en Sinaloa es tres veces superior a la de Morelos.

Una posible explicación se encuentra en las formas de organización y en el destino del producto. En Morelos, las uniones de

Cuadro 5

Productividad de los cultivos básicos y de exportación
en Morelos y Sinaloa

Rubro	Productividad (ton/ha)	
	Morelos	Sinaloa
Maíz		
Mayor de 5 ha.	1.026	1.293
Menor de 5 ha.	1.006	1.134
Ejidal	1.006	1.211
Estatal	1.008	1.225
Frijol		
Mayor de 5 ha.	1.110	1.253
Menor de 5 ha.	1.092	1.147
Ejidal	1.149	1,188
Estatal	1.142	1.212
Jitomate		
Mayor de 5 ha.	12.619	38.300
Menor de 5 ha.	11.295	————
Ejidal	10.435	38.787
Estatal	11.039	33.273

Fuente: Fondo de Cultura Campesina, A.C. con datos de los Censos Agrícola, Ganadero y Ejidal, 1970.

productores de arroz y caña son muy fuertes; obtienen condiciones ventajosas frente a la agroindustria y constituyen importantes vínculos de solidaridad. En cambio el jitomate es un producto
perecedero de elevado riesgo que no ha permitido la creación
de lazos de solidaridad comparables, con grandes pérdidas
a los productores. En Sinaloa, en cambio, la polarización hacia
la agroexportación de jitomate y otros productos ha generado
un menor aliciente para los cultivos de subsistencia o para la
caña y el arroz, a pesar del avanzado estadio de mecanización
de estos cultivos.

Con estos datos se ilustra la relación que existe entre formas de
organización, tecnología y relaciones comerciales de cada producto y se confirma el papel inductor del tercer estrato de los
complejos agroindustriales que constriñe o facilita los estímulos

para el uso de ciertas tecnologías (intensivas en capital o mano de obra) según se derive de la integración de ciclos comerciales complejos como los de hortalizas, azúcar, café, oleaginosas, alimentos pecuarios y cereales. De manera similar a la tipología de los productores primarios, se puede proceder a una tipología de las agroindustrias. Estas pueden dividirse en pequeñas y medianas (con menos de 5 millones de pesos de activo fijo) y grandes (con mayor capital). El símil del área ocupada por las grandes empresas, sería el porcentaje de participación en las ventas de cada rubro productivo, mientras que el símil de productividad, serían las ganancias sobre el activo fijo. En el cuadro 5 se indican los rubros en donde predominan las pequeñas agroindustrias. El cuadro 6 muestra

Cuadro 6

Rubros de predominio de las pequeñas agroindustrias

Rubro y activo fijo (pesos)	% Producción	% Rentabilidad[a]	Capital personal	Productividad[b] por obrero
Molienda de Nixtamal				
hasta 500 000	98.0	81.4	8.0	6.6
501 000 - 3 000 000	2.0	23.4	97.2	22.8
Fábrica de tortillas				
hasta 500 000	99.0	91.0	11.3	10.3
501 000 - 3 000 000	1.0	25.7	46.3	11.9
Beneficios de café				
hasta 5 000 000	86.0	34.9	103.0	36.0
5 001 - 20 000 000	14.0	11.9	273.3	28.3
Fab. prod. a base de cereales				
hasta 5 000 000	92.8	47.8	43.0	20.6
5 001 000 - 35 000 000	7.2	36.3	99.5	36.2
Preparación de henequén				
hasta 5 000 000	100.0	20.9	12.0	2.5
Arroz en plantas especializadas				
hasta 5 000 000	76.6	30.7	109.2	33.5
5 001 000 - 35 000 000	23.4	14.2	242.0	34.0
Fabricación de ates				
hasta 5 000 000	100.0	27.5	23	6.3
Curtido y acabado de cuero				
hasta 5 000 000	64.0	29.9	62.3	18.6
5 001 000 - 20 000 000	36.0	23.8	163.8	38.9
Promedio				
Empresas pequeñas	89.6 ± 13.2	45.5 ± 26.4	46.5 ± 41.1	16.8 ± 12.7
Empresas grandes	10.5 ± 13.2	22.5 ± 8.8	153.7 ± 82.3	28.7 ± 10.1

[a]Rentabilidad = ganancias/capital invertido.
[b]Productividad por empleado = ganancias/personal empleado.
Fuente: Fondo de Cultura Campesina A. C., elaborado con base en el Censo Industrial de 1975.

los rubros de predominio de las grandes empresas y el cuadro 7 los rubros donde el predominio es compartido.

Es interesante notar que, en promedio, la rentabilidad de la pequeña y mediana empresa es notablemente superior a la rentabilidad de la gran empresa, pero no existe correlación aparente entre este índice económico y el dominio que pueda ocupar un tipo de empresas en su ramo productivo. Además, parecen existir ramas abandonadas a la pequeña empresa y otras que son de mayor interés para las grandes empresas. Las razones de esta preferencia son de carácter distinto a lo que podría esperarse a partir de una hipótesis de eficiencia.

En general se han formulado dos clases de hipótesis sobre la adopción de tecnologías para un tipo específico de productores (campesino o comercial).

a) La hipótesis de la *eficiencia técnico-económica* que relaciona la adopción tecnológica con ventajas de eficiencia en el uso de los factores de la producción. Por ejemplo, se adopta la semilla que mayores rendimientos obtiene en función del uso del factor más limitante (capital, mano de obra, tierra).

b) La hipótesis de las *relaciones estratégicas* en donde la adopción tecnológica está relacionada con la integración de ciclos complejos de tipo comercial o de subsistencia y no en función de la eficiencia del proceso aislado de una cierta tecnología. En el primer caso, se supone que existe una optimización o evaluación de procesos independientemente de la producción. Por ejemplo, la optimización del cultivo del maíz sería independiente de la integración agropecuaria familiar o agroindustrial en este rubro. En el segundo caso, la respuesta se encuentra en un análisis del contexto derivado del ciclo económico en el que la unidad (comercial o campesina) está inmersa, y por tanto, de la función estratégica que desempeña una tecnología dentro de esos ciclos.

La mayor parte de las investigaciones tecnológicas desarrolladas por agencias gubernamentales han seguido la primera hipótesis: se trata en la mayoría de los casos de investigaciones sobre variedades mejoradas de semillas, llevadas a cabo por el Instituto Nacional de Investigaciones Agrícolas, incluso del uso de fertilizantes en las zonas de buen temporal del Plan Puebla.

La segunda hipótesis ha sido objeto de investigaciones por pequeños grupos como el del Ing. Efraín Hernández X., en el Cole-

Cuadro 7

Rubros de predominio de la gran industria

Capital social	% Productividad	% Rentabilidad [a]	Capital personal	Productividad[b] por obrero
Fábrica de harina de maíz				
hasta 100 000	0.3	54.4	8.2	4.5
101 000 - 50 000 000	99.7	40.6	173.8	70.6
Fab. almidones féculas etc.				
hasta 500 000	1.8	47.2	57.5	27.2
501 000 - 1000 000 000	98.2	42.1	220.4	92.9
Fáb. de azúcar				
trapiches	1.5	37.1	0.01	1.7
ingenios	98.5	7.8	166.5	13.0
Fáb. de café soluble				
hasta 100 000	0.7	48.4	79	38.2
101 000 - 100 000 000	99.3	154.9	313.4	485.3
Conservas por deshidratación				
hasta 500 000	4.7	43.8	18.2	8.0
501 000 - 20 000 000	95.3	22.9	87.9	20.1
Fáb. de aceites y grasas				
hasta 5 000 000	9.8	37.4	169.0	63.2
5 001 000 - 75 000 000	90.2	32.3	237.4	76.7
Fáb. de pan y pasteles				
hasta 5 000 000	10.5	32.3	54.5	17.6
5 001 000 - 75 000 000	89.5	34.6	64.8	22.4

Rubros de predominio de la gran industria

Capital social	% Productividad	% Rentabilidad [a]	Capital personal	Productividad [b] por obrero
Fáb. hilados y tejidos				
hasta 5 000 000	15.0	28.3	42.5	12.0
5 001 000 más	85.0	44.7	87.5	39.1
Fáb. casimires				
hasta 5 000 000	12.9	21.8	47.1	10.3
5 001 000 - 50 000 000	87.1	21.7	103.3	23.3
Elaboración de vinos				
hasta 5 000 000	13.2	21.8	166.1	36.3
5 001 000 - 50 000 000	86.8	30.4	165.9	202.7
Fáb. malta				
501 000 - 10 000 000	7.7	60.7	178.0	107.9
10 001 000 - 150 000 000	92.3	24.3	605.7	149.9
Benef. de tabaco				
501 000 - 5 000 000	14.2	238.7	5.0	11.8
5 001 000 - 35 000 000	85.8	38.0	82.3	31.2
Promedio				
Empresa pequeña	8.0 ± 5.7	56.0 ± 58.8	68.8 ± 66.1	28.2 ± 30.72
Empresa grande	92.3 ± 5.6	41.2 ± 37.3	192.4 ± 150.2	102.3 ± 133.9

[a] Rentabilidad = ganancias/capital invertido.
[b] Productividad por empleado = ganancias/personal empleado.
Fuente: Fondo de Cultura Campesina A. C., elaborado con base en el Censo Industrial de 1975.

Cuadro 8

Rubros en que interviene la pequeña y la gran industria

Capital social	% Producción	%Rentabilidad[a]	Capital personal	Productividad por obrero[b]
Tostado y molienda de café				
hasta 3 000 000	56.6	44.5	58.4	26.0
3 001 000 - 10 000 000	43.4	77.9	90.8	49.8
Molienda de trigo				
hasta 5 000 000	32.0	27.3	203.8	55.7
5 000 001 - 50 000 000	68.0	25.6	334.8	85.6
Fáb. de pan y pasteles				
hasta 5 000 000.	68.8	83.5	10.8	9.0
5 000 001 - 75 000 000	31.2	74.2	49.4	36.7
Fáb. de Alimentos balanceados				
hasta 5 000 000	42.5	42.0	131.0	55.0
5 000 001 - 15 000 000	57.5	42.7	30.1	128.6
Promedio				
Empresa pequeña	49.98 ± 16.1	49.3 ± 24	101 ± 84.5	36.4 ± 23
Empresa Grande	50.00 ± 16.1	55.1 ± 25	126 ± 141.3	75.2 ± 41

[a]Rentabilidad = ganancias/capital invertido
[b]Productividad por empleado = ganancias/personal empleado.
Fuente: Fondo de Cultura Campesina A. C., elaborado con base en el Censo Industrial de 1975.

gio de Postgraduados de Chapingo y de otros grupos dispersos como el Grupo de Estudios Ambientales, A.C., la Universidad Autónoma Metropolitana o el Instituto Politécnico Nacional, que llevaron a cabo algunas investigaciones. El uso de tecnologías por grupos complejos trae consigo un entrecruzamiento entre la tipología de los productos primarios y la de las empresas agroindustriales, lo cual revela una nueva complejidad de las relaciones tecnológicas. Se ilustra esta complejidad en el cuadro presentado a continuación (cuadro 9). Para simplificar el análisis sólo se incluyen las líneas de mayor interés para el desarrollo nacional.

En estos esquemas se indican los valores relativos del producto, conforme avanza el proceso de transformación y comercialización. Se puede observar que, precisamente las transformaciones en donde se adquiere mayor valor del producto es donde existe mayor predominio de la gran industria privada, v.gr.: café soluble, leche industrializada, alimentos pecuarios, carne empacada, textiles, cigarrillos, refrescos y licores. En cambio, los ru-

Cuadro 9

Algunos ejemplos de relación de valor de venta entre producto básico,
producto intermedio y productos finales en la
producción agropecuaria mexicana

Producto básico	Producto intermedio	Producto(s) final(es)		
Maíz	133 (nixtamal)	150 (tortillas)		
Caña	121.5* (azúcar)	10 370 (refrescos, ron y licores varios)		
Sorgo	143 (alimentos	1 200	951	1 292
Soya	pecuarios)	(cerdos)	(huevo)	(carne)
Semillas de algodón		550 (aceites)		
Leche cruda		240* (leche industrializada)		
Café (cereza)	175 (café tostado)	755 (café soluble)		
Frutas		233 (conservas, ates, jaleas)		
Vaquillonas		1 480 (carne empacada)		

* Subsidiado.
Fuente: Fondo de Cultura Campesina, A. C.

bros donde la transformación industrial no ofrece muchas ventajas en el incremento del valor del producto frecuentemente están dominados por la pequeña empresa (v. gr.: tortillerías fábricas de ates y jaleas, etc.) o por grandes industrias estatales (v.gr.: azúcar).[12] Por lo tanto, estos datos apoyan la hipótesis de la adopción tecnológica en función de posiciones estratégicas en los ciclos económicos agroindustriales.

2. Condiciones de reproducción de los complejos agroindustriales

Del análisis anterior quedan aún por aclararse cuáles son las relaciones de tipo estratégico que se tienen entre un tipo de tecnología y el dominio de un sistema agroindustrial. Para ahondar un poco mejor este problema es conveniente investigar casos específicos como el sistema agroindustrial del azúcar, el sistema de alimentos pecuarios, y un caso de difusión de tecnología en Chihuahua.

2.1. El caso del azúcar

La agroindustria azucarera está constituida en México por un monopolio estatal que controla 1) su comercialización con la Unión de Productores de Azúcar, S. A. (UNPASA); 2) más del 60% de su industrialización por la Comisión Nacional de la Industria Azucarera (CNIA); y 3) el 100% de su financiamiento por la Financiera Nacional Azucarera, S.A. (FINASA). El órgano cúpula es la CNIA, quedando FINASA Y UNPASA como organismos subrogados. A su vez, la CNIA, se coordina nominalmente con la Secretaría de Patrimonio y Fomento Industrial, pero frecuentemente el Vocal de CNIA tiene acuerdos con el Presidente de la República.

Esta agroindustria opera a base de 66 grandes fábricas o ingenios azucareros cuyas áreas de influencia comprenden cerca de 10,000 o más has. de caña. Se elaboran como productos principales azúcar (morena) y azúcar refinada (blanca). Como subproductos principales se obtienen bagazo, cachaza y melaza (o miel incristalizable). De la melaza se elabora, alcohol por fermentación y destilación. Del volumen y destino del azúcar se puede

---

12 En este caso, inclusive, se trata de una industria subsidiada.

concluir que el mercado industrial es muy importante con preferencia en la elaboración de refrescos embotellados.

La dinámica entre la oferta y la demanda ha presentado un estancamiento que se inició con la cancelación de la exportación en gran volumen desde 1976 y ha llegado a la importación de más de 600,000 toneladas en 1980. Dentro de la dinámica de la demanda ha predominado gradualmente el crecimiento del consumo industrial.

Frente a esta situación deficitaria, se encuentra además, una escaza diversificación de productos dulces, incluyendo la ausencia de azúcares líquidos o jarabes, que en E.U.A. representan el 35% de la oferta industrial de dulce. Por otro lado, tampoco hay el uso de las industrias auxiliares llamadas trapiches o pequeños molinos, que en la India representan el 60% de la oferta total.

El análisis de la tecnología de un ingenio azucarero indica un sistema altamente intensivo en capital que requiere de 1500 a 2000 millones de pesos de activo fijo para llegar al nivel de equilibrio económico. El proceso comprende molinos en tándem con altos índices de extracción de azúcar, evaporadores de múltiple efecto y cristalizadores, centrífugas y muchas otras piezas de equipo. Este equipo logra un alto porcentaje de extracción del azúcar de la caña y una alta eficiencia en el uso del calor.

Las tecnologías azucareras alternativas son las siguientes: fábricas pequeñas de piloncillo o panela; fábricas pequeñas de azúcar mascabado;[13] fábricas pequeñas o medianas de miel rica o melados; fábricas medianas o grandes de mascabado industrial; fábricas medianas o grandes de azúcares líquidos o jarabes clarificados. Cada una de estas tecnologías tiene distintos niveles de inversión en activo fijo, gastos en mano de obra, eficiencias de extracción, calidades de producto, equipo y capacitación del personal. Por ejemplo, la tecnología alternativa más rudimentaria consiste en pequeños molinos movidos por animales, de donde se extrae el 50% de jugo. Este se cocina en peroles con fogones alimentados de bagazo secado al sol hasta el punto de piloncillo oscuro que se moldea en recipientes de barro o madera. Se estima que hay 2000 de estos trapiches en la Huasteca Potosina, principalmente operados por pequeños productores indí-

---

13 Piloncillo y panela se denominan ghur en la India, "non-centrifuged sugar" o "crude sugar" en inglés. El azúcar mascabado o kandsari en la India, se denomina "brown sugar" o "unrefined sugar" en inglés.

genas que abastecen de piloncillo barato a las fábricas de ron o aguardiente.

Otra alternativa, serían los pequeños ingenios piloncilleros con molinos mecanizados, evaporadores al vacío y mecanización del sistema de enfriamiento y moldeo de piloncillo. De éstos existe uno en Ciudad Valles y había otro en Zacatecas.

En Zacatecas se da la opción del trapiche portátil que muele la caña en el campo y envasa el jugo en carros tanques para ser usado como insumo en las fábricas de aguardiante de Aguascalientes, usando el bagazo con el azúcar residual como forraje secado al sol en la ganadería local.

En Morelos se está construyendo una fábrica experimental que producirá miel rica del jugo de caña para ser usada como materia prima de las fábricas de fermentación y usará el bagazo fresco y fermentado como forraje del ganado. Cabría pues la pregunta sobre el predominio del enfoque de la gran agroindustria a la luz de los siguientes problemas:

a) Las áreas compactas de 10,000 o más hectáreas usadas para ingenios sólo suman 400,000 has., y existen limitaciones sobre disponibilidad de grandes espacios fértiles e irrigados, o con suficiente humedad, por la necesidad de ampliar los otros cultivos básicos deficitarios como el maíz y el frijol e incluso el sorgo y la soya.

b) Se ha estimado, de los levantamientos de la Dirección de Estudios del Territorio Nacional, que existen 3 millones de has., potencialmente cañeras. Pero muchas de esas regiones no son compactas y se encuentran en pequeños valles aislados o mal comunicados.

c) La industria azucarera aún no cuenta con capital suficiente para la reinversión productiva y el mantenimiento de la planta industrial, como se deduce del retraso en los nuevos proyectos y en la elevada proporción de tiempos perdidos atribuibles a fallas de la operación fabril.

d) La elevación progresiva y necesaria del precio de la caña de azúcar junto con la ineficiencia económica de los ingenios han reducido o anulado las ganancias de la industria y ha encarecido el valor de la azúcar de caña, incluso como materia prima industrial.

e) La competencia industrial por el azúcar, ha creado, en el pasado un mercado negro que ha hecho obsoleto el subsidio para el consumo popular y ha provocado la escasez del azúcar en el mercado libre.

Parte de la rigidez tecnológica de la industria se deriva de su vinculación con el mercado industrial. Por ejemplo, el supuesto técnico que sólo la azúcar refinada puede ser usada en los refrescos, se debe en gran parte a la carencia de proyectos de investigación tecnológica, financiados por la propia industria. Esta situación, a su vez, ha generado un abandono de la pequeña industria trapichera y una mayor concentración del poder monopólico de UNPASA, lo cual también dificulta la distribución del azúcar a la masa de pequeños consumidores por la intervención de los intermediarios y almacenistas.

En fechas recientes, y ante la necesidad de usar proporciones crecientes de azúcar estándar en los refrescos, la industria embotelladora introdujo la tecnología de la producción de azúcares líquidos refinados. Dentro de esos nuevos proyectos, una empresa transnacional (PEPSICO) intentó obtener la concesión de una planta industrial de azúcares líquidos que maquilaría el producto para el resto de las embotelladoras.

Todo esto sugiere que una diversificación de la tecnología de las fábricas azucareras permitiría la ampliación de la oferta de dulce, principalmente de uso industrial, pero debilitaría el papel monopólico de UNPASA y modificaría las relaciones de suministro de azúcar a las grandes industrias de refrescos y de fermentación. Bajo estas condiciones, es razonable la hipótesis de que el desarrollo de la industria azucarera mexicana (y de toda Latinoamérica) es dependiente de tecnología importada en forma rígida y poco adaptable a condiciones locales. Esta dependencia se vincula con intereses de dominio del mercado de este insumo industrial y de consumo popular, lo que obstaculiza el uso de alternativas flexibles, complejas y descentralizadas.

Desde este punto de vista, la tecnología agroindustrial no sólo se justificaría por su eficiencia técnica o financiera, sino también por el control central que una empresa u organismo estatal puedan ejercer sobre un sistema de producción, transformación y venta.

2.2 El caso de los alimentos pecuarios

En el cuadro 10 se muestra que la producción agrícola de alimentos rinde más calorías y proteínas por unidad de área que

Cuadro 10
Relación entre peso y contenidos calóricos y protéicos en algunos productos agropecuarios mexicanos

Sistemas de producción	Producto (Kg)	Energía (Mcal)	(%)	Proteína (Kg)	(%)	Precio de la energía (%)
Maíz (44 %) Soya (56 %)	3 000	8 818	(100)	702	(100)	100.0
Leche (2 vacas x 3.500 l.)	7 000	4 060	(46)	245	(35)	528.8
Huevo (18.462 piezas)	1 200	1 563	(18)	119	(17)	950.9
Cerdos (8 cerdos x 102 kg.)	816	1 042	(12)	85	(12)	1 200.6
Res (1 vaquilla x 350 kg.)	850	416	(5)	35	(5)	1 291.7

Los estimados están basados en buenos rendimientos y en igual productividad de la tierra. Para forrajes, se consideró que tenían 6 ton. de materia seca con 60% de digestibilidad. La evaluación de proteína y energía fue hecha en términos de producto final (tortilla de maíz, aceite de comer, leche, vísceras, etc.). La relación maíz/soya se hizo en el orden para suplementar una dieta balanceada de la persona consumiendo diariamente 2 416 Mcal. y 192 g. de proteína, cumpliendo con todos los requerimientos de aminoácidos.

Fuente: Viniegra, G., Mungía A. y Ramírez G. "Animales Production with agricultural residues". *Industry and Environment*, enero-marzo, 1980.

la producción pecuaria, pero que ésta, a su vez, produce artículos (carne, huevos, leche) de mayor valor económico. Con estos datos se podría pensar que la producción sería una forma de *consumir excedentes* de cereales y leguminosas para regular sus precios en el mercado y no una alternativa técnica para incrementar la disponibilidad de alimentos.

Para economías con grandes excedentes de granos, como E.U.A., esta alternativa es prioritaria, pues permite ampliar la ocupación productiva de hombres y tierra en la agricultura y evita los efectos negativos del *dumping* o disminución de los subsidios (v.gr.: *"set aside program"* o subsidio a tierras ociosas y excedentes). De ahí que la mayoría de las recomendaciones nutricionales para la producción pecuaria intensiva que se encuentra en textos norteamericanos se refieren a ingredientes derivados del uso de cereales y leguminosas para la nutrición animal.

Otros países sujetos a carencias de granos para el consumo humano y con capacidad de autodeterminación tecnológica han tenido que desarrollar tecnologías alternativas para la producción pecuaria. Por ejemplo, China desarrolló la producción intensiva de cerdos alimentados con desperdicios domésticos y con plantas acuáticas fertilizadas con los desagües agrícolas. Los supuestos técnicos de este sistema son muy distintos a los de la nutrición porcina en EUA pero constituyen el mejor sistema de producción de carne de cerdo en el mundo.

En Cuba, las restricciones del boicot mercantil obligaron al desarrollo de otro sistema porcícola basado en melazas de caña y levaduras crecidas en melaza. De esta forma, el excedente de melaza adquirió un valor estratégico y eliminó la importación de cereales y pastas proteínicas para la nutrición de los cerdos.

En México, en cambio, la tecnología norteamericana ha ejercido una gran influencia sobre la industria de alimentos balanceados y sobre la agricultura durante más de 20 años. Esta influencia se basa no sólo en sus condiciones naturales, tecnológicas y comerciales favorables, sino en la fuerza financiera que posee.

Por otro lado, diversos estudios de campo han revelado que, si bien, la producción porcina depende de un 40 o 50% de la producción familiar de traspatio, existen serias dificultades técnicas y económicas para transferir, mecánicamente, el sistema intensivo norteamericano basado en sorgo y pasta de soya a las condiciones del pequeño productor mexicano. De esta forma, la moderna tecnología de la nutrición de cerdos (y también de aves) permite el desplazamiento del pequeño productor y facilita el control del mercado de la carne prácticamente por una sola empacadora (Empacadoras FUD), y otras pocas de gran volumen, las cuales cierran un circuito que se inicia en la siembra y cosecha del sorgo y la soya, para su procesamiento por grandes empresas privadas o por uniones de porcicultores y llega al sacrificio y venta de la carne procesada.

2.3 Estudio de un caso de difusión de tecnología adecuada con Chihuahua

En el estado de Chihuahua se ha destacado la presencia de los inmigrantes menonitas frente al desarrollo local de los campesinos ejidatarios y, con frecuencia, se cita a los menonitas como ejemplo de lo que podrían lograr los campesinos mexicanos si contasen con la organización y tecnología adecuadas.

Como un antecedente histórico, los menonitas son una secta protestante fundada por Menon en el siglo XVII como resultado de la revuelta campesina que expropió los latifundios feudales del centro de Alemania y que fue violentamente reprimida después, sobre todo en la ciudad de Münster. En principio, los campesinos protestantes de esa época ampliaron la crítica social de Martín Lutero sobre el lucro desmedido de la nobleza feudal. Después de la represión violenta de la revuelta campesina que temporalmente había expropiado los latifundios, algunos grupos de campesinos protestantes modificaron su militancia crítica de tipo revolucionario a la creación de comunidades campesinas autosuficientes que eliminasen el lucro capitalista como incentivo básico de su actividad económica y lo sustituyeran por la solidaridad social de tipo religioso comunitario. Uno de esos grupos, fue el fundado por Menon, que originalmente tuvo su enclave en Suiza, fue perseguido y emigró a Inglaterra, Rusia, Canadá, EUA y finalmente envió representantes a México y otros países del Caribe y Centroamérica.

La organización económica de los menonitas es mucho menos estricta que la de otras sectas, como los Amish de Pensylvania, los cuales rechazan el uso de la maquinaria moderna y de la fuerza electromotriz. En México se han ido integrando a procesos lucrativos de tipo comercial. Su economía básica se deriva de la integración agropecuaria con cultivos de subsistencia, como el trigo y forrajes, como la avena y la cebada, incorporando frutales como las manzanas y los nogales. Su fuerza de trabajo es de tipo familiar no asalariada y junto con su ganado vacuno de ascendencia suiza producen leche y quesos que se parecen a los llamados *quesos suizos* con procesos característicos de añejamiento, que en México se ha llamado *queso Chihuahua,* el cual alcanza buen precio en el mercado nacional.

El sistema de integración agropecuaria de los menonitas ha resultado superior al sistema dependiente y desarticulado de los campesinos mexicanos. Estos tienen una organización secular ejidal, supeditada a los movimientos políticos regionales y que está articulada en Chihuahua. Los sistemas de explotación económica que ellos tienen, mediante la venta de mano de obra, excedentes de maíz, frijol y becerros destetados *al tercio* o *a medias* (es decir como aparceros) van en beneficio del comercio y en detrimento de su economía.

En un ejido (S.I.) cercano a la ciudad de Chihuahua, se realizó una visita a un grupo de campesinos mexicanos que, con asistencia de la SARH, habían integrado una adaptación del sistema menonita que consistía en: 1) la construcción de hornos forrajeros para conservar las cañas y hojas verdes del maíz, después de cosechar la mazorca tierna; 2) la instalación de molinos rústicos de granos para elaboración de concentrados a nivel familiar; 3) la construcción de establos de ordeña y comederos basados en técnicas de autoconstrucción 4) la introducción de girasol como cultivo forrajero alternativo de menor riesgo a la sequía; 5) la organización de una cooperativa de compra-venta de insumos y productos, con la entrega colectiva de leche de ganado Holstein, ordeñada a mano para su pasteurización en una planta de la ciudad de Chihuahua.

Este sistema adaptado a las condiciones ejidales de Chihuahua introdujo una mayor prosperidad a la cooperativa lechera de 10 familias campesinas. Sus ingresos se reduplicaron respecto a la venta de ganado Hereford que antes hacían como aparceros de los ganaderos locales, y que ahora cambiaron hacia la ganadería Holstein de leche.

Este ejemplo de difusión tecnológica fomentada a pequeña escala por la SARH a partir de la experiencia menonita de Chihuahua contrasta con las experiencias negativas de las grandes granjas lecheras financiadas por el BANRURAL. Ahí se observan grandes inversiones (de 5 a 10 millones de pesos) con establos de construcción costosa, silos de concreto, asistencia veterinaria periódica y compra de concentrados comerciales, pero sobre todo un complejo e ineficiente sistema de administración empresarial de tipo vertical, controlado por el Gobierno e influido por los intereses políticos locales que frecuentemente arroja déficit financiero en sus operaciones anuales.

Estas diferencias son dignas de tomarse en cuenta porque señalan:

1) que no es indispensable la restricción étnica o religiosa de los menonitas para adaptar y difundir este sistema de integración agropecuaria a las condiciones del campesinado mexicano; 2) que las inversiones de equipo y tecnología de bajo costo son compatibles con alta eficiencia productiva de sistemas integrados a nivel familiar y cooperativo; 3) que la integración agropecuaria con tecnología adecuada ofrece incentivos para incrementar la productividad de las parcelas ejidales, con reducción del riesgo económico y aumento del valor agregado de los productos; 4) que los costos de transferencia tecnológica son bajos mientras que su adopción puede ser rápida en el medio rural mexicano.

Este ejemplo, junto con los anteriores, refuerzan la tesis sobre el valor estratégico de la tecnología como más importante que las consideraciones aisladas de tipo técnico-económico de cada proceso agropecuario o industrial y parecen señalar la necesidad de contar con este tipo de análisis para la evaluación de nuevas tecnologías apropiadas.

III. APLICACIONES DE TECNOLOGÍA ADECUADA AL MEDIO RURAL

En la primera parte de este trabajo, hemos visto de qué manera las políticas agrarias en México han creado fuertes diferencias entre los agricultores que se pudieron beneficiar del aporte tecnológico de la Revolución Verde, principalmente en las zonas de riego, y los que quedaron al margen de estos avances, procedentes de las zonas de temporal. Por otro lado, vimos que los beneficios de esta revolución tecnológica fueron de corta duración, primero porque no fue posible sostener el nivel de crecimiento obtenido a mitad de los años cuarenta, y en segundo lugar porque la alimentación básica de la población —el maíz y el frijol— se llevó a cabo en las zonas de agricultura tradicional. En efecto, la tasa de crecimiento de la producción agropecuaria fue disminuyendo a partir de la mitad de la década de los cincuentas, bajando hasta 2.7% entre 1965 y 1970, o sea, abajo de la tasa de crecimiento demográfico. Esto se debió, principalmente, a la caída de crecimiento de la producción agrícola que aumentó sólo a un ritmo del 0.9% anual de 1970 a 1975.[14]

Durante este periodo, las tendencias generales hacia una distribución polarizada de los recursos en el campo se agudizaron, con una creciente concentración de la riqueza en un pequeño grupo de empresarios, mientras que los campesinos pequeños, propietarios y ejidatarios veían disminuir su ingreso real,[15] a pesar del aumento en las superficies cultivadas heredadas del reparto de tierras bajo el régimen de Lázaro Cárdenas.

La crisis de alimentos que siguió en los años setentas, con la consiguiente necesidad de importar cada vez más alimentos básicos, ha agudizado la necesidad inmediata de encontrar soluciones nuevas para permitir elevar el nivel de vida de la población rural, al mismo tiempo que asegurar el abastecimiento interno de alimentos básicos. Para lograr esta meta, es necesario desechar el modelo "empresarial" de la agricultura, considerando que la gran mayoría de los campesinos mexicanos no reproducen su capital con la plusvalía lograda a través del intercambio en el mercado monetario, sino que operan en condiciones de subsistencia en margen de los circuitos comerciales. Por consiguiente, es necesario buscar diferentes alternativas que logren aumentar tanto la productividad como el nivel de empleo de esta población con métodos que sean adecuados a las condiciones en las que sobrevive.

Para alcanzar esta meta, se presentan dos vías alternativas. Por un lado, la escogida por un conjunto de políticas públicas

14 Véase Arturo Warman "Planning of Development, Science and Technology: The Case of the Mexican Agrarian Sector" en V.L. Urquidi (comp.) *Science and Technology in Development Planning*. New York: Pergamon Press, Ltd., 1979, pp. 69-78. Vania Salles "Precios de garantía y crisis agrícola", *Nueva Antropología* No. 13/14 (Número especial: La Cuestión Ganadera y Agraria) marzo, 1980, pp. 188-217.
15 En 1971 el precio real del maíz estaba por debajo de su precio de 1940.

reunidas bajo el Sistema Alimentario Mexicano (SAM) que consiste en apoyar el sector campesino más pobre para permitirle acceso al paquete tecnológico convencional, o sea, los fertilizantes, el control de insectos y plagas y el extensionismo agrícola. Por otro lado, existe una larga gama de posibilidades de tecnologías alternativas más adecuadas, en nuestra opinión, a las condiciones de vida en el campo mexicano, las cuales intentan abaratar tanto la producción agropecuaria como los requerimientos del consumo doméstico en el campo, principalmente a raíz de utilizar fuentes locales y no comerciales de recursos indispensables a la reproducción de la economía campesina de subsistencia (v. gr. mano de obra local, materiales, energía, etc.).

La noción de tecnología adecuada no se limita a la de procedimiento para la transformación o conservación de recursos económicos; abarca también la de organización social, siendo uno de los parámetros de adecuación esta misma organización. Por consiguiente, un segundo objetivo de la tecnología adecuada es la autosuficiencia y autogestión a largo plazo de las comunidades rurales mexicanas, las cuales no se han podido alcanzar por medio de sistemas de apoyo más convencionales, debido a sus formas de implementación burocratizadas y centralizadas que han obstaculizado su integración en la sociedad rural.

Hemos reunido un bosquejo de experiencias mexicanas en diferentes actividades, necesidades y contextos locales. Algunas de estas experiencias que han sido impulsadas "desde arriba", por dependencias estatales o instituciones académicas, mientras que otras se han iniciado a través de grupos privados de diferentes procedencias y orientaciones. Según nuestro conocimiento, ningún experimento puede todavía considerarse como plenamente autóctono, o sea, totalmente autosuficiente y gestionado en las comunidades rurales, ni tampoco se han implementado la mayoría de los proyectos listados a continuación en gran escala. Esto indica, por una parte, la relativa inmadurez de la idea de tecnología adecuada en el contexto mexicano, y por otro, el escaso involucramiento del Estado en esta vía.

La actuación del Estado en materia de tecnología adecuada ha carecido de amplitud tanto como de continuidad. En particular, los cambios burocráticos frecuentes en las dependencias públicas parecen haber dificultado la implementación de algunos proyectos de largo plazo. En cuanto a los grupos privados, carecen a menudo de los recursos suficientes para llevar a cabo experimentos a mediana o gran escala. Una de las razones aparentes de su debilidad es su gran dispersión en un sinnúmero de grupos heterogéneos (contamos con un total de 68) muy militantes, pero poco capaces de acción conjunta. Otra es el hecho de que la mayoría de estos grupos están compuestos de individuos que derivan su ingreso principal de otras instituciones, o sea, que sólo dedican una pequeña parte de su tiempo a la tecnología adecuada, más en forma de hobby que de ocupación principal. Por consiguiente, el número sorprendentemente alto de organizaciones y de miembros en ellas no es un indicador real del nivel de actividad, siendo algunas de estas organizaciones poco más que apartados postales.

La diversidad y heterogeneidad de las organizaciones dedicadas a la tecnología adecuada se refleja en la diversidad de sus actividades y preocupaciones. Las agrupamos en ocho rubros, desde materiales de construcción y técnicas de captación y procesamiento del agua, hasta procedimientos de producción y conservación de alimentos, granjas integradas y varias formas de generar energía.

Como consecuencia de la gran diversidad de los trabajos existentes, los esfuerzos no parecen plenamente proporcionales al grado de urgencia de las necesidades. Por útiles e interesantes que sean los experimentos sobre materiales de construcción, por ejemplo, no debe olvidarse que en México siguen vigentes varias técnicas de construcción tradicionales que hacen pleno uso tanto de materiales como de mano de obra local. En cambio, la escasez de agua y de alimentos (humanos y pecuarios) representan la necesidad más urgente en el campo mexicano. Por otro lado, los experimentos de energía solar pueden corresponder a intereses científicos muy avanzados. En cambio, su papel actual o futuro a corto y mediano plazo en las comunidades campesinas es muy limitado.

A pesar de su gran diversidad, el inventario de proyectos de tecnología adecuada que hemos podido reunir tiene como denominador común las características de la tecnología adecuada siguientes:

— Tener pocos requerimientos de energía, renovable de preferencia (solar, de viento, hidráulica, de la biomasa) y usar es-

casamente energía en forma concentrada.
— Usar plenamente la mano de obra local y no calificada, y contribuir a su adiestramiento.
— Usar materiales locales, abundantes, baratos y renovables y pocas materias primas industrializadas.
— Ser técnicas flexibles y relativamente sencillas, fáciles de entender y usar sin destrezas especiales.
— Prestarse a la autoconstrucción, utilizar poco capital y poder ser autofinanciables, inclusive.
— No dañar el medio ambiente, y sí contribuir a su preservación.
— Promover la descentralización tanto de los recursos, su empleo eficiente y sus beneficios, como de las decisiones.
— Fomentar la participación colectiva y la autogestión.

Inventario de proyectos y programas de tecnología adecuada en México

Son múltiples los proyectos de tecnología adecuada llevados a cabo en México durante los últimos años. Describir detalladamente cada uno de ellos rebasaría el marco de este libro, que como se indicó en un principio, se enfoca en subrayar la necesidad y la factibilidad de implementar tales tecnologías. Por consiguiente, nos limitaremos a presentar en forma tabular los proyectos existentes, lo cual da una idea tanto de la amplitud como de la gran diversidad de los programas y organismos involucrados.*

* Una descripción completa de las tecnologías incluidas en la tabla sinóptica presentada a continuación se encuentra en el documento "Situación y perspectiva de la tecnología adecuada para el desarrollo agropecuario de México" Documento Unesco SC-81/Conf.202/Ref.2.

Cuadro 11

Experimentos en tecnología intemedia para el desarrollo rural

	Sector público	Organismos privados	Organismos públicos autónomos
1. *Materiales*			
1.1 Adobe			CEESTEM ENA UNAM
1.2 Suelo estabilizado			CEESTEM
1.3 Tierra compactada	BANRURAL	Xochicalli Universidad Iberoamericana	
1.4 Suelo cemento	SAHOP, INDECO		
1.5 Ferrocemento		Xochicalli Productividad Local, A.C.	IPN, Centro de Ingeniería Experimental UNAM UAM CEESTEM
1.6 Gaviones	SARH	Xochicalli	

2.	*Agua*		
2.1	Captación pluvial		Universidad Agraria "Antonio Narro", ITESM
2.2	Ollas de agua	SARH	
2.3	Tratamiento y reciclaje de aguas de desecho		Xochicalli, Ing. Raúl Rodríguez
2.4	Bombeo		
2.4.1	Ariete hidráulico		UAM
2.4.2	Bomba para pozo (manual)	Secretaría de la Presidencia	
2.4.3	Rueda hidráulica		Promoción de Animación y Desarrollo, A. C.
3.	*Alimentos y salud*		
3.1	Silos y hornos forrajeros	SARH, SAG	Xochicalli
3.2	Acuacultura		Xochicalli, INIREB
3.3	Hidroponia e invernaderos	SRA	Xochicalli, Teófilo Aguilar

	Sector público	Organismos privados	Organismos públicos autónomos
3. 4 Alimento para ganado a partir de estiércol degradado			UNAM/UAM
3. 5 Sustituto de leche para becerros			UNAM
3. 6 Otros procesos de fermentación para producir alimentos para animales	SARH	Consultea, S. C.	UAM IPN
3. 7 Conserva de alimentos		Xochicalli	
3. 8 Amarato	Ahuatenco, Edo. de México	San Gregorio	CEESTEM
3. 9 Soya (preparación de alimentos)	CONAFE	Amigos de la Tierra Promoción del Desarrollo Popular	
3. 10 Trapiches			UAM
3. 11 Maguey	Patronato del Maguey		CEESTEM
3. 12 Salud	Instituto Nacional de la Nutrición	Proyecto "Piaxtla"	CEESTEM

4. Energía solar directa

4. 1 Secado de granos, frutas hortalizas		Consultea, S. C.	CEESTEM UAM UNAM CONASUPO Universidad de Guanajuato
de pescado			UNAM
de madera			Universidad de Guanajuato UNAM
de cacao	FONART		UAM
4. 2 Estufas solares		Productividad Local, A.C. Moyas de V. Carranza, Chis.	
4. 3 Calentamiento de agua		Universidad Iberoamericana	CEESTEM
4. 4 Calefacción		Xochicalli	
4. 5 Climatización fresca de verano		Consultea, S. C.	
4. 6 Bombeo solar	S.S.A. DIGAASES, SAHOP		
4. 7 Destilación solar	DIGAASES, SAHOP	Adrián Aguirre y Grabiela Lugo	

	Sector público	Organismos privados	Organismos públicos autónomos
4.8 Generación eléctrica para teleaulas	SEP		Centro de Investigación y Estudios Avanzados, IPN.
4.9 Casas solares (2)		"Grupo del Sol", A. C. Ing. Roberto Martín Juez	
5. *Energía solar cinética (eólica hidráulica).*			
5.1 Microturbinas		Haciendas cafetaleras	IIE UAM
5.2 Bombeo eólico de agua		Bombeo comercial Sistemas de Ecodesarrollo, S.C.	
5.3 Aerogeneración	Comisión de Telecomunicación Rural	Xochicalli	IIE
5.4 Transporte por veleros		José Arias Chávez	CEMAT UNAM
5.5 Generación hidráulica (turbina tipo Pelton)			UAM
6. *Energía solar biótica*			
6.1 Chinampas, terrazas y reciclaje de nutrientes	CECODES, CONACYT	Promoción de Desarrollo Popular Grupo de Estudios Ambientales	Instituto de Investigación de Recursos Bióticos CEESTEM

6. 2 Uso eficiente de leña		CEMAT/Xochicalli	UAM
6. 3 Tiro animal de implementos agropecuarios			
6.3.1 Carros porta-herramienta			UNAM/ENEP UNAM
6.3.2 Sembradora manual	Dirección General de Educación Tecnológica Agropecuaria, SEP.		UAM
Sembradoras rastras y otros implementos agrícolas			
6.3.3 Implementos para recoger cacao y yuca y trituradora de yuca			UAM
6.3.4 Extractor de miel por centrifugación manual	Dirección General de Educación Tecnológica Agropecuaria, SEP.		
6. 4 Digestión anaeróbica de desechos orgánicos	CECODES, CONACYT	Consultca, S. C. Xochicalli	IIE UNAM Instituto de Investigaciones Metalúrgicas, Morelia
Establo con digestor integrado (con aljibe, almacén y silo)	Secretaría de la Defensa	Promoción del desarrollo popular, Universidad Iberoamericana	INIREB UAM

	Sector público	Organismos privados	Organismos públicos autónomos
6.5 Fermentación y otros procesos para producción de alimento		Instituto Mexicano de Tecnologías Apropiadas, A. C.	
7. *Sistemas integrados*			
7.1 Casa ecológica autosuficiente			
7.2 Casa ecológica		Xochicalli	CEESTEM
7.3 Granja integral			INIREB
7.4 Granja autosuficiente	Fideicomiso Cd. Lázaro Cárdenas		
7.5 Comuna ecológica (experimento de convivencia y adaptación con tecnología apropiada)		Adrián Aguirre y Gabriela Lugo	
7.6 Conjunto ecológico autosuficiente		Universidad Iberoamericana	
7.7 Casa autónoma		Sra. Diana Kennedy	
7.8 Sohntlan, Comunidad Solar	Dirección General de Aprovechamiento de Energía Solar, SAHOP	Compañías privadas alemanas Algunos grupos de investigadores mexicanos	

ANEXO*

BANRURAL	Banco de Crédito Rural
CECODES	Centro de Ecodesarrollo, CONACYT
CEESTEM	Centro de Estudios Económicos y Sociales del Tercer Mundo
CEMAT	Centro Mesoamericano de Estudios sobre Tecnología Apropiada, A.C.
CONACYT	Consejo Nacional de Ciencia y Tecnología
CONASUPO	Consejo Nacional de Subsistencias Populares
DIGAASES	Dirección General de Aprovechamiento de Aguas Salinas y Energía Solar, SAHOP
ENA	Escuela Nacional de Agricultura
ENEP	Escuela Nacional de Estudios Profesionales, Cuautitlán, UNAM.
FONART	Fondo Nacional para el Fomento de las Artesanías
INDECO	Instituto para el Desarrollo de la Comunidad
IIE	Instituto de Investigaciones Eléctricas
INIREB	Instituto de Investigaciones de Recursos Bióticos
IPN	Instituto Politécnico Nacional
ITESM	Instituto Tecnológico de Estudios Superiores de Monterrey
SAG	Secretaría de Agricultura y Ganadería
SAHOP	Secretaría de Asentamientos Humanos y Obras Públicas
SARH	Secretaría de Agricultura y Recursos Hidráulicos
SEP	Secretaría de Educación Pública
SRA	Secretaría de la Reforma Agraria
SSA	Secretaría de Salubridad y Asistencia
UAM	Universidad Autónoma Metropolitana
UNAM	Universidad Nacional Autónoma de México

* Principales abreviaturas utilizadas en el cuadro 11.

Conclusiones preliminares

A lo largo de este trabajo, hemos descrito los esfuerzos realizados y los logros limitados que se han obtenido, a diferentes niveles y en diferentes aspectos, en la aplicación de tecnologías
adecuadas al desarrollo rural en México. Ahora, conviene evaluar estos esfuerzos en su conjunto y proponer algunos cambios
sugeridos por la experiencia adquirida.

Un resultado claro del examen que precede es lo limitadas y
poco sistemáticas que han sido las medidas oficiales adoptadas
por los sucesivos gobiernos mexicanos para mejorar las condiciones de vida de las masas populares.

Esto se debió, en primer lugar, a las expectativas, quizás poco
realistas, que se tuvieron con respecto al impacto de la Revolución Verde sobre el bienestar general de la población rural mexicana. Como se señaló a lo largo de este trabajo, la Revolución
Verde no podía resolver más que los problemas inmediatos de
aumento de la producción de algunos alimentos que en su mayoría no eran de consumo popular (en particular, el trigo y las
hortalizas).

Por otro lado, a pesar de haberse creado empleo en el campo
a razón de la mayor actividad productiva generada por la Revolución Verde, fue insuficiente el poder de absorción de mano de
obra, tanto en el campo como en la industria, con el resultado
neto de un incremento en el desempleo y el subempleo rural,
conforme al crecimiento de la población.

En tercer lugar, queda también claro que la adopción de estrategias tecnológicas alternativas más favorables a la creación
de empleo en el campo mexicano no han sido objetos de una
política sistemática de parte de los gobiernos mexicanos, sino
que han aparecido esporádicamente en diferentes programas y
con enfoques parciales.

Existen varias explicaciones que aclaran esta situación, entre
otras, la falta de visión del desarrollo rural como parte integral
del desarrollo de México, estrechamente vinculado con los demás sectores de la economía, y con iguales o aún mayores necesidades de apoyo por parte del Estado. Por otra parte, las divisiones sectoriales y profesionales dificultan la tarea de formular
y aplicar un programa de desarrollo rural global, porque tienden
a oscurecer las relaciones fundamentales entre tecnología y eco-

nomía, por un lado, y entre tecnología y organización social, por otro. Por ejemplo, cuando se habla de la Revolución Verde, o cualquier otro "paquete" tecnológico, no se trata solamente de problemas de índole agronómica o ingenieril, sino de componentes de un "modelo" de desarrollo que se articulan con otros aspectos de este mismo modelo dentro de una estructura económica y social institucionalizada. Por consiguiente, es necesario reconocer que la implantación hipotética de una tecnología adecuada en cualquier ámbito presenta dificultades, no sólo de naturaleza tecnológica, sino de compatibilidad con otros arreglos más sólidamente institucionalizados.

La estructura agroindustrial señalada en el segundo apartado de este trabajo es una ilustración clara de este problema. En este caso, la solución es tecnológica solamente como consecuencia de una situación de desigualdad económica y social previa. Se trata, por lo tanto, de desarrollar tecnologías a pequeña escala e intensivas en mano de obra lo suficientemente redituables para que grupos de campesinos puedan encargarse de las primeras fases de transformación de la materia prima, en vez de ser perpetuamente relegados al papel de recolectores de la misma (y esto solamente cuando no es redituable la mecanización de la cosecha).

La factibilidad tecnológica de crear tales empresas no es el único ni el principal problema para implementar tal cambio. Una dificultad mayor que se presenta es, entre otras, cómo hacer que las grandes compañías agroindustriales den marcha atrás en su política de integración vertical, sobre todo cuando ésta ha significado costosas inversiones. ¿Implicaría esto una ruptura significativa en la política oficial de protección de la inversión? ¿Qué consecuencias tendría tal cambio en otros sectores? ¿Qué proporción de los créditos disponibles tendría que desviarse de las inversiones industriales convencionales para otorgarse a la pequeña agroindustria? etc. Estas, y muchas otras preguntas, apuntan al hecho de que para tener suficiente peso, el desarrollo de tecnologías alternativas en el campo tendría que recibir una mayor proporción de los recursos destinados al desarrollo económico, que hasta ahora se han dedicado desproporcionadamente al sector manufacturero. Por consiguiente, la implementación de tales tecnologías implica por parte del Estado un cambio fundamental de orientación que aún no se ha planteado claramente, y que provocaría, con seguridad, profundos conflictos políticos generados por los grupos de intereses lesionados por el nuevo reparto del pastel.

Encima de las dificultades de orden macroeconómico y macropolítico, se presentan problemas de implementación local de las tecnologías adecuadas. En particular, es indispensable que éstas tengan afinidades con la organización social campesina, y que garanticen a las unidades campesinas la gestión propia de su desarrollo. De lo contrario, fracasarían los esfuerzos, por sofisticados que sean tecnológicamente, porque sólo lograrían reforzar pautas de dependencia y apatía ya propiciadas por las condiciones existentes.

Lograr un desarrollo "mixto", en el cual coexistirían diferentes niveles tecnológicos y diferentes mercados según las necesidades del país, es una tarea sumamente compleja que ninguna institución privada tiene los recursos económicos y políticos suficientes para llevar a cabo. Por lo tanto, en este caso como en muchos otros, el Estado aparece como el principal promotor de tal esfuerzo. Inversamente, la timidez en los intentos de introducir nuevas fórmulas tecnológicas en el campo mexicano debe atribuirse, en gran parte, a la falta de compromiso político por parte de los gobiernos que se han sucedido.

Sin embargo, existen señales alentadoras que indican la posibilidad de desarrollos futuros. En primer lugar, la crisis de producción alimentaria que ha sufrido México desde el principio de los años setenta ha creado fuertes presiones políticas para encontrar fórmulas alternativas de producción agropecuaria. Actualmente, la mayor parte de las tierras susceptibles de incrementar la producción de alimentos básicos necesarios para lograr la autosuficiencia nacional están en manos de los campesinos minifundistas. Este es el caso de las tierras productoras de maíz, de caña, de frijol y de ganadería extensiva (50% de la producción dependiendo de 8 millones de vacas de bajo rendimiento). A mediano o a lo largo plazo, el uso de tecnologías adecuadas en estos tamaños de predios puede ser la única alternativa que permita incrementar efectivamente el nivel de producción de alimentos básicos. Aunque la organización inicial del Sistema Alimentario Mexicano no haya previsto la incorporación de tecnologías adecuadas en sus planes, este tipo de programa podría servir de punto de partida para la implementación gradual de sistemas de producción de excedentes alimenticios para el consumo nacional o de insumos agroindustriales.

Otra señal alentadora es la experiencia adquirida en México a través de una serie de proyectos experimentales en el uso de tecnologías adecuadas para una gran variedad de necesidades en el campo, desde la construcción de vivienda y conservación del agua hasta la generación de energía. La mayoría de estos experimentos han quedado a nivel de pruebas piloto o de operación local; sin embargo, representan un primer paso en este nuevo aprendizaje tecnológico y son, por lo tanto, un punto de partida imprescindible para cualquier política futura de implementación de tecnologías adecuadas.

No obstante, es necesario apuntar también las limitaciones de tales experimentos. Por el grado de desarrollo que han alcanzado actualmente en México, puede afirmarse que han resuelto, hasta cierto punto, los problemas tecnológicos que se presentaron, pero en condiciones sociales y políticas muy distintas a las que se tendrían que afrontar si se tratara de programas a gran escala. Como cualquier fenómeno pionero, la tecnología adecuada representa actualmente en México una fe y una ideología compartidas por pequeños grupos de iniciados. Sin la dedicación que ha caracterizado a estos grupos, muchos intentos hubieran fracasado, y fracasarán en el futuro si no se rediseñan tomando en cuenta condiciones "normales" de funcionamiento.

Mientras quede limitada a estos "iniciados", la tecnología adecuada no se insertará en una estructura de poder, porque no representará un recurso suficiente para que grupos organizados desvíen y acaparen sus beneficios. Es conocido el problema de los intermediarios, los acaparadores, así como estas formas de corrupción y extorsión, de las cuales son víctimas los campesinos más que cualquier otro sector de la población. Por lo tanto, la descentralización por medio de la autogestión comunitaria en aplicaciones concretas de la tecnología adecuada podría representar un posible, aunque no infalible, antídoto, el cual tendría la ventaja adicional de incrementar el grado de aceptación de estas nuevas tecnologías por parte de las comunidades campesinas.

Por todas las razones arriba mencionadas, es todavía imposible prever en qué condiciones deberían implementarse programas futuros de difusión de tecnologías adecuadas en el campo mexicano, ni cuáles tendrían las mejores oportunidades de lograr implantarse a gran escala. Para estar en posibilidades de hacer tales predicciones tendría que pasarse a una segunda etapa, la de difusión limitada y evaluación sistemática, tarea que sólo el Estado puede llevar a cabo, siempre y cuando sea en forma sistemática y continua, aspecto problemático que ya se mencionó.

Finalmente, cabe mencionar que nuestro análisis se ha basado en algunos criterios establecidos que pueden llegar a cambiar en un futuro no muy lejano, o ya cambiaron en algunos países como Japón, Corea, China, Holanda, etc... Por ejemplo, el principio de la economía de escala como condición *sine qua non* de la eficiencia productiva está actualmente cuestionado. En particular, existen amplias pruebas de que la eficiencia productiva de los sistemas tradicionales puede, en algunos casos, generar tecnologías de mayor estabilidad ecológica y de menores requerimientos energéticos y petroquímicos que los sistemas mecanizados de monocultivo. Por otro lado, algunas nuevas líneas de investigación agronómica están apuntando a sistemas complejos de tipo semimecanizado que otorgan un papel primordial a la participación humana y hacen impráctico el latifundio, por los excesivos gastos de transporte de materiales y energía que exigen. Esto no significa una vuelta romántica al primitivismo, sino el desarrollo de sistemas integrados de energía y de recirculación de materia que funcionan mejor en escala reducida.

Existen otras indicaciones de que el tamaño grande no neceseriamente sea óptimo en la agroindustria mexicana, particularmente en la cañera. En este sector, algunas empresas entre las más grandes han tenido problemas económicos graves (v.gr.: el ingenio de San Cristóbal). En cambio los datos de FOMIN y FOGAIN demuestran que los trapiches, las pequeñas fábricas de nixtamal, de tortillas y de conservas de fruta, generan mayor valor agregado y empleo que su contraparte en la gran industria. En general, los estudios de NAFINSA[16] indican que el 44% de las manufacturas pueden hacerse con más ventaja en industrias pequeñas (menos de 25 empleados) que en grandes (100 empleados).

Estas consideraciones indican que los vicios conocidos en la producción a pequeña escala pueden atribuirse, en gran parte,

[16] Véase *La Bolsa de Valores* (seminario de NAFINSA), suplemento de junio de 1976.

a las condiciones sociopolíticas y económicas en las que han tenido que desarrollarse, más que a problemas tecnológicos o administrativos, como suele suponerse. En la competencia económica entre pequeñas y medianas empresas, las que tienen más ventajas objetivas son las que están integradas con proveedores que son a su vez productores de materias primas. Por consiguiente, debe romperse el sistema de acaparamiento para que la pequeña empresa pueda competir eficientemente. Este sistema requiere además, de reglas favorables de tipo comercial, fiscal y legal, y de asistencia técnica. De ahí el problema se vuelve esencialmente político.

Una nueva política de mayor participación de la mano de obra en la industria ligera seguramente afianzaría los intereses de la economía campesina porque la forma más eficiente de integrar la industria ligera a los problemas del abastecimiento de alimentos para los obreros es especialmente el estilo oriental de empresas mixtas de tipo campesino, como lo indica el desarrollo inicial de Japón, China, Corea y Vietnam.

Finalmente, a largo plazo, la escasez relativa de materias primas petroquímicas y el costo creciente de los energéticos dará ventajas relativas a los países tropicales productores de materias primas vegetales. Las nuevas tendencias de sustitución parcial de carburantes por biogás (en India y China) y alcohol (en Brasil) son un indicador de la sustitución progresiva de los procesos petroquímicos por otros derivados de la fermentación o procesamiento químico y biológico de materias primas vegetales, como la caña de azúcar, las malezas tropicales, la yuca, etc.

Este cambio progresivo representa un regreso parcial a la tecnología de la Segunda Guerra Mundial, cuando las materias primas vegetales o los recursos orgánicos se convertían en materias primas industriales. En esta circunstancia, los países tropicales húmedos que a su vez, coincidentalmente, tienen grandes masas campesinas, tendrán ciertas ventajas sobre los países templados que poseen menor asoleamiento, requieren de calefacción invernal y no pueden producir volúmenes tan grandes de materia orgánica.

Este nuevo desplazamiento tecnológico hacia los recursos renovables ofrece nuevas alternativas para la síntesis de tecnologías apropiadas para cada región y país, de acuerdo con sus propios objetivos estratégicos. En este contexto, el concepto de las llamadas *ventajas comparativas* en un mercado de competencia se verá gradualmente reemplazado para algunos productos por el de *ventajas estratégicas* de un mercado monopólico.

En resumen, podría decirse que las políticas futuras destinadas al desarrollo agropecuario de México no deberán dar una importancia exclusiva a una u otra fórmula tecnológica, sino adoptar un enfoque flexible hacia los problemas del campo, basado en un examen cuidadoso de las necesidades nacionales, regionales y locales. Esto significa que deberán coexistir las técnicas tradicionales con las modernas, porque ambas corresponden a objetivos económicos y sociales diferentes, pero igualmente imperativos. De lo contrario, se corre el riesgo de un regreso romántico hacia el pasado, perspectiva claramente imposible dadas las presiones y demandas generadas por la industrialización y la urbanización de México en su fase actual.

Finalmente, conviene subrayar que las políticas futuras de desarrollo agropecuario de México deberán tomar en cuenta la unidad social y económica de las comunidades campesinas que son los verdaderos "actores" de la sociedad rural, y sin el apoyo de las cuales fracasan los programas oficiales, por bien intencionados que sean. En este proceso de adecuación entre programas y actores, convendrá estudiar cuidadosamente el impacto social de las medidas propuestas, en particular en cuanto a la estructura social de estas comunidades y su inserción en el proceso político.

BIBLIOGRAFIA

Arroyo, Gonzalo, "Firmas transnacionales agroindustriales, reforma agraria y desarrollo rural", en Documentos de Trabajo para el Desarrollo Agroindustrial, núm. 1, SARH-DGDA, 1978.

Austin, James, "Agroindustry project analysis", mimeo, agosto de 1978.

Baldovinos de la Peña, "La tecnología mexicana", en *Narxhí-Nandhá*, Revista de Economía Campesina, núm. 6/7, 1979.

Bookchin Murray, "Agricultural radical", en *Memoria* del Grupo de Estudios Ambientales, A. C., 1978.

Borlaug, Norman E., "The impact of agricultural research on mexican wheat production", en *Transactions of the New York Academy of Sciences*, vol. 20, núm. 3, enero de 1959.

Canadian Hunger Foundation y Brace Research Institute, *A Handbook on Appropiate Technology*, Ottawa, abril de 1976.

CEPAL, "Caracterización de la política agrícola mexicana en diferentes períodos de los años veinte a los años setenta", CEPAL/MEX/1052, junio de 1981.

Clinton, Richard I., "América Latina, la región que nunca se desarrollará", en *Comercio Exterior*, vol. 28, núm. 7, julio de 1978.

Consultative Group on International Agricultural Research, *International Research in Agriculture*, New York, 1974.

Esteva, Gustavo, "La agricultura en México de 1950 a 1975: el fracaso de una falsa analogía", en *Comercio Exterior*, vol. 25, núm. 12, diciembre de 1975.

———, *La batalla en el México rural*, Siglo XXI Editores, México, 1980.

———, "Las transnacionales y el taco", en *Documentos de Trabajo para el Desarrollo Agroindustrial*, núm. 1, SARH-DGDA, 1978.

———, "Los campesinos: sujetos de desarrollo agroindustrial", en *Documentos de Trabajo para el Desarrollo Agroindustrial*, núm. 2, SARH-DGDA, 1979.

FAO, "Desarrollo de las agroindustrias de transformación de productos alimentarios y agrícolas", publicado en *Docu-*

mentos de Trabajo para el Desarrollo Agroindustrial, núm. 1, SARH-DGDA, 1978.

———, "Examen y evaluación de los progresos hechos en el sector alimentario y agrícola durante la primera parte del segundo decenio de las Naciones Unidas para el Desarrollo", Documento de trabajo para el 18° período de sesiones de la Conferencia de la FAO, C 75/16, FAO Roma, agosto de 1975.

———, *Informe de la Conferencia de la FAO*, 19° período de sesiones, Roma, 1977.

———, "Intensificación de la investigación agrícola en los países en desarrollo", en *El estado mundial de la agricultura y la alimentación, 1972*, FAO, Roma, 1972.

———, Resoluciones de la Conferencia Mundial de la Alimentación, FAO, Roma, 1974.

Feder, Ernest, *El imperialismo fresa*, Editorial Campesina, México, 1977.

Friedman, Santiago I., "Las organizaciones locales tradicionales en el desarrollo rural", en *Narxhí-Nandhá*, Revista de Economía Campesina, núm. 4/5, 1979.

Gómez Oliver, Luis, "Las agroindustrias y la distribución del excedente económico de la economía campesina", en *Documentos de Trabajo para el Desarrollo Agroindustrial*, núm. 2, 1979.

Hernández Xolocotzin, Efraín, "El concepto de etnobotánica", en *Memoria* del Grupo de Estudios Ambientales, A.C., 1978.

———, "El papel de la tecnología tradicional en el desarrollo agropecuario", en *Narxhí-Nandhá*, Revista de Economía Campesina, núm. 6/7, 1979.

———, Claudio Flores, Pablo Muech, *et al.*, "Sistemas primarios de producción agrícola: características ecológicas, tecnológicas y socioeconómicas y consideraciones preliminares para su clasificación", en *Memoria* del Grupo de Estudios Ambientales, A.C., 1978.

Hertford, Reed, "México: the patient revolution", en *The Farm Index*, vol. 7, núm. 5, mayo de 1968.

———, *Sources of change in mexican agricultural production, 1940-1965*, Servicios de Investigación Económica, Departamento de Agricultura de los Estados Unidos de Norteamérica, Informe núm. 73, Washington, D.C., agosto de 1971.

Hewitt de Alcántara, Cynthia, "Global II project on the social and economic implications of the large-scale introduction of new varieties of food grains", *Country-Report-México*, UNDP/UNRISD, Ginebra, 1974.

———, *La modernización de la agricultura mexicana. 1940-1970*, Siglo XXI Editores, 1978.

ILO, *Technology and employment programme*, Informe de Avance, núm. 6, Ginebra, junio de 1977.

Jennings, Peter R., "The amplification of agricultural production", en *Scientific American*, vol. 235, núm. 3, septiembre de 1976.

Martín del Campo, Antonio, "Política económica para la agroindustria establecida y la vía campesino-ejidal en el desarrollo agroindustrial", en *Documentos de trabajo para el Desarrollo Agroindustrial*, núm. 2, 1979.

Mc Inerney, J. P., *The technology of rural development*, Documentos de trabajo del Banco Mundial, 1978.

Moore Lappé, Frances y Joseph Collins, *Food First*, Houghton Mifflin Company, Boston, 1977.

Palmer, Ingrid, *Food and the new agricultural technology*, UNRISD, Ginebra, 1972.

Paredes López, Octavio y Yoja Gallardo Navarro, "La industria alimentaria en México y la penetración de las empresas transnacionales", en *Comercio Exterior*, vol. 26, núm. 12, diciembre de 1976.

Salles, Vania, "Precios de garantía y crisis agrícolas", *Nueva Antropología*, NO 13-14 (Número especial: la cuestión ganadera y agraria), Marzo de 1980, págs. 188-217.

Szczepanik, Edward, "El papel de las agroindustrias en el Nuevo Orden Económico Internacional", el *Documento de Trabajo para el Desarrollo Agroindustrial*, núm. 1, SARH-DGDA, 1978.

Tur Donati, Carlos M., "El proyecto de las empresas transnacionales para el campo y las agroindustrias en los países subdesarrollados. Un análisis para comprender su implementación en México", en *Documentos de Trabajo para el Desarrollo Agroindustrial*, núm. 1, SARH-DGDA, 1978.

UNEP, "Draft report on appropriate technology within the United Nations System", UNEP, Ginebra, 1978.

Uribe Ruiz, Jesús, *Problemas y soluciones en el desarrollo agrícola de México,* Casa Ramírez Editores, S.A., México, 1964.

Wade, Nicholas, "Green revolution I: a just technology often unjust in use", en *Science,* diciembre de 1974.

Warman, Arturo, "Planning of development, science and tecnology: the case of the agrarian mexican sector", en V.L. Urquidi (comp.), *Science and Technology in Development Planning,* New York: Pergamon Press, 1979, págs. 69-78.

Warman, Arturo, "Tres modelos de organización agroindustrial frente a la economía campesina", en *Documentos de Trabajo para el Desarrollo Agroindustrial,* núm. 2, 1979.

Wellhausen, Edwin J., "La agricultura de México", en *Ciencia y Desarrollo,* vol. 1, núm. 13, marzo-abril, 1977.

Whetten, Nathan L., "México rural", en *Problemas Agrícolas e Industriales de México,* vol. V, núm. 2, México, 1953.

Ciencia, tecnología y empleo en el medio rural cubano

Angela Tomeu Miranda
Cristóbal Felipe González
y Soledad Díaz Otero

Introducción

El desarrollo de la ciencia y la tecnología aplicadas a la agricultura es una necesidad y a la vez una condición para la superación del subdesarrollo económico en países que, como el nuestro, tienen en esa actividad la base fundamental de su economía. Se ha señalado que en sólo dos décadas más, la población del mundo crecerá de 4 300 millones que posee en la actualidad a unos 6 400 millones aproximadamente. En el presente se incorporan a la población mundial 75 millones de personas por año, y en el año 2000 se estarán incorporando 200 millones cada año, el 90% de los cuales estarán en el área de los países subdesarrollados.[1]

Urge por tanto, lograr incrementos de la producción agropecuaria en nuestros países tales que permitan garantizar no solamente la satisfacción de nuestras necesidades de alimentación, sino que aseguren las posibilidades de estudio, atención médica y empleo, es decir, la superación del status de subdesarrollo económico.

La ciencia y la tecnología deben jugar un papel determinante en esta hora crítica para el futuro de la humanidad. Pero, para hacerlo posible, es necesario, ante todo, crear condiciones para alcanzar un adecuado nivel de desarrollo científico-técnico en nuestros países que permita, por una parte, obtener soluciones a las limitantes económicas fundamentales mediante el aprovechamiento de los recursos nacionales, tanto materiales como humanos, y por la otra, asimilar las tecnologías apropiadas que se requiera introducir en el país.

La creación de una base científico-tecnológica en un país económicamente subdesarrollado requiere, ante todo, de la capacitación intensiva del personal local y de la creación de una infraestructura de esta actividad, para lo cual, es necesario destinar recursos de la nación y, sobre todo, hacer posible la participación masiva de todas las capas de la población en estas actividades.

Pero no se trata solamente de obtener resultados científico-técnicos o de introducir tecnologías apropiadas; éste es únicamente el primer paso. Se requiere crear las condiciones que garanticen la más rápida generalización de tales tecnologías en la práctica productiva.

Se ha señalado con toda razón en los debates de la Conferencia de las Naciones Unidas sobre Ciencia y Tecnología para el Desarrollo de agosto de 1979, que en un mundo con inflación, desempleo, subempleo y analfabetismo, los resultados de la utilización de la ciencia y la tecnología pueden valorarse por la medida en que contribuyen a erradicar esos males.[2] En los documentos de esta reunión, se plantea la situación de "modernización sin prosperidad" y el poco efecto del desarrollo científico-tecnológico en los aspectos sociológicos del desarrollo rural.

En el presente trabajo hemos tratado de exponer algunas experiencias de Cuba en este campo, que aunque modestas consideramos que merecen ser analizadas. En el apartado I presentamos los rasgos fundamentales de la transformación sufrida por nuestra agricultura y la actual situación de nuestro medio rural.

En el siguiente apartado se exponen algunos ejemplos de tecnologías desarrolladas y generalizadas en la agricultura cubana, y por último, se hacen algunas consideraciones generales acerca de las experiencias de nuestro país en este campo.

I. TRANSFORMACIÓN DE LA AGRICULTURA CUBANA

1. Situación del medio rural antes de 1959

La República de Cuba es un Estado de economía planificada, en el que el desempleo en el medio rural ha dejado de ser un problema de actualidad. Según el censo de 1970, el 0.6% de la población económicamente activa a partir de 15 años de edad estaba desocupada. Desde esa fecha, el crecimiento que ha venido experimentando la economía del país ha disminuido casi por completo los últimos vestigios de desocupación.[3] Detrás de esta afirmación subyace un proceso de transformación de la agricultura que tiene algo más de 20 años de evolución. El triunfo de la Revolución Cubana, el 1o. de enero de 1959, encontró una situación económica cuyas características más conspicuas pueden inferirse del cuadro 1.

Cuadro 1
Empleo y desempleo en Cuba (mayo de 1956-abril de 1957)

Concepto	Miles de personas	%
Población económica activa	2 204	
De ellos:		
Ocupados	1 439	65.2
Desocupados total o parcialmente	765	34.8
De ellos:		
Desocupados	361	16.4
Trabajando menos de 40 horas semanales como promedio	223	7.0
Ocupados sin remuneración	154	10.1
Con empleo, pero sin trabajar	27	1.3
Variación estacional de los desocupados:		
Mayo-junio	435	
Agosto-octubre	457	
Noviembre-enero	353	
Febrero-abril	200	
Promedio:	361	

Fuente: Consejo Nacional de Economía, Symposium de Recursos Naturales de Cuba, febrero de 1958.

La situación en el campo pudiera resumirse así: Existían 142,385 campesinos que cultivaban hasta 67 has. para un promedio de 15.7 has. cada uno, los que ocupaban el 24% de la tierra cultivable y representaban un 89% de los detentores de la tierra, en tanto que 18,573 latifundistas y empresas extranjeras, que representaba sólo un 11% de los terratenientes poseían el 76% de éstas (más de 7 millones de ha.) con un promedio individual de 397 has.

De los 142,385 campesinos que ocupaban hasta 67 has. cada uno, 94,000 no eran dueños de la tierra que trabajaban y estaban obligados a pagar abusivas rentas en dinero o a entregar una parte sustancial de su cosecha.[4] El nivel de la vida del campesino pre-revolucionario se refleja en los siguientes índices de alimentación: (determinados en 1957): el 11.2% tomaba leche; el 4% comía carne; el 2.1% comía huevos; el 1% comía pescado y el 3.4% comía pan.[5] Existía un solo hospital rural con 10 camas en todo el país. En cuanto al nivel cultural, teníamos una tasa de analfabetismo del 41.7%, siendo el promedio de escolaridad de los adolescentes campesinos el tercer grado.

La actividad agropecuaria tenía como índice común el retraso técnico, mientras que anualmente se graduaban como promedio menos de 20 ingenieros agrónomos y veterinarios en todo el país. En cuanto a la mujer campesina, no participaba en la producción agrícola ya que la existencia de 700 000 hombres sin trabajar dejaba poca oportunidad para su incorporación.

Transformación de la tenencia de la tierra

La transformación revolucionaria del medio rural cubano se inicia en mayo de 1959 con la primera Ley de Reforma Agraria que trasladó al Estado los latifundios mayores de 402 ha. De esta forma un 40% de las tierras del país pasó a manos del pueblo. Más de 102 000 colonos, aparceros y precaristas recibieron el título de propiedad de las tierras que trabajaban personalmente. Surgió así un sector socialista en el agro, integrado por las primeras cooperativas y granjas del pueblo. Sólo en su primer año, la siembra y puesta en explotación de las tierras estatales representó una fuente de trabajo para 100,000 antiguos desocupados en el campo, y al cabo de tres años desapareció la fuerza de trabajo rural desocupada, comenzando a experimentarse en algunas áreas escasez de trabajadores agrícolas.

Subsistía aún un sector capitalista en el agro constituido por propietarios que explotaban fuerza de trabajo asalariado, que **eran dueños de fincas entre 67 y 402 ha.** La segunda Ley de Reforma Agraria, en octubre de 1963 liquidó en sí totalmente el régimen de explotación asalariado.

Se incrementó hasta el 70% el fondo de tierras a disposición de granjas estatales donde laboraron 400 000 trabajadores.

La transformación de las relaciones de propiedad de la tierra determinada por estas dos leyes, expresada por la tenencia del 70% del área cultivable por el Estado y del 30% restante por pequeños agricultores, posibilitó la aplicación de la revolución científico-técnica en esta actividad.

En primer término posibilitó elaborar una política de especialización de las unidades agrícolas, aprovechando las ventajas de la escala técnica, la adecuación de los cultivos al tipo de suelo, la experiencia y especialización de los trabajadores, la distribución y ubicación de las siembras, de acuerdo con las exigencias de la industria, el transporte y la población.

El Estado no sólo garantizó el acopio de toda la producción del campesinado sino que concedió créditos, apoyo material y técnico para incrementar la producción.

Papel de la ciencia y la tecnología

Las rápidas transformaciones sociales operadas en el campo exigieron y a su vez hicieron posible el desarrollo de una revolución científico-técnica no menos profunda.

Mecanización

Desde el año 1962, la fuerza de trabajo rural comenzó a entrar en tensión. El programa de diversificación agrícola se ampliaba con rapidez, el vasto plan de construcciones, en especial el sistema de becas, restaba decenas de miles de jóvenes que en el pasado, casi niños, se incorporaban a las labores de siembra y cosecha. La mecanización fue puesta en el orden del día.

El uso de tractores se extendió a todo el país. De 9 000 tractores existentes antes de 1959 se pasó a 54 000 en 1975 de mayor potencia/unidad.

Hacia la caña de azúcar se dirigieron los mayores esfuerzos. Una de las primeras soluciones aplicadas para incrementar la productividad de los cortadores de caña y la capacidad del transporte ferroviario, fueron los centros de acopio.

A ellos llega la caña cortada entera, siendo despajada y trozada allí y después cargada y llevada al central. Paralelamente, ya en 1963 se diseñó la primera cortadora y se introdujeron las primeras máquinas alzaderas, de las que ya en 1964 se contaba con 3 500. En 1975, el 98% de la caña cortada manualmente se cargó con alzaderas (40 a 50 millones de ton. de caña). Se diseñaron y construyeron diversos tipos de ensayo o prototipos de combinadas cañeras habiéndose desarrollado la RTP-1 y 2. Con ellas, en 1979, se cortó el 40% de la cosecha cañera multiplicando por 10 la productividad media del trabajo.

También se mecanizó el 100% del cultivo de arroz incluyendo las cosechas con un parque de 1 000 combinadas.

La preparación de tierras está casi totalmente mecanizada. Para esta actividad, antes de la revolución se utilizaba tracción animal. Se han desbrozado miles de hectáreas de tierras vírgenes que han duplicado el área cultivable.

El transporte agrícola que se realizaba fundamentalmente con animales, se ha mecanizado contándose con 11 000 camiones y 5 000 tractores en 1975. Paralelamente se han instalado 700 talleres para la reparación de la maquinaria agrícola y 2 200 talleres móviles.

La aviación agrícola desarrollada después de 1959 cuenta ya con más de 200 equipos para la fumigación, fertilización y aplicación de herbicidas y para siembra de arroz.

Se introdujeron equipos de ordeña mecánica que son utilizados en algunos miles de vaquerías del país.

Se desarrolla actualmente la industria de construcción de implementos agrícolas. El Ministerio de Agricultura ha adiestrado mediante más de 1 000 cursos de mecanización al personal que opera y repara estos equipos en el país.

Se ha reducido a la mitad el número de macheteros en relación con el de 1958, duplicándose la producción. Se ha reducido en un 26% la fuerza de trabajo en las centrales.

Quimización

La aplicación de fertilizantes se ha sextuplicado en relación con 1959. Se han edificado grandes plantas de producción de fertilizantes y varias plantas mezcladoras. Esta ha posibilitado que la producción nacional de los mismos se haya incrementado **de 195,000 ton. en 1958 a 1,002,000 en 1975.**

Se introdujo y generalizó el empleo de herbicidas habiendo pasado su producción nacional de 120 ton. en 1958 a 2,000 ton. en 1975. Estos avances han permitido incrementar en 35% las tierras cañeras. La utilización de pesticidas se ha triplicado respecto a 1958, lo que, junto a la creación del Servicio Fitesanitario Nacional y la introducción de variedades resistentes, nos ha permitido enfrentarnos a plagas tan destructivas como la de la raya de la caña y el moho azul del tabaco y superarlas en tiempo mínimo.

Programa hidráulico

El clima de Cuba se caracteriza por la existencia de dos estaciones bien definidas, la seca y la lluvia, el 79% de los 1 360 mm. de lluvia caen anualmente de mayo a octubre, y sólo un 21% de noviembre a abril.[6]

Esta característica determina la necesidad de la extensión del riego para desarrollar la producción agropecuaria. Con el desarrollo de un vasto programa de obras hidráulicas, se ha incrementado la capacidad de embalse de agua en más de 217 veces, siendo actualmente de 6 300 millones de m^3 contra 29 millones en 1958. Esto ha permitido aumentar el área de regadío de 160 000 a 750 000 hectáreas, es decir, se riega el 14% de las tierras cultivables.

Se estableció una red de estaciones hidrometeorológicas que determinan diversos parámetros (pluviometría, evaporación, temperatura, etc.), generalmente en zonas cercanas a las presas, y que son controladas por campesinos adiestrados.

Estudio de los suelos

El suelo constituye el principal recurso de nuestra isla. Por ello, se han dirigido esfuerzos consistentes en las dos últimas décadas para conocer su grado de fertilidad, capacidad agroproductiva, nivel de degradación, factores que lo afectan negativamente, etc.

La necesidad de ubicar en cada tipo de suelo los espacios y tecnologías más adecuadas para extraerle producciones máximas requería un profundo conocimiento de los suelos cubanos, que no existía antes de 1959. En 1964 se creó la Comisión Nacional de Suelos, cuyo objeto primario era la clasificación y ordenamiento de los suelos de Cuba para proceder a una correcta distribución de los planes agrícolas.

Se creó, además, el Instituto de Suelos de la Academia de Ciencias que contó con asesoramiento del campo socialista desde los primeros momentos. Este Instituto introdujo en el país la clasificación genética de los suelos, la que, en 1979, sirvió de base para una segunda aproximación.

El primer logro del Instituto fue la elaboración del mapa de suelos de la Isla a escala 1:250 000, según la clasificación genética. Posteriormente se han elaborado mapas de las zonas de importancia económica a escalas de 1:100 000, 1:50 000, 1:25 000 y 1:10 000.

Esta clasificación de nuestros suelos se utiliza como base para la planificación agrícola del país, en términos de cultivos, variedades, métodos agronómicos, regadío y emisión de pronósticos en cuanto a duración de las plantaciones, rendimientos, etc.

Se ha introducido el estudio de la clasificación genética en la enseñanza superior y ha sido una de las fuentes que permitieron establecer una legislación acerca del mejor uso del suelo y la protección de los mismos.

Se cuenta en la actualidad con una escuela cubana de suelos que ha recogido las mejores experiencias de las escuelas europea y norteamericana especializada en suelos tropicales.

Por último, estos estudios han servido para comenzar a desarrollar el Servicio Agroquímico Nacional en los diferentes cultivos.

Variedades

La mayoría de las variedades que se utilizaban en la agricultura cubana en 1959 eran viejas. Además, la falta de trabajo genético había permitido su mezcla indiscriminada.

En la caña de azúcar, principal cultivo del país, el 94% de las plantaciones estaban sembradas por la variedad POJ—2878, estando el otro 16% ensayado por diversas variedades, muchas de ellas susceptibles al virus del mosaico y otras enfermedades por lo que constituían focos potenciales de epidemias.

La diversidad de variedades con diferentes ciclos de producción impedía una programación de la cosecha. Un trabajo genético consistente permitió que en 1965 comenzaran a introducirse en la producción variedades cubanas, las que en 1975, cubrían el 70% de nuestras plantaciones. En 1980, las variedades cubanas constituyen el 94% de las sembradas. Estas variedades reúnen una mayor adaptación a nuestras condiciones, con rendimientos más altos en azúcar y resistencia a las principales plagas como la raya y el carbón de la caña. También en tabaco, se desarrolló un intenso trabajo de mejoramiento orientado hacia la resistencia de enfermedades y la elevación de la calidad, habiéndose liberado un grupo de variedades cubanas, en los últimos años.

En las viandas tropicales (beniato, yuca, malanga y plátano), que constituyen elementos importantes de la dieta nacional, el trabajo para obtener nuevas variedades tuvo como punto de partida prospecciones nacionales y, en menor escala, las introducciones seguidas del correspondiente trabajo genético.

En la actualidad, todas las variedades de viandas consumidas en el país han sido liberadas nacionalmente, contando en todos los casos con superiores rendimientos a las tradicionalmente sembradas en el país.

En otros cultivos, como los cítricos, el arroz, las hortalizas y los pastos, se llevaron a cabo introducciones masivas, a partir de las cuales, mediante selección y/o cruzamientos, se ha obtenido gran parte del material que se utiliza actualmente en producción, precediendo otra parte del mejoramiento de variedades endógenas.

Las variedades mejoradas han constituido la base material fundamental en que se han aplicado las nuevas tecnologías introducidas en nuestra agricultura.

Sanidad vegetal

Desde el decenio de los 60 se comenzó a desarrollar el Sistema Fitesanitario Nacional que conllevó la creación de Unidades de Ciencia y Técnica en esta especialidad, dotadas del equipamiento adecuado para estos estudios, una red de laboratorios y la formación de personal calificado cubano, especializados en las diferentes temáticas de la protección de plantas.

270 CIENCIA Y TECNOLOGÍA EN AMÉRICA LATINA

En la actualidad se posee un adecuado nivel de conocimientos acerca de las principales epifitéticas tropicales, su origen, bioscología, dinámica, persistencia y método de control químico y biológico.

El Sistema Fitesanitario tiene la característica de haber basado gran parte de su difusión a escala nacional en el adiestramiento del personal campesino, además de contar con bases municipales que dan servicio a los cultivos de cada Municipio. Se estableció el sistema de Cuarentena y Fronteras en el país. El grado de desarrollo alcanzado con esta temática ha permitido comenzar el establecimiento en el último quinquenio de un Subsistema de Pronóstico y Señalización de Plagas y Enfermedades, con estaciones en las principales zonas de producción agrícola del país, vinculadas a la red de laboratorios de Sanidad Vegetal.

Servicio meteorológico

En esta misma década se estableció la red nacional de estaciones meteorológicas, pertenecientes al Instituto de Meteorología de la Academia de Ciencias cuya creación recién se había producido. Estas estaciones, atendidas por personal local, previamente adiestrado al efecto, constituyen un servicio imprescindible para el desarrollo de todas las actividades agrícolas, que abarca todo el archipiélago cubano.

Ganadería

De una masa bovina constituida fundamentalmente por ganado cebú con sólo un 10% de animales lecheros se ha obtenido a través de un trabajo genético amplio aplicando la inseminación artificial, que incluye un millón de hembras, una masa ligeramente mayor en número, con un 50% de animales lecheros.

Se han formado varios miles de técnicos en inseminación, se han constituido centros de sementales y laboratorios de inseminación en todas las provincias del país.

De la cría extensiva del bovino cebú en potreros de pastos naturales, se ha pasado a la explotación intensiva de áreas de pastos y forrajes, habiéndose introducido y generalizado variedades de más altos rendimientos y valor nutritivo y se han encontrado diversas soluciones a la alimentación del ganado vacuno a base de productos y subproductos nacionales.

Cada año se construyen cientos de nuevas ganaderías en el país que ya cuenta con alrededor de 5 000 de estas nuevas construcciones dotadas de equipo de ordeño mecánico y sus correspondientes áreas acuartenadas de pastos artificiales. Se cuenta además con unos 600 centros de destete de terneros y algunos cientos de centros de cría artificial. Se han construido unas 500 instalaciones para la ceba vacuna; aproximadamente un 10% de ellas son cebaderos estabulados.

Estas construcciones constituyen la base material para el desarrollo de la ganadería y han permitido incrementar la productividad de los trabajadores pecuarios y humanizar el trabajo. La integración del trabajo de mejoramiento genético con el de nutrición, el mejoramiento de las condiciones de salud, y el manejo en las nuevas instalaciones ha permitido diseñar sistemas integrales de producción de leche y carne más eficientes en las condiciones del trópico.

La producción de carne porcina se ha triplicado en relación con el año 1963, a pesar de los brotes de fiebre porcina africana que hemos sufrido, a las que haremos referencia más adelante. Se introdujeron nuevas razas a partir de las cuales se han obtenido híbridos y sintéticos de mayor productividad en nuestras condiciones. Para su alimentación, se utilizan fundamentalmente los desperdicios domésticos que constituyen el pienso líquido, y los subproductos de la industria azucarera.

Se han construido varios cientos de combinados para la ceba porcina, al igual que para la pre-ceba, cría, multiplicadores y centros genéticos. Se comienza a trabajar en la mecanización de esta actividad.

La avicultura a gran escala era prácticamente inexistente en Cuba a principios del año 1959 y ha alcanzado en 20 años un nivel de desarrollo y eficiencia muy elevado. Se producen anualmente alrededor de 2,000 millones de huevo, con un promedio de 235 huevos/ponedera al año.

La producción de carne de aves supera cuatro veces la de 1963. Se han introducido nuevas razas e híbridos de ponederas y pollos de ceba (broilers), siguiéndose un trabajo genético racional con los mismos.

En la nutrición avícola, los esfuerzos se han encaminado hacia la sustitución de componentes importados de los piensos por productos o subproductos nacionales que mantengan o eleven la conversión alimenticia. En el campo de la salud, se han minimizado las pérdidas ocasionadas por la enfermedad de Marek, y el virus de Newcastle. Se ha llevado, además, un trabajo consecuente en el aprovechamiento de las instalaciones.

En la actualidad las granjas de ponederas, reproductores y reemplazos ocupan más de 2 millones de m^2, en tanto que las de pollos de ceba, reproductores y reemplazos abarcan más de 1.2 millones de m^2. Se han construido además, fábricas de pienso, mataderos y baterías de silos para la producción avícola.

Servicios veterinarios

Los servicios veterinarios prácticamente inexistentes en el país al triunfo de la Revolución se han desarrollado abarcando toda la isla.

Se realizan sistemáticamente los servicios de vacunación preventiva y avanzan las campañas de erradicación de bruselas y tuberculosis vacunas, Newcastle en aves y cólera porcina.

En dos ocasiones se han producido brotes epidémicos de peste porcina africana en Cuba, en 1971 y 1980, los que han sido totalmente controlados en breves días. Se han establecido regulaciones de cuarentena y fronteras veterinarias.

La fábrica de medicamentos veterinarios y una red de laboratorios, instalaciones sanitarias y puntos de control constituyen la base material para el trabajo de los cientos de graduados que se incorporan al ejercicio de la veterinaria cada año.[7]

Desarrollo forestal

Hace sólo 100 años, 5.9 millones de ha. del suelo cubano estaban cubiertas de bosques en los que abundaban las maderas preciosas. La vandálica explotación de estos bosques los redujo a 1,200,000 ha. de las que 400,000 eran zonas costeras y conagosas y otros 300,000 montes muy degradados y sólo unas 50,000 ha. de montes productivos. Después de 1959 se han sembrado unas 200,000 ha con más de 600 millones de árboles.

Construcciones

La vivienda predominante en las zonas rurales antes de 1959 tenía condiciones análogas a la vivienda de los aborígenes, y de hecho conserva su nombre indígena de bohío. Los materiales se extraían del árbol típico de Cuba, la palma, con cuyas hojas construían la techumbre (de guano) y las paredes (de yaguas). El 73% de la vivienda rural estaba constituido por el bohío de piso de tierra.

Un 17% de las viviendas con paredes de yagua o madera, techos de guano y piso de cemento, lo constituían algunos bohíos majerados, para arrojar un total del 90% de la vivienda rural. Las instalaciones de agua de uso exclusivo en la vivienda rural rebasaban el 12% del total y la luz eléctrica llegaba sólo al 9%. Las escuelas eran exclusivamente de una sola aula con capacidad para menos del 50% de la población rural en edad escolar.

La construcción de viviendas rurales sobrepasó desde 1959, la cifra de 10 000 anuales, con la que puede calificarse de excelentes niveles de construcción y dotación de servicios comunales. Durante los años 1959 y 1960, persistió la construcción de viviendas aisladas pero con la introducción de nuevas técnicas de construcción se comenzaron a fabricar edificios de varias plantas en los nuevos asentamientos humanos rurales.

En 1976 se había alcanzado ya un equilibrio entre las zonas urbanas y rurales en lo referente a la construcción de viviendas lográndose llegar a un nivel de edificaciones de 20 000 viviendas anuales terminadas, ritmo que ha continuado incrementándose durante el resto del quinquenio.[8]

Además de las viviendas, se han construido en todas las empresas agropecuarias de la nación, instalaciones denominadas "comedores", donde se sirve a los trabajadores almuerzos y meriendas durante su horario laboral; en estas instalaciones se ubican las redes de servicios técnicos a que hemos hecho referencia, los talleres agrícolas, naves de maquinaria y demás servicios correspondientes a las tecnologías implementadas.

En otra parte de este trabajo hicimos referencia a las construcciones pecuarias y a la red hospitalaria.

Por último, se ha dotado la zona rural de escuelas primarias que posibilitan la total incorporación de los niños en edad escolar a las mismas; se han construido unos 300 centros de ense-

274 CIENCIA Y TECNOLOGÍA EN AMÉRICA LATINA

ñanza media en el campo, que recibe cada uno 500 alumnos, parte de los cuales procede de la ciudad. Estas instalaciones cuentan con edificaciones modernas, equipamiento y área deportiva. En ellas se combina el estudio con el trabajo físico y el deporte como elementos formadores de la personalidad integral y constituyen un aporte económico inmediato que justifica las inversiones en ellas realizadas.

Electrificación

El impetuoso desarrollo de las fuerzas productivas exige la electrificación de nuestros campos.

Antes de 1959, el crecimiento del consumo eléctrico en la capital era de un 11%, mientras que en el interior del país alcanzaba un 3%. La generación de electricidad ha crecido 2.5 veces y contamos con un 70% de las viviendas electrificadas en el campo.

Comunicaciones

Para terminar con el aislamiento de las zonas rurales y posibilitar el transporte de los productos hacia las ciudades se han construido 17 000 kms. de nuevos caminos rurales (4 veces más que en 1958) y 13 000 kms. de carreteras (2.5 veces más que en 1958). El transporte rural de pasajeros se ha incrementado con una tasa anual del 15%.

Investigación científica

El desarrollo de la agricultura demandó desde mediados de la década del 60 un apoyo científico-técnico mucho más sólido que el que podían brindar las escasas y débiles instituciones que en este campo, poseíamos hasta aquel momento.

Se destinaron importantes recursos a la creación de centros de investigación aplicada a la agricultura y se comenzó la preparación del personal idóneo para trabajar en ellas. Las universidades, cuyas matrículas se habían incrementado grandemente en esos años, fueron canteras naturales de estos centros.

El crecimiento de la actividad científico-técnica, basada en recursos nacionales, tanto materiales como humanos, requirió de la creación de una organización nacional de la misma a partir de 1974.

Actualmente, la Academia de Ciencias constituye el órgano rector de la ciencia y la técnica en el país, responsabilizada con el control y la ejecución parcial de la política científica nacional y la elaboración del Plan del Progreso científico-técnico que es una categoría del Plan Unico de Desarrollo Económico y Social. En las ramas agrícola y pecuaria se cuenta actualmente con alrededor de 30 Institutos y Estaciones Centrales de investigación con redes de subestaciones ubicadas en las principales zonas de producción agropecuaria de Cuba. La fuerza técnica en estos centros es de alrededor de 3 000, constituyendo las mujeres más del 40% de la misma. Otros institutos y centros de educación superior del país llevan a cabo algunas investigaciones relacionadas con la agricultura.

Durante los años 60 se comenzaron los planes de estudios de postgrado en agricultura y pecuaria, contándose actualmente con un elevado número de candidatos a doctor en ciencias en estas especialidades.

Actualmente existe en el país una sólida base material y humana en las investigaciones de aquellos cultivos y especies animales de mayor importancia económica.

Condiciones de la explotación agropecuaria

El consistente crecimiento de la población cubana después de 1959 ha hecho decrecer el área de tierra cultivable disponible por habitante.

Al ser la tierra nuestro principal recurso económico, debemos extraer de ella no sólo alimentos sino productos exportables que posibiliten el posterior desarrollo económico del país. Para ello se requiere una óptima explotación de cada hectárea de tierra cultivable mediante la aplicación racional de los avances científico-técnicos en el agro lo que exige la concentración y especialización de la producción agrícola y pecuaria.

La pequeña parcela campesina se ha caracterizado siempre por la subdivisión en pequeñas áreas dedicadas a la producción comercializable, siembras para autoconsumo, arboleda de frutales, potreras para ganado mayor y patio de animales de corral. Este mosaico que respondía al esquema de subsistencia en un

CIENCIA Y TECNOLOGÍA EN AMÉRICA LATINA

medio inseguro, aislado y desamparado, pertenece por completo al pasado.

Esta división imposibilita en algunos casos y dificulta en otros, la aplicación de la electrificación, el riego, la mecanización, la inseminación artificial, la aviación agrícola, etc.

Además, el trabajo aislado del campesino impide aumentar la productividad, lo que se facilita con el trabajo colectivo y la división social y especialización del trabajo. El minifundio tiene, por tanto, que dar paso a formas superiores de producción más acordes con el avance científico-técnico de la agricultura.

En nuestro país este proceso tiene lugar sobre la más estricta base de voluntariedad del campesinado. El mismo puede desarrollarse mediante la incorporación de la tierra propiedad de un campesino a un plan estatal aledaño. La tierra así incorporada pasa a ser patrimonio social y el propietario recibe a cambio la retribución correspondiente por su tierra y los medios de producción aportados, y pasa a formar parte del colectivo de trabajadores del plan estatal.

En otros casos, un grupo de campesinos propietarios de parcelas deciden unir sus tierras de producción. El aporte individual de cada cooperativista en tierras y medios de producción se tasa y se paga en plazos, además de ingresos periódicos en forma de anticipos y dividendos finales proporcionales a la cantidad y calidad del trabajo que aportó y de acuerdo con los ingresos anuales de la cooperativa.

El apoyo financiero del Estado a las cooperativas se materializa en créditos a corto y largo plazo.

Un paso anterior a las cooperativas de producción agropecuaria son las denominadas de crédito y servicios en las que sus integrantes, propietarios de parcela individuales, hacen uso común del riego, las instalaciones y las maquinarias, tramitan globalmente los medios de producción pero la tierra permanece como propiedad individual.

Por último, las asociaciones agropecuarias son organizaciones en las que sus miembros aportan tierras y otros medios de producción y trabajan unidos. Las ganancias se distribuyen de acuerdo con la cantidad de tierra que posee cada uno. No se socializa ni la tierra ni los medios de producción.

En el momento actual las cooperativas poseen el 10% del área total del sector campesino y producen el 27% de los tubérculos y raíces (viandas), el 18% de las hortalizas y el 16% de los granos, entre estos últimos el 44% del frijol, dentro del plan de dicho sector.

Por tanto, en el campo cubano encontramos actualmente:
— empresas estatales, de las que existen unas 500 con el 80% de la tierra cultivable en las que laboran más de medio millón de trabajadores;
— sector campesino, que ocupa un 20% de la tierra cultivable, de la que un 10% aproximadamente está ocupada por cooperativas y el resto por campesinos de producción privada.

2. Principales tecnologías apropiadas utilizadas en las actividades agropecuarias de Cuba*

1. *Utilización de subproductos, residuales y otras tecnologías agrícolas*

    — Excrementos vacunos como fertilizantes
    — Empleo de la cachaza como fertilizante
    — Agua de cachaza para el regadío
    — Strees hídrico en cítricos

2. *Subproductos de la caña de azúcar en la alimentación animal*

    — Miel final en la alimentación animal
    — Miel final deshidratada
    — Excremielaje
    — Levaduras unicelulares
    — Levadura torula
    — Levadura Saccharomyces
    — Levadura Rhodotorula
    — Levadura de mostos de destilería
    — Crema torula
    — Bagacillo de caña para la alimentación animal
    — Residuos de combinadas cañeras y de los centros de acopio

* Por falta de espacio, hemos tenido que omitir la descripción detallada de cada tecnología que se encuentra en el trabajo "Ciencia, tecnología y empleo en el medio rural cubano" ponencia presentada en la Reunión de Expertos sobre Ciencia, Tecnología y Empleo en Areas Rurales, Bogotá, 8-12 de diciembre de 1980. (N. del C.)

de caña cortada
— Cachaza de caña como alimento animal
— Aceite de cachaza

3. *Otros productos y subproductos nacionales en la alimentación animal*

— Cítricos y ensilaje de cítricos
— Silo de pastel de cítricos
— Citrurea
— Desperdicios procesados
— Yogurt, pastos y/o torula para terneros
— Residuos de molinería de cereales para la alimentación animal
— Subproductos de la industria alimenticia para el alimento de aves
— Gallinaza
— Galliturba
— Ensilaje de morralla de pescado
— Kenaff y *king grass* en la alimentación de ovejas y conejos
— Sustitución de concentrados para sementales bovinos
— Minerales en la nutrición animal

4. *Otras tecnologías desarrolladas en nuestra ganadería*

— Nuevas razas de ganado adaptadas al trópico
— Diluyentes para la conservación del semen
— Trasplante de óvulos
—Tratamiento de enfermedades del ternero
— Balance alimentario de bovinos
— Cromagar para determinar consumo
— Baterías para cerdos
— Iluminación en aves
— Reducción del espacio vital de las aves
— Traslado y estadía de aves en el matadero
— Control de enfermedades de aves

5. *Tecnologías aplicadas en pastos y forrajes*

— Solución del desbalance estacional de la producción de pastos
— Control de plagas en pastos
— Siembra directa en pastos naturales
— Tecnología de producción de semillas de pastos
— Silos de forrajes sin miel

6. *Mecanización*

— Combinadas cañeras
— Implementos agrícolas para la mecanización

7. *Construcciones hidráulicas*

— Construcción de micropresas
— Grandes presas
— Cría de peces de agua dulce

8. *Construcción de equipos e instalaciones*

— Prototipos de equipos para la ganadería
— Incubadoras de huevos
— Centros de acopio de caña de azúcar
— Fabricación de piensos
— Cercado elástico con tensores cubanos

9. *Técnicas de construcción*

— Técnica "Sandino" de pequeños paneles
— Técnica del gran panel

10. *Preservación del medio*

— Lagunas de oxidación
— Tratamiento de residuales porcinos

11. *Fuentes no convencionales de energía*

— Energía de excretas porcinas
— Cámaras de refrigeración solares
— Desalinización de aguas salobres con energía solar
— Energía del bagazo de la caña de azúcar
— Secador solar de cosechas
— Energía eólica de molinos de viento

12. *Los complejos agroindustriales*

II. EFECTO DE LA CIENCIA Y LA TECNOLOGÍA SOBRE LA CREACIÓN
DE NUEVOS EMPLEOS EN EL SECTOR AGROPECUARIO

No está al alcance de las posibilidades de este trabajo detener
me a realizar un análisis detallado acerca del efecto que la ciencia y la tecnología han tenido sobre las transformaciones cuali-
tativas de las ocupaciones laborales en la agricultura a través de
la especialización que ha demandado el desarrollo, sobre todo
por tratarse de un cambio de estructuras de las dimensiones de
lo ocurrido en Cuba.

La mejor expresión de estos efectos puede encontrarse en los
datos sobre la eliminación del desempleo a que hicimos referencia en el apartado I del presente trabajo.

El desarrollo proporcional planificado de los diferentes sectores y ramas de la economía nacional ha requerido del sector
agropecuario, tal como lo hemos apuntado, la búsqueda de métodos más productivos y modernos que permitan reducir la
fuerza de trabajo dedicada a las taras más masivas en el sector.
Al mismo tiempo, se ha incrementado el personal técnico especializado, prácticamente inexistente antes de 1959.

En 1975 laboraban en la agricultura 3,000 técnicos universi-
tarios, 23,000 técnicos medios y 50,000 especialistas menores.
De esta fuerza técnica total un 40% laboraba en la caña de azúcar y el restante 60% en otros cultivos y en la ganadería.

Además, varios miles de técnicos trabajan en las investigaciones científicas aplicadas a la agricultura.

El efecto más positivo que ha tenido numéricamente la ciudad sobre el campo después de 1959 se ha debido a la elimina-

ción de las causas del éxodo rural hacia las ciudades especialmente hacia la capital, con lo que se ha liquidado el desarrollo "canceroso" de barrios insalubres en éstas y se ha garantizado una mayor estabilidad de la fuerza de trabajo campesina. Por otra parte, las cooperativas agrícolas no estatales, representan cada día más nuevas fuentes de empleo en el medio rural. La incorporación de la mujer en la actividad laboral en el campo se está produciendo principalmente por esta vía. Numerosos ancianos retirados o en edad de retiro encuentran ocupación en tareas sencillas de jardinería o cuidado de animales en el mismo lugar en que viven, en tanto que muchos jóvenes campesinos regresan a sus hogares como técnicos, una vez finalizados sus estudios, incorporándose a la cooperativa.

Un análisis de conjunto de la transformación sufrida por el agro en nuestro país nos muestra de manera evidente que sólo después de cambios estructurales profundos es posible alcanzar un desarrollo científico-técnico consistente cuyos logros tengan plena aplicación en la práctica productiva, sin estar en contraposición con las fuentes de empleo.

Se ha calificado la tecnología moderna en algunos países industrializados como inadecuada para el nivel productivo y de recursos naturales de los países en desarrollo; también se le acusa de escasa capacidad para crear empleo, de promotora de dependencia de sectores menos modernos o los más modernos, en dichos países, o inclusive de causar migraciones masivas de la población rural hacia las ciudades.

El caso de Cuba confirma lo contrario. La ciencia y la tecnología no pueden analizarse como factores aislados del desarrollo social, ni como fórmulas mágicas para resolver los graves problemas que han engendrado y mantienen el subdesarrollo.

Dentro del contexto de una sociedad en desarrollo ascendente, la demanda de una ciencia y una tecnología de avanzada surge como una necesidad del propio proceso. La ciencia y la tecnología marcharán al compás de la sociedad como un todo, acelerando su proceso siempre que se apliquen sus logros en la forma más apropiada. Su efecto sobre los puestos de trabajo en nuestro país ha sido el de cambiar sus características especializándolos y mejorando las condiciones de trabajo, para nunca reducirlos.

Se orientan con frecuencia los esfuerzos hacia el desarrollo de tecnologías que no empleen energía convencional. Esta actividad por demás encomiable en un mundo dependiente de fuentes no renovables de energía, no podrá por sí sola mejorar la situación, ni aún la energética de los países subdesarrollados, y mucho menos los problemas de empleo.

El acceso a otras fuentes energéticas, como la hidroeléctrica, termoeléctrica o nuclear, y su distribución equitativa entre los diferentes sectores económicos y sociales, requiere de un desarrollo previo en nuestros países. El verdadero ahorro de energía convencional presupone por tanto, el enfoque integral de los problemas socio-económicos de estos países sin el cual las soluciones no serán reales.

La ciencia y la tecnología cubanas han comenzado a brindar sus frutos, especialmente en el sector agropecuario, el más importante del país, los cuales han mostrado ya el papel que les corresponde en la lucha contra el subdesarrollo económico.

BIBLIOGRAFIA

1. Castro, F. 1980. Discurso pronunciado en el acto del inicio del curso escolar 1980-1981, en el Centro Nacional de Salud Animal. Sept. 1o., 1980. Ed. DOR, ciudad de La Habana.
2. Informe de Conferencia de las Naciones Unidas sobre Ciencia y Tecnología para el Desarrollo, Viena, agosto, 1979.
3. Comité Cubano de Asentamientos Humanos, 1976. *Los Asentamientos Humanos en Cuba*, Ed. Ciencias Sociales, Inst. Cubano del Libre, La Habana.
4. Pino Santes, O., 1973, *El imperialismo norteamericano en la economía de Cuba.* Ed. Ciencias Sociales, La Habana, 132 pp.
5. Informe del Comité Central del PCC al I Congreso. Ed. DOR, PCC. ciudad de La Hana, 1976.
6. Torralba, D., 1980. Discurso de clausura de la Reunión Nacional de Variedades de Caña, ciudad de La Habana, Nov., 1980.
7. *Atlas Nacional de Cuba,* 1979, Instituto Cubano de Geodesia y Cartografía, ciudad de La Habana.
8. Tesis "Sobre la Cuestión Agraria y las Relaciones con el Campesinado", 1976. En *Tesis y resoluciones primer congreso del PCC.* Ed. DOR, PCC, ciudad de La Habana.
9. F.M.C., 1980. *La mujer cubana 1975-1979,* ciudad de La Habana.
10. A.N.A.P., 1980. "Marcha del proceso de cooperativización". Separata, Sept. 20, 1980, 18 pp.

III
Resumen analítico y conclusiones

De una manera general, conviene distinguir entre la tarea que consiste en definir las interconexiones posibles entre las políticas científicas y tecnológicas explícitas e implícitas, y cambios en los parámetros que determinan el desempleo y subempleo rural, por una parte, y la definición de las modalidades de acción concreta para provocar tales cambios, por otra. Mientras que lo primero fue el objetivo que se asignó la Reunión de Expertos sobre Ciencia, Tecnología y Empleo en Areas Rurales (Bogotá, diciembre, 1980), fue en La Paz en octubre de 1981 (Sexta Reunión de la Conferencia Permanente de Organismos Nacionales de Política Científica y Tecnológica de América Latina y el Caribe) que se planteó lo segundo.

Por tratarse, en este volumen, de presentar los trabajos discutidos en la reunión de Bogotá, nos interesa principalmente elucidar el primer problema, sintetizando el aporte de los estudios de casos presentados durante esta reunión. A continuación presentamos en un primer apartado las conclusiones y recomendaciones más importantes de la Reunión de Bogotá, seguidas por una breve discusión de algunos puntos tocados en la Conferencia de La Paz.

1. *Hacia un diagnóstico del problema de desempleo rural en América Latina y el Caribe*[1]

La prevalencia, la permanencia y la agudización constante del fenómeno de subempleo rural en América Latina y el Caribe

---

[1] El texto que sigue es una síntesis del Informe Final de la Reunión de Expertos sobre Ciencia, Tecnología y Empleo en Areas Rurales, celebrada en Bogotá, 8-12, di-

son hechos que se ven reflejados en la totalidad de los documentos presentados en la reunión de Bogotá, y que fueron reiterados por todos los participantes. También existió un consenso general sobre el fracaso de las políticas orientadas hacia la creación de empleo en las áreas rurales de esta región, por haber sido concebidas aisladamente de parámetros macroeconómicos, ambientales y socioinstitucionales condicionantes de esta situación. Entre otras condiciones, se hizo hincapié en el efecto de las estructuras económicas imperantes que condicionan intercambios desiguales entre el sector primario y el manufacturero, configuran situaciones monopólicas y monopsónicas de las grandes empresas agroindustriales y favorecen intereses comerciales contrarios al desarrollo rural. También se señalaron los obstáculos institucionales y políticos a la organización y participación de los campesinos en las decisiones y programas de desarrollo rural.

En el pasado, sobre todo el último decenio, los gobiernos de la región han emprendido programas y tomado medidas que resultaron insuficientes o contraproducentes, no por falta de atención al problema del desempleo y del subempleo en el medio rural, sino por existir un conocimiento suficiente de la extrema complejidad de este problema.

El fracaso de las políticas orientadas a mejorar las condiciones de ocupación e ingreso de las masas campesinas —en especial de las políticas vinculadas con el aspecto tecnológico— parece provenir en buena parte de un planteamiento inadecuado del problema por resolver. A menudo el enfoque adoptado se restringió a concebir el problema en los términos limitados de la relación tecnológica del uso de los factores de producción (tierra, trabajo y capital). A partir de modelos econométricos centrados en principios elementales de cálculo económico, fue habitual postular —explícita o implícitamente— que el mecanismo de precios induciría la introducción espontánea de tecnologías convenientes, con la consiguiente superación del problema del subempleo y la pobreza rurales. Uno de los rasgos distintivos de este enfoque reside en concebir la tecnología y el empleo haciendo abstracción de las condiciones sociales e institucionales dentro de las cuales se aplican tecnologías particulares.

ciembre, 1980. Para más detalles, véase el texto completo del informe impreso en la Oficina Regional de Ciencia y Tecnología de la Unesco para América Latina y el Caribe (ROSTLAC), Montevideo, marzo de 1981.

La tecnología adecuada para el sector primario no puede plantearse en términos puramente económicos ni referirse exclusivamente al medio rural. Tanto la complejidad de la propia cuestión tecnológica como la interconexión de las decisiones tecnológicas en el sector primario con otras decisiones y otros sectores roductivos hacen imperativo un enfoque más comprensivo e ntegrado del problema. Así, es bien conocida la interacción recíproca que existe entre los aspectos estrictamente económicos le la tecnología y el contexto socio-institucional dentro de la :ual ella se aplica.

De modo análogo, el contexto macroeconómico adquiere una relevancia fundamental para apreciar la conveniencia y adecuación de tecnologías particulares para la producción primaria, y es el que en definitiva influye sobre el éxito que puede alcanzarse en la consecusión de logros en este campo. Esto se vincula tanto con las modalidades generales del patrón o estilo de desarrollo seguido, como con un aspecto más particular, referido a la integración vertical de la actividad productiva. En este sentido, la elección de una tecnología particular se vincula más con otros órdenes variados de decisión que con el solo criterio del precio de los factores. En efecto, la elección tecnológica no constituye una instancia autónoma de decisión, sino una parte integrante de una red compleja de decisiones y condiciones estructurales. Así es como la escala de producción, la capacidad de acceso al recurso tierra, la capacidad de usufructuar poderes monopólicos en los mercados de insumos o de productos, las restricciones de acceso a conocimientos técnicos, etc., conforman aspectos que se integran con el de la selección tecnológica *strictu sensu*.

Típicamente, la actividad primaria constituye una primera fase productiva que se enmarca dentro de un ciclo productivo cuyos eslabones posteriores —generalmente de localización urbana— condicionan a ésta. Esta situación es tanto más determinante cuanto las últimas fases productivas se caracterizan, como parece ser frecuente ·en nuestra región, por un elevado grado de concentración y por el predominio de grandes empresas transnacionales.

En estas condiciones, la relación de fuerzas es claramente asimétrica, y las modalidades tecnológicas vigentes en las fases primarias de producción están fuertemente determinadas por las que resultan más convenientes para las empresas situadas en las etapas finales de producción.

Ello tiene una importante consecuencia práctica con respecto a la situación tecnológica y sus efectos sobre el empleo y los niveles de vida rurales. Por un lado, cualquier readecuación de los métodos productivos, para que pueda ser beneficiosa para los productores rurales, requiere un reajuste en la forma y caracte rísticas de su integración con las fases productivas posteriore para evitar que las mismas sean las que se beneficien de los pr gresos logrados en la productividad del trabajo primario. Esto s debe a la capacidad de las empresas ubicadas en las fases post riores de imponer precios no remunerativos a los productore primarios, como resultado de la relación asimétrica de fuerza de unos y otros.

Puede incluso afirmarse que en muchas instancias de sub empleo rural, el problema se origina más en la existencia de con diciones monopsónicas y relaciones de cambio inadecuadas qu en bajos rendimientos físicos. En tales condiciones, más que ur problema tecnológico, la causa del subempleo rural proviene del tipo de estructura económico imperante y de la forma como ésta se refleja en los términos de intercambio, que implican una transferencia del excedente agrario a sectores urbanos, conjuntamente con el deterioro de los niveles de vida rural.

Finalmente, en el contexto macroeconómico, existen elementos cuya incidencia es decisiva para juzgar la adecuación de una tecnología particular pero cuya consideración a menudo se omite en el diseño de la política científica-tecnológica. El aspecto físico de la relación entre la cantidad de recursos naturales disponibles y el tamaño de la población condicionado por la estructura social, resulta fundamental para establecer las orientaciones básicas de la política tecnológica. Ello se relaciona con la distribución espacial de la población y con alguna apreciación de la capacidad de absorción poblacional de las áreas rurales. Si bien en este campo los límites no son rígidos y deben además ser apreciados dinámicamente en función de la evolución tecnológica general, la ecuación recursos naturales/población es apreciablemente distinta en los diferentes países de la región, y las diferentes subregiones de la misma.

Entre los aspectos no económicos del problema deben mencionarse el conocimiento y la experiencia acumulados en las tecnologías tradicionales, los cuales deben ser evaluados, con miras a rescatar algunos elementos que siguen siendo adecuados para las condiciones locales de producción agropecuaria. Por otro lado, un elemento primordial en la introducción de nuevas tecnologías es la participación del propio productor que en el pasado ha sido prácticamente nula, lo cual ha conducido en numerosos casos a un mal rendimiento de las innovaciones introducidas e, incluso, a un rechazo de éstas. Por el contrario, la participación del campesino en la toma de decisiones, la planificación y la implementación del cambio tecnológico puede conribuir sustantivamente al éxito a largo plazo de los programas aplicados.

En resumen, puede afirmarse que las críticas a las políticas tecnológicas presentadas durante la Reunión de Bogotá se refieren a la reducción, considerada aceptable a partir de los años sesenta y hasta recientemente, de la problemática rural a un cálculo económico convencional, en el cual tanto la tecnología como los contextos sociales e institucionales se consideran factores exógenos.

Actualmente, ha cambiado considerablemente el clima de opinión sobre la relación entre los aspectos tecnológicos-económicos y socio-institucionales. Sin embargo, quedan por ser definidas las modalidades concretas de articulación entre estos universos causales. En este sentido, la reunión de Bogotá puede considerarse como un esfuerzo inicial y parcial tendiente a precisar esos nexos y fomentar las acciones necesarias para descubrir y aplicarlos en interés de un mejoramiento de la calidad de vida en el medio rural de nuestra región.

A continuación intentaremos resumir las articulaciones más sobresalientes surgidas de las presentaciones y las discusiones de la Reunión de Bogotá.

a) *La causa del subempleo rural no debe buscarse única ni principalmente en las condiciones de producción, sino en el tipo de estructura económica imperante y en la forma como ella se refleja en los términos de intercambio,* los cuales implican una transferencia del excedente agrario al sector industrial urbano. Asimismo, no existe una política sectorial que no tenga impactos en otros sectores y no reciba influencias de los mismos.

b) *La elección de tecnología resulta actualmente de un conjunto de decisiones interrelacionadas que responden sólo parcialmente a criterios económicos* (costo/beneficio), como por ejemplo la capacidad de acceso a la tierra, la posición frente a monopolios de mercados, de recursos o de productos, al acceso a conocimientos, restringidas las presiones de intereses comerciales, etc.

c) *La actividad agropecuaria constituye un eslabón en una cadena productiva condicionada por los eslabones posteriores, generalmente de localización urbana.* Por consiguiente, las modalidades tecnológicas actuales en las fases primarias de producción están fuertemente influenciadas por las empresas situadas en las etapas finales de transformación.[2]

Es evidente que cualquier readecuación de los métodos productivos que pudieran considerarse como ventajosos para el sector campesino marginado requiere de ajustes en la forma y el carácter de su integración con las fases productivas posteriores.

d) *La causa del subempleo rural se encuentra estrechamente vinculada con la posición que asume la población campesina frente a los centros de poder que compiten por la hegemonía en el gobierno.* Por lo tanto, la falta de participación y organización campesina y la planeación del desarrollo rural "desde arriba" (lamentada en la mayoría de los textos) son función directa de esta posición de subordinación política.

Como consecuencia de este principio, cualquier intento de involucrar a los campesinos en las decisiones y los programas de implementación de desarrollo rural tendrá repercusiones políticas en otras esferas, y puede dar lugar a fuertes oposiciones por parte de los grupos hegemónicos.

e) *El papel de la tecnología en el desarrollo rural es decisivo, siempre y cuando incorpore los factores que influyen sobre la situación campesina,* las principales siendo:

— Situación del mercado internacional actual y prevista.
— Estrategia global de crecimiento económico adoptada por el régimen.
— Las características locales de la relación biosfera/población (distribución espacial de la población, capacidad de absorción poblacional de las áreas rurales, etc.).
— La dotación de recursos actuales y potenciales en diferentes regiones y localidades.

2 Una ilustración de este proceso se encuentra en la ponencia de México (Viviane B. de Márquez) en la cual se demuestra que la unidad campesina se encuentra en los eslabones de menor valor agregado, las pequeñas empresas nacionales y estatales en los de valor agregado mediano, y las grandes empresas transnacionales en los eslabones de mayor valor agregado. Se demuestra este proceso para varios productos (maíz, café, carne, etc.).

— La relación político-administrativa entre las autoridades centrales y los niveles regionales y locales.

— El eslabonamiento con actividades en otros sectores buscando alternativas a los actuales.

— La participación campesina autónoma y descentralizada en el proceso de toma de decisiones.

f) La situación de subempleo y explotación del campesinado tradicional no procede de su ignorancia de formas más adecuas de producción, sino que al contrario, representa una adaptaión y estrategia de supervivencia a condiciones adversas. Por lo anto, *es indispensable para cualquier intento de adaptar tecnoogías entender más profundamente la naturaleza de las estrategias de reproducción de las unidades campesinas tomadas como unidades de análisis* e incorporar todo aquello de las prácticas tradicionales que sea útil para incrementar el empleo y el bienestar, proteger el ambiente y explotar insumos nacionales no aprovechados.

2. *Hacia una planificación e instrumentación de la ciencia y la tecnología para el desarrollo rural*

Dos puntos quedan firmemente establecidos en la reunión de Bogotá, y se verán confirmados en la de La Paz:

a) Que el impacto de la ciencia y la tecnología en el pasado no ha resuelto el problema del empleo rural, sino que lo ha agravado.

b) Que el desempleo rural es el síntoma de un problema mucho más amplio y sumamente complejo: el del desarrollo desigual de los sectores rurales y urbanos en los países del Tercer Mundo.

El problema es sumamente amplio porque tiene sus raíces o trae consecuencias prácticamente en todas las facetas de las realidades nacionales de la región, desde la urbanización acelerada hasta la amenaza ecológica, desde los problemas de balanza de pagos (importación de alimentos) hasta los de concentración industrial (empresas agroindustriales). En breve, es un problema que requiere un examen y reevaluación cuidadosos de todos los elementos y eslabonamientos de los modelos de desarrollo actualmente vigentes en la región.

El problema del desempleo rural es también sumamente complejo porque *se ignora por la mayor parte la naturaleza exacta de los vínculos causales que producen el fenómeno*. Esto es un punto fundamental, porque impone un fuerte *caveat* a cualquier esfuerzo a corto plazo que pudiera emprenderse para remediar la situación. En este sentido, la evaluación de los esfuerzos por aplicar la ciencia y la tecnología al desarrollo rural trae consigo una enseñanza que es importante rescatar: no se resuelve el problema del desempleo rural con recetas simples, ni con imponer soluciones burocráticas "desde arriba".

De hecho, los programas basados en cálculos económicos elementales pueden ser contraproducentes por una serie de causas vislumbradas en los estudios de casos presentados en este volumen:

— porque las mejoras en la productividad se ven transferidas a eslabones más altos en los circuitos de producción;
— porque los esfuerzos de aplicación de ciencia y tecnología se limitan a la aplicación de paquetes tecnológicos inadecuados para la dotación de recursos de las masas campesinas;
— porque los programas de fomento rural no cuentan con la participación activa de los campesinos;
— porque las políticas de fomento rural están en contradicción *de facto* con las de otros sectores con respaldo institucional más fuerte que los campesinos;
— porque las medidas adoptadas son atomizadas, tanto en términos regionales como burocráticos, y como tales no se armonizan unas con las otras.

Es casi infinita la lista de las condiciones y contingencias que obstaculizan la efectividad de las medidas científico-tecnológicas, con la consecuencia de que considerarlas aisladamente de sus contextos económicos, políticos y sociales es equivalente a un fracaso casi asegurado.

Estamos ante una situación en la que el problema económico y social se plantea con más urgencia que nunca, pero ya no podemos engañarnos, como lo hemos hecho en el pasado, de que tenemos la solución. Por lo tanto, estamos en la postura muy problemática de tener que actuar al mismo tiempo que desarrollar una nueva concepción y metodología de aplicación de la ciencia y la tecnología.

Ante tal necesidad, ¿cuál es el camino por el cual debe optarse y cuál es la meta hacia la cual progresar de manera a adquirir simultáneamente un mejor conocimiento del problema y aliviarlo? Esta es la encrucijada en la que nos encontramos actualmente; de las opciones fundamentales escogidas dependerá el futuro de los programas aplicados.

Un primer punto, señalado a lo largo de la literatura sobre ciencia y tecnología, es la necesidad de adecuar las tecnologías aplicadas con la dotación de recursos locales. Por obvia que pueda aparecer tal recomendación, no ha podido implementarse en todos los casos, debido a factores institucionales y políticos que toman precedencia sobre los de racionalización de la producción. Esto explica, por ejemplo, la incongruidad de las campañas de mecanización intensa de la agricultura de tipo tradicional que surgen esporádicamente: se gastan escasas divisas en la compra de centenares de máquinas agrícolas que unos meses después quedan inmovilizadas por falta de uso, el alto costo del carburante o la imposibilidad de conseguir piezas de refacción. Tales iniciativas no constituyen errores de selección de tecnología propiamente dichos, sino actos políticos.

Suponiendo aun que fuera posible adecuar tecnologías con recursos en el sentido puramente técnico de la palabra, quedaría por resolverse el problema de la articulación de las actividades agropecuarias "adecuadas" con otras actividades económicas y con el contexto social de estas acciones. Tal esfuerzo tendría como objetivo no sólo mejorar las condiciones de producción de la fase productiva que corresponde a la actividad campesina (como en el caso de la adecuación tecnológica), sino transformar la definición misma de esta fase. Como se mencionó anteriormente, las acciones involucradas en tal esfuerzo implicarían la planeación conjunta de la producción campesina con la agroindustrial y la industrial bajo el concepto de ciclos de producción.

El principio general de adecuación de la tecnología con el contexto social y político constituye un denominador común de la gran mayoría de las recomendaciones incorporadas en la literatura relevante y las asambleas internacionales sobre el desarrollo rural, como se afirmó en el capítulo introductorio. La reunión de La Paz no fue ninguna excepción en este aspecto. Lo que no se menciona en tales declaraciones de carácter normativo es el estado poco avanzado de los conocimientos sobre la articulación

entre tecnología y contextos social y político. En efecto, la
única enseñanza de las experiencias pasadas en este respecto ha
sido el señalamiento de la apatía y la resistencia por parte de
las comunidades campesinas ante reformas y programas planteados "desde arriba" por tecno-políticos con escaso contacto con
los medios rurales. Aún así, es sólo recientemente que esta respuesta negativa por parte de los campesinos se ha interpretado
como señal de defectos en los programas oficiales, en vez de
atribuirse a la ignorancia y el tradicionalismo de sus beneficiarios.

¿Cuál podría ser una solución aceptable ante una necesidad
simplemente urgente: la de ampliar nuestro conocimiento de
la articulación tecno-social y tecno-política, por una parte y
de aliviar las carencias más agudas, por otra?

Una respuesta posible podría definirse como la investigación
para la acción, concepto que ha adquirido particular fuerza en el
contexto latinoamericano durante el último decenio. Se trataría,
pues, de estudios regionales y locales que constasen de un componente de evaluación continua al mismo tiempo que intentasen
aplicar soluciones tecnológicas novedosas. Esto evitaría, por una
parte, el enorme desfase que suele existir entre planes y experimentos agrícolas y su evaluación posterior. Por otra parte, permitiría generar datos más dinámicos que los que suelen surgir de
investigaciones *a posteriori*.

A través de tales procedimientos, podría inclusive llegarse a
un concepto ampliado de la aplicación de tecnología para el mejoramiento de las condiciones de vida en el medio rural: tecnología vendría a significar no solamente un procedimiento para
obtener un producto fijo, sino un modo de inserción en el proceso productivo y su contexto sociopolítico. Tal concepción
exigiría, a su vez, modelos conceptuales genuinamente interdis-
ciplinarios, o sea, que efectivamente integren (en vez de yuxta-
poner) los conocimientos relevantes a las situaciones en el campo de los diferentes países de América Latina y del Caribe.

IV
Acciones futuras

char y combinar la experiencia campesina con las soluciones provenientes de la experiencia científico-tecnológica moderna;

g) introducir y difundir tecnologías y sistemas de conservación y reciclaje del agua para usos agrícolas;

h) introducir y difundir tecnologías adecuadas para la producción de alimentos para animales (acuacultura, derivados de la caña de azúcar, etc.)

2. Tecnología para el autoconsumo

Para lograr aumentar el nivel de vida en las comunidades rurales y aprovechar la mano de obra disponible, es necesario aplicar tecnologías que permitan producir y conservar localmente, utilizando procedimientos relativamente sencillos, bienes actualmente fuera del alcance de las comunidades rurales, debido principalmente a su elevado costo. Los principales rubros se enumeran a continuación:

— La construcción de vivienda.
— El aprovechamiento del agua en cantidad (captación de aguas pluviales y conservación de las mismas) y calidad suficientes para satisfacer las necesidades de consumo humano y animal.
— La disposición y el aprovechamiento eventual de desechos sólidos y líquidos (para generación de energía, construcción, abono, etc.)
— Conservación y almacenamiento de productos agrícolas.
— Preparación y conservación de alimentos.
— Utilización de fuentes renovables de energía.

3. Desarrollo de la pequeña industria local

A fin de cambiar la situación de intercambio desventajosa de las unidades campesinas, la pequeña industria local de algunos productos agropecuarios (azúcar, arroz, carne) permitirían retener en las comunidades una mayor parte del valor agregado que se acumula en los circuitos de transformación, vendiendo productos intermedios a la gran industria.

Sería conveniente, además, mejorar las condiciones en las cuales se desarrollan actividades artesanales como los tejidos, la alfarería, la fabricación de muebles, etc. Tales actividades necesitarían de créditos y mejoras en sus sistemas de transportes y comercialización.

4. *Integración de la tecnología con aspectos sociopolíticos y ambientales*

a) Evaluar las capacidades de organización local y las formas de relación con los poderes locales y centrales;

b) evaluar las posibilidades de utilización de la participación de las comunidades campesinas en la selección de tecnologías;

c) diseñar y experimentar sobre sistemas de participación, educación y difusión adaptados a la vida social de las comunidades rurales;

d) diseñar e implementar sistemas de cogestión campesina;

e) investigar posibilidades de rescate de tecnologías locales, desarrollar posibilidades de perfeccionarlas e investigar procesos de innovaciones tecnológicas locales.

f) Investigar estrategias de utilización de mano de obra por parte de las unidades domésticas campesinas;

g) diseñar y experimentar sobre estrategias de comercialización de los productos agrícolas y pecuarios que protegen a las comunidades de los intermediarios y mejoren su posición de regateo frente a las grandes empresas agroindustriales.

Este libro se terminó de imprimir
en el mes de febrero de 1984, en
los talleres de Editorial Terra Nova,
S. A., San Francisco 1539 Col. Del
Valle. Se tiraron 3,000 ejemplares
más sobrantes para reposición.
Diseñó la portada Mónica Díez
Martínez, cuidó de la edición el
departamento de Publicaciones de
El Colegio de México.